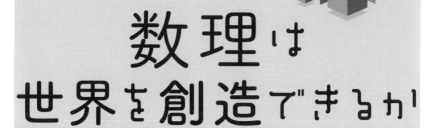

数理は世界を創造できるか

宇宙・生命・情報の謎にせまる

横倉祐貴＋ジェフリ・フォーセット＋土井琢身＋瀧 雅人
著

初田哲男＋坪井 俊
編

東京大学出版会

Is the World written in the Language of Mathematics?:
Exploring the Mysteries of the Universe, Life, and Information
Yuki YOKOKURA, Jeffrey FAWCETT, Takumi DOI and Masato TAKI
Tetsuo HATSUDA and Takashi TSUBOI, Editors
University of Tokyo Press, 2021
ISBN978-4-13-063374-1

はじめに

▼

初田哲男

　宇宙はどのようにはじまったのか？　元素はどこで生まれたのか？　生命はどのように進化したのか？　これらの基本的な問いに対して満足できる解答を人類はいまだもっておらず，長年にわたり地道な研究が科学者によって行われてきました．多くの場合，そのような研究は，信頼できる実験データや観測データを蓄積し，少ない仮定のもとでデータを再現できる法則が探されます．ティコ・ブラーエの天体観測データからケプラーの法則やニュートンの運動方程式に至った過程，エンドウ豆の交配実験からメンデルの法則が生まれた過程はその好例です．一方で，数学的な整合性を指針に基本方程式を導き，後にその方程式の予言が実験や観測で確かめられることもあります．アインシュタインの一般相対論の提唱とそれが予言する重力波の発見，ディラックによる相対論的量子力学の提唱とそれが予言する反物質の発見はその典型例です．驚くべきことに，自然科学における基本法則は例外なく数学の言葉で表現されています．アインシュタインが 1921 年に述べたように，"数学のお陰で精密自然科学は初めてある程度の確実さを獲得するものであって，数学なしにはけっしてそれに達することはできなかった"というわけです．

　自然をよりよく理解したいという人類の欲求は，その副産物としてさまざまな応用技術を生んできました．逆に，人間生活を改善しようとするさまざまな技術革新が自然科学の新たな発展を育んできました．19 世紀の産業革命と熱力学，20 世紀の量子力学とエレクトロニクス革命はそのような相互関係のよい例ですし，現在は 20 世紀の基礎科学をベースにした情報革命が進行中です．つまり基礎科学と技術革新は"共進化"しているのです．

　本書は，2018 年に東京大学教養学部 1–2 年生を対象に行われた連続講義

「数理科学の研究フロンティア：宇宙，物質，生命，情報」がもとになっています．執筆者は，いずれも数学を道具として現代科学の基本問題を探究する科学者で，数理科学（数学を用いて研究対象を理論的に理解しようとする手法）の観点からそれぞれの研究フロンティアを平易に解説しています．本書のタイトルは，数理のメガネを通して私たちの世界を俯瞰するという意図と，理化学研究所数理創造プログラムの若手研究者が講義を担当していることを合わせて，『数理は世界を創造できるか』としています．大学生はもとより高校生，社会人にも，最前線の科学研究の面白さを堪能していただけると思いますので，まずは興味を惹いた章から読み進めてみてください．

目次

第 1 章

蒸発する ブラックホール内部への旅

思考実験で遊ぶ現代物理学

▼

横倉祐貴

1.1　旅の始まり

　ブラックホールに入ったリンゴは最後にはどこに行くのでしょうか？　戻ってくるでしょうか？　みなさんはどう思いますか？　実はこれは最先端の物理学でもいまだにわかっていません．というのも，そもそもブラックホールとは一体何なのかが明らかではないからです．

　この講義では，この素朴な疑問を通して現代物理学の考え方を伝えたいと思います．それには思考実験を使います．まず，頭の中で「もしここでリンゴを手から離したら…」のように状況の設定をします．次に，その考えている物理的対象（これを物理系，あるいは系＝system といいます）が関係する物理法則を考え，それに従うと何が生じるのかを想像（＝実験）します．このとき，物理法則は方程式で表されているので，勝手な妄想は許されません．設定した状況を支配する法則の方程式を解き，予想通りの現象を表す解が得られるかどうかを検討します．思考実験を用いた研究手法は未知の物理法則を探るときには非常に有効です．というのも，最先端の研究，とくにブラックホールの中のような極限的な状況を，実際に実験装置を作って再現することは大変難しいからです．また，物理学は自然を司る基本法則・原理を探究する学問です．思考実験では，法則 A と法則 B を純粋に結びつけると「原

理的には」何が生じるのかを調べることができます．これによって，2つの法則の間に新しい関係が見つかったり，矛盾が生じることから新たな法則Cのヒントが得られたりします．思考実験はとても物理学らしい研究手法であり，歴史的にも思考実験によって多くの物理法則が導かれてきました．

　以下ではまず準備として，現代物理学の基礎である「熱力学」「量子力学」「相対性理論」を，思考実験と簡単な数式を使って直観的に説明します．「えっ数式を使うの!?」と不安に思うかもしれません．大丈夫です．安心してください．本文では数式の中の各部分がもっている物理的意味をちゃんと説明します．ここで大切なのは，数式の数学的詳細ではなく，数式の物理的意味とそれらを論理的に組み合わせることによって何が導かれるのかです．数式に苦手意識をもたず，ある現象を表す "記号" として整理しながら読んでください．1.7節でこれらの基礎原理を総合し，「ブラックホールに入ったリンゴはどうなるのか？」に迫ります．

　以上を通して物理学全体の有機的つながりを体感してもらえると思います．また，物理学に興味のある大学1，2年生は物理学全体を俯瞰し，これからどのように勉強すればいいのかを概観できると思います．ぜひ，紙とペンをもって，自分で理解をまとめながら読んでください．自分がとっつきやすい節，興味をもつ節から入ってくれても，大丈夫です．各節は（1.7節を除き）ほとんど独立に読めると思います．もし一回読んでわからなくても，大丈夫です．焦らずに，自分の "なぜ？　どうして？" を書き止め，それを大切にしてください．その素朴な疑問が本当の理解につながります．時間をおいて，もう一度戻ってみてください．私たち研究者も文献の内容や研究の問題が理解できずに悩むことが多くありますが，時間が経ってから考えてみると意外とわかることがあります．この長い "旅" を好奇心と探究心をもって自分のペースで歩んでください[1]．

1.2 情報問題——ブラックホールに入ったリンゴはどうなるのか？

1.2.1 リンゴバナナ問題

いま，ブラックホールが蒸発しているとしましょう（図 1.1 左）．「え!?」と思われるかもしれませんが，ここではとりあえず，コップの水が水蒸気になって外に出ていくように "何か" を放出していると想像してください．そのブラックホールは時間が経てば完全に蒸発するとしましょう（図 1.1 右）．さて，このブラックホールにリンゴを投げ入れ（図 1.1 中央の場合 1），ブラックホールとリンゴが共に完全に蒸発したとします．今度は，ブラックホールにバナナを投げ入れ（図 1.1 中央の場合 2），共に完全に蒸発したとします．

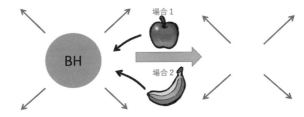

図 1.1 （左）蒸発しているブラックホール．（中央）それにリンゴまたはバナナを入れる．（右）それは完全に蒸発する[2]．

ここで問題です．私たちが入れたものがリンゴだったのか，バナナだったのかを蒸発後に区別できるでしょうか？　つまり，蒸発過程で放出された "何か" を調べることにより，最初の情報を確認することができるでしょうか？　これは「情報問題」という最先端の物理学で研究されている問題であり，いまだに答えが見つかっていません．

実はブラックホールが放出しているのは熱です．ということは，ブラックホールは温度をもちオーブンの中で温めることができます（図 1.2）．この性質が情報問題に対して重要な

図 1.2 ブラックホールはオーブンで温めることができる．

---

2) 本章の図や写真は，とくにことわりのないものは著者が作成・撮影したものです．

ヒントを与えます.

　情報問題の意味を把握するためには，基本的なことをまず理解せねばなりません．ブラックホールとは何か？　それはどのように蒸発するのか？　リンゴやバナナの情報とは物理的には何なのか？　熱とは？　温度とは？　これらの疑問を少しずつ探っていきましょう.

1.3　熱と時間——蒸気機関から時間の矢へ

　まず，熱とは何か，温度とは何か，温度をもつということは何を意味するのか，を考えます．これらに答えてくれるのが熱力学です．そこから，マクロの世界とミクロの世界を結びつけるエントロピーという量が現れてきます．1.7 節で見るように，それは「リンゴバナナ問題」の鍵となる量です.

1.3.1　熱とカルノーの疑問

熱機関とカルノーの問い：18 世紀後半にイギリスで始まった産業革命において，蒸気機関は重要な役割を担いました．これまでは人力や水力のように動力から動力を生み出していましたが，蒸気機関（熱機関）は熱から動力を生み出すことに成功しました．まずその仕組みを見てみましょう.

　断熱壁（魔法瓶など）で囲まれたピストンがあり，その中に気体が入っているとします（図 1.3 の step1）．その壁の一部を，熱を通す壁に置き換え，温度 T_+ の熱源に接触させます．ここで「熱源」とは指定された温度を保つ

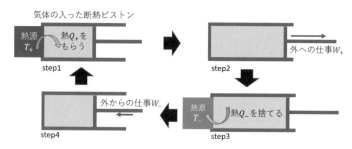

図 **1.3**　熱機関の仕組み.

ことのできる装置です．すると熱 Q_+ が気体に与えられ，温度が上がり，圧力が大きくなります．このとき気体が膨張しピストンを外に押し出そうとします．それを手で抑えると，その手応えを感じることができます．この手応えが外の物を動かす動力になります．この動力の程度は，ピストンからの手応え（力 F）が大きいほど，そして物体を移動させる距離 ΔL が大きいほど，大きいはずです．それを定量的に表すのが仕事 W です[3]：

$$(\text{仕事 } W) \equiv (\text{力 } F) \times (\text{移動距離 } \Delta L) = (\text{圧力 } P) \times (\text{体積変化 } \Delta V). \quad (1.1)$$

「$\equiv$」は「定義する」の意味です．2つ目の等号では次の2つの事実を利用しました．圧力 P は単位面積に働く力なので，（力 F）＝（圧力 P）×（ピストンの底面積 A）が成立します．また（底面積 A）×（移動距離 ΔL）＝（体積変化 ΔV）です．いまのピストンの膨張では気体が外部に仕事 W_+ をしたとしましょう（step2）．

　これではまだ熱機関になっていません．というのも，熱機関はエンジンのように繰り返し熱を動力に変換できるものであってほしいからです．そのためには気体を元の状態に戻さなければなりなせん．図 1.3 で step2 から step1 にそのまま戻しても，先ほどと同じ仕事 W_+ が必要になり，外に取り出せる仕事の総量は $W_+ - W_+ = 0$ となってしまいます．そこで，より低い温度 T_- の熱源に接触させ，そこに熱の一部 Q_- を捨てます（図 1.3 の step3）．すると，ピストン内の温度が下がり，圧力も下がり，より少ない仕事 W_- でピストンを元の位置に戻せます（図 1.3 の step4）．最後に，再び熱源 T_+ に接触させれば気体は元の状態に戻ります（これをサイクル過程といいます）．「外部から得た熱 Q_+ を正味の仕事 $W = W_+ - W_- > 0$ に変換させた」という意味で，その仕事効率 η は次で定義されます[4]：

$$\eta \equiv \frac{W}{Q_+}. \quad (1.2)$$

この効率 η は使用する気体（物質）の種類やサイクル過程のやり方に依存し

3）Δ はギリシャ文字のデルタの大文字です．物理ではしばしば，ΔX はある量 X の変化や差を表します．それは，時間経過による変化を表したり，ただ $X + \Delta X$ という X とは異なる値を考えていたり，その意味は文脈によります．また，ΔX は小さな量（微小量）の場合もあるし，大きな量の場合もあります．

4）η はギリシャ文字のエータです．

ます．いま，効率 η_1, η_2 ($\eta_1 > \eta_2$) の 2 つの熱機関があったとします．与えられた共通の熱 Q_+ の下で，各熱機関が生み出す仕事はそれぞれ $W_1 = \eta_1 Q_+ > W_2 = \eta_2 Q_+$ となります．したがって，より大きな η をもつ熱機関のほうがより効率的に熱を仕事（動力）に変換できることになります．

カルノー (1796–1832) は「熱を動力に変換する限界はあるのか？　それは物質の詳細（種類や状態など）に依存するのだろうか？」と疑問に思いました．前者の問いは熱機関の効率向上のために重要な問題でした．それに後者の問いが加わり，"マクロ" な物体の普遍的な法則，熱力学が拓かれました．これから熱力学の基本法則を順番に紹介し，カルノーの答えを与えましょう．

熱平衡状態：図 1.3 の step1 のように，体積 V の容器に入った気体を温度 T の熱源に接触させます．たとえ最初は異なる温度だったとしても，しばらくすると気体の温度は全体で T になり，その状態がずっと一定に保たれます．このとき，容器内の圧力はどこでも同じになり，その値 P はその温度 T，体積 V と気体（物質）の種類や量によって決まります．いま，気体の種類と量を固定して，温度は初めから T で容器の体積を V_1 から V に変更する過程 1 と，初めから体積は V で温度を T_2 から T にする過程 2 を考えます．すると最終的に落ち着く体積 V で温度 T の一定状態は過程 1 と 2 で同じであり，圧力の温度・体積依存性 $P = P(V, T)$ も同じです．

このようにあらゆる物質（酸素でも，水でも，鉄でも）はどんな状態から出発したとしても，もし（温度 T などの）外部条件をそのままにしてある程度の時間を待てば，その条件（とその物質の種類と量）で定まる時間変化のない一定状態になります．その状態は近づく過程によらない普遍的なものです．このような状態を「熱平衡状態」といいます．このとき，圧力 P，温度 T，体積 V の間には，物質の種類と量によって決まる関係式「状態方程式」が成立します[5]．これを使えば，（物質の種類と量を固定して）P, T, V のうちのどれか 2 つを指定すれば，残りの 1 つは自動的に決定されます．これらの平衡状態を特徴づける量（P, T, V など）を「熱力学的状態量」といい，そ

---

5) 補足：一般には，$f(P, T, V) = 0$ と表せます．高校物理で出てきた $PV = nRT$ は，ある程度の高い温度における n モルの理想気体（相互作用も大きさもない粒子からなる気体）に対する状態方程式です．

のうちの 2 つ（例えば V と T）をそれぞれ横軸，縦軸にとったグラフ（「熱力学的状態空間」という）を考えれば，そのグラフ上の点 (V,T) が平衡状態 (V,T) を表します．大切な点は「どんな物質でもたった 2 つのパラメータで特徴づけられる平衡状態に近づき，そこに落ち着く」という経験的事実です．

熱力学第一法則：いま，断熱壁からなるピストン内に高温の気体が入っているとします（熱源はない）．ピストンを抑える力を緩めれば，体積が大きくなり，その手応えが式 (1.1) に従って外部への仕事になります．この仕事の源は何でしょうか？　それは気体のエネルギー U です．もし抑える力を緩めなければ，最初に用意した温度 T と体積 V の熱平衡状態に気体はあり，それに応じたエネルギー $U = U(T,V)$ を気体はもちます．このエネルギー U は熱力学的状態量の一種です．つまりピストン内の気体（系）から外部にエネルギーが仕事として移動したことになります．仮にピストンをまったく手で抑えないと，ピストンの体積はすぐに最大サイズに膨張します．このとき，手応えはまったくなく外に仕事をしない（$W = 0$）ため，気体のエネルギーは変化しません．逆に，ピストンを抑える力をゆっくり緩めれば，その手応えを十分に感じながら外に大きな仕事をし，気体のエネルギーは大きく減ります．このように，仕事 W は外から操作できる装置の動かし方によって値が異なり，その結果，系のエネルギーの変化量 ΔU が異なります．したがって「仕事＝外界の操作により制御できるエネルギー変化の仕方」といえます．

　今度は（図 1.3 の step1 のように）低温の気体の入ったピストンを高温 T の熱源に接触させます．すると，水が高い所から低い所に流れるように，熱 Q が高温熱源から低温の気体に自発的に "流れます"．そして（体積を保ったまま）放置すれば，気体全体は温度 T の熱平衡状態になります．このとき，気体の温度は最初に比べて高くなり，エネルギー U も増えています．エネルギー U が熱源から気体に流れたのです．仕事の場合と異なり，その流れの "勢い" を外から制御できません．したがって「熱＝仕事以外の（自発的に生じ制御できない）エネルギー変化の仕方」となります．注意すべきは，熱はエネルギー変化の 1 つの仕方であり，何かしらの物質や熱力学的状態量では

ないことです[6]. また，熱と温度は異なる概念です．温度 T は物体の平衡状態をラベルする熱力学的状態量の 1 つであり，熱はエネルギー変化 ΔU の仕方の 1 つです．両者の関係は後で説明します．

　これらの議論の根底にあるのは「エネルギーは勝手に消えたり増えたりせず必ず保存している」という事実です（エネルギー保存則）．これを，系のエネルギー変化 ΔU，系が外から得た熱 Q，系が外にした仕事 W で表したのが「熱力学第一法則」です：

$$\Delta U = Q - W. \tag{1.3}$$

大切な点は，この式はただのエネルギー保存則ではなく，エネルギー変化の仕方には仕事と熱の 2 種類があることを明言していることです．

熱力学第二法則：「仕事 $\Rightarrow$ 熱」はつねに可能ですが，「熱 $\Rightarrow$ 仕事」はそうではありません．例えば，魔法瓶に水が入っていて，それを外から思い切り振れば，水の温度はわずかに上がります（仕事 $\Rightarrow$ 熱）．しかし，高温の水を魔法瓶に入れておいても，外に何の動力も生み出しません．熱から仕事を取り出すには条件が必要なのです．これにカルノーは気がつき，次の 2 点に要約しました：(A) 温度差の存在する所ではどこでも動力の生成が可能．(B) 熱は，それが物体の体積変化を伴う場合に限り，動力の原因になりうる．

　まず (B) は，体積変化がなければ，外の物を動かす動力にはなり得ないからです．次に (A) です．水車とのアナロジーを考えましょう．高低差があるときにのみ水は落下し，その落下した水は水車を回そうとします．これが動力となります．熱源と接触したピストンの場合も同様に，温度差があれば熱源からピストン容器内に熱が流れ，気体のエネルギーは上がり，温度と圧力が上昇します．するとピストンを抑えるには，これまでよりもより大きな力が必要になります．ここでピストンを抑える力を緩めれば，体積は大きくなり，その差の力の分の手応えが外にする仕事になります．

　もっとも重要な点は「熱は自発的には高温から低温にしか流れない」ことです．これを「原理」として採用し[7]，「熱力学第二法則」といいます．

---

6)　この点に注意して「熱が流れる」という表現を使います．
7)　物理学では原理的な考え方をします．多くの具体的な実験・観測事実から帰納的に

カルノーの定理と準静的過程：第一，二法則に基づき，カルノーの問いの答えが「カルノーの定理」によって与えられます．「温度 T_+, T_- の 2 つの熱源が与えられたとき $(T_+ > T_-)$，どのようなサイクル過程（図 1.3）の仕事効率 η（式 (1.2)）も，準静的過程だけからなるサイクル過程の仕事効率 η_0 を超えることはできない．その値は，装置の詳細によらず，用意した 2 つの温度 T_+, T_- だけで定まり，$\eta_0 = 1 - \frac{T_-}{T_+}$ で与えられる．つまり，どんなに熱機関を工夫して設計しても，その効率 η は次の原理的限界を超えられない[8]：

$$\eta \leqq 1 - \frac{T_-}{T_+}. \tag{1.4}$$

等号は準静的過程で成立する（詳細は文献 [1]-5, [2] を参照）．通常の法則は「○○ と ×× は等しい：○○ ＝ ××」のように「＝」の式で書かれますが，第二法則は「>」の式であり，物事の変化の傾向を表す法則です．

　では，この最大の仕事効率 η_0 を実現する「準静的過程」とはどんな過程でしょうか？　そこで「熱から最大の仕事を得るにはどうしたらよいのか？」という問いをカルノーの着眼点 (A)(B) の立場から考えてみましょう．仮に異なる温度の 2 つの物体を接触させると，この瞬間は平衡状態ではありません．温度差があるので，熱の移動が勝手に生じます．それは，全体が一様な温度の，新しい平衡状態になるまで続きます．つまり，熱の移動は「平衡状態を回復させようとする "回復力" の現れ」といえます．この回復力を体積の膨張に連動させることにより，熱が仕事に変換されるのです．

　したがって，先ほどの問いの答えは「体積変化を伴わない温度変化がまったく生じないとき，最大の仕事が実現される」です．具体的には次のようにします．まず，最初から熱源と同じ温度の気体を用意し，熱源に接触させます．もし温度差があったら，体積変化を伴わずに熱が勝手に流れ，回復力が無駄遣いされてしまうからです．次に，ピストンを抑える力を非常にゆっく

その中心となる本質を見抜き，それを基礎法則として「原理化」します．今度は，その法則から演繹的に「原理的にはこの現象が存在しうる」という予言をします．この原理的な考え方は普遍性という強力な性質があります．普遍性とは，条件さえ同じならば，その法則はどんな系にも成立する "幅広さ" のことです．実際，地球上で確立した法則を原理的に適用し，宇宙の彼方にある星で生じる現象を予言し，観測で調べることができます．

[8]　$\eta_0 = 1 - \frac{T_-}{T_+}$ が示すように，比 $\frac{T_-}{T_+}$ が小さいほど，その最大効率はよくなります．

り緩めます．これにより体積がゆっくり変化し，気体のエネルギーがゆっくりと減り，気体の温度がわずかに下がります．そして，熱源と気体の温度差がきわめて小さくなり，熱が"じわじわ"と熱源から気体に移動します．こうすることで回復力をもっとも効率的に仕事に変換でき，最大の仕事が得られるのです．理想的には，各時刻で熱源と気体の温度差が極限的にゼロになるくらいゆっくりと体積を変化させます．同様に，断熱壁で囲まれた場合の操作も非常にゆっくり行えば，最大の仕事が得られます．このような極限的にゆっくりとした過程では，各時刻 t で，その時刻での体積 $V(t)$ と温度 $T(t)$ に対応する平衡状態 $(V(t), T(t))$ が成立していると考えられます．この平衡状態の連続的な連なりである理想的な過程を，「準静的過程」といいます[9]．こうして，準静的サイクル過程からなる熱機関が最大仕事効率 η_0 を実現します．

1.3.2 エントロピーと時間の矢

カルノーの定理の式 (1.4) はある方法で一般化することにより，次の形に表すことができます（くわしくは文献 [1]-5, [2] 参照）：

$$S(B) - S(A) \geqq \int_{A:L}^{B} \frac{dQ}{T_{ex}}. \tag{1.5}$$

「え!?　積分!?」と驚かれるかもしれませんが，大丈夫です．順番に説明していきます．繰り返しますが，数学ではなく物理的内容に集中してください．

エントロピーの出現：まず $S(A)$ は平衡状態 A における「エントロピー」です．それは次の"差の形"で定義します：

$$S(B) - S(A) \equiv \int_{A}^{B} \frac{dQ}{T}. \tag{1.6}$$

$\int_{A}^{B} \frac{dQ}{T}$ は「平衡状態 A から B に準静的にゆっくりと至る間に，ピストン内の気体が外部から吸収した熱 dQ を，そのときの温度 T で割った量 $\frac{dQ}{T}$ の合

---

9)　「理想的」とは「実際の装置で実現するのはとても難しいことだが，物理の原理に反していないので，原理的には可能である」という意味です．物理学は，このような理想的な状況を想定し，物理法則の本質をえぐり出そうとします．

計量」を表しています[10].

　もう少し説明します. 平衡状態をエネルギー U と体積 V でラベルする場合, 平衡状態 A は熱力学的状態空間上の点 (V_A, U_A) で指定されます (図 1.4). このとき, L_1 や L_2 のように, 平衡状態 A から B に至る準静的過程に対応する経路はさまざまあります. 実は, カルノーの定理を利用すると, 「量 $\int_A^B \frac{dQ}{T}$ は任意の準静過程に対して同じ値である」を示すことができます (文献 [2] を参照). これと式 (1.6) から「平衡状態 A を基準として固定したとき, 平衡状態 B におけるエントロピー $S(B)$ は熱力学的状態量である」と結論付けることができます[11]. こうして, カルノーの定理からエントロピーという新しい熱力学的状態量が現れました. 実際に, 物質の種類と量を指定すれば, エントロピーはエネルギー U と体積 V の関数として表せます: $S = S(U, V)$.

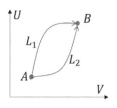

図 1.4 平衡状態 A から B に至る 2 つの準静的過程に対応する熱力学的状態空間における経路 L_1, L_2.

エントロピー増大則: 式 (1.5) に戻りましょう. 注目すべきは, この式は平衡状態 A から B に至る任意の過程 L に対して適用されることです. 任意なので, 急にピストンを引っ張ったり, 急激に加熱して, A から B に移しても結構です. そのような非準静的過程 L の場合, 系が吸った熱 dQ を, その熱を与えた熱源の温度 T_{ex} で割った量の合計量 $\int_{A:L}^B \frac{dQ}{T_{ex}}$ は過程 L が異なれば違う値になります. これが式 (1.5) の右辺です.

　一方で, 式 (1.5) の左辺は, 初期状態 A と終状態 B のエントロピーの差です. 状態 A, B はどちらも平衡状態なのでエントロピーを定義できます. 注意点は, 最初と最後は平衡状態ですが, その間の過程はどんな状態でもかま

---

10)　熱を吸収するにつれて, 時々刻々と状態が変化し, それに伴い温度 T がゆっくりと変化します. 仮に過程を M ステップに分けて考えると, この積分は $\int_A^B \frac{dQ}{T} \approx \frac{\Delta Q_1}{T_1} + \frac{\Delta Q_2}{T_2} + \cdots + \frac{\Delta Q_M}{T_M}$ のように捉えることができます (「$\approx$」は「近似的に等しい」を意味します). ここで, ΔQ_i は i ステップ目で系が吸収した熱であり, T_i はそのときの温度です. 系が熱を吸収した場合は $\Delta Q_i > 0$, 放出した場合は $\Delta Q_i < 0$ と考えます. また, 最初と最後の温度は状態 A, B の温度に一致しています: $T_1 = T_A, T_M = T_B$.

11)　ここで, 定義「熱力学的状態量とは, 注目する平衡状態に至る経路に依存せずに値が決まり, それがその平衡状態を特徴づける量」を利用しています.

わないことです．そのような過程一般に対し，式 (1.5) が成立します．

結局，式 (1.5) は次を表しています：平衡状態 A から B に至る過程 L におけるエントロピーの変化量 $S(B) - S(A)$ は，その過程 L で得た熱を温度で割った量 $\int_{A:L}^{B} \frac{dQ}{T_{ex}}$ を超えることはない[12]．

とくに，断熱過程では熱の出入りがない ($Q = 0$) ので，式 (1.5) は

$$S(B) \geqq S(A) \tag{1.7}$$

となり，「断熱過程では，けっしてエントロピーは減らない」という「エントロピー増大則」が得られます．等号は準静的過程においてのみ成立します．

これは「断熱された系に非準静的操作を施すと必ずエントロピーの増大を伴う．その後，どのような操作を施しても系を最初の状態に戻せない」を意味します．例えば，断熱された ($Q = 0$) ピストンを急に膨張させると ($A \rightarrow B$)，何も手応えがないため外に仕事をしません ($W = 0$)．このとき，第一法則 (1.3) よりエネルギーは変化しません ($\Delta U = 0$) が，体積は大きくなります ($\Delta V > 0$)．では，ここから最初の状態に戻せる ($B \rightarrow A$) でしょうか？　それは "No" です．実際，体積を元に戻す ($\Delta V \rightarrow 0$) には気体の圧力に抵抗しながらピストンを押し込む必要があり，その結果エネルギーが増大し ($\Delta U > 0$)，元の状態に戻れません．後で見るように，変化 $A \rightarrow B$ でエントロピーが増大した ($S(B) > S(A)$) ため，この不可逆性が生じたのです[13]．

このように，エントロピーはその操作が可逆的かどうかの指標になっています．あるいは「断熱系において自発的に生じる変化は必ずエントロピーが増える向きに生じる」といえます．ゆえに「時間は過去から未来の向きにしか流れない」という「時間の矢」の役割をエントロピーが担っていると捉えることができます．では，エントロピーという量は一体何なのでしょうか？

1.3.3　ミクロな構成要素の存在とエントロピー

分子論と微視的状態：ボルツマン (1844–1906) は，物体は多くの分子から構

---

12)　もし過程 L が準静的であれば，等号が成立して，定義式 (1.6) に一致します．

13)　もし $B \rightarrow A$ を実行したければ，ピストンを押し込んで増加してしまったエネルギー分 $\Delta U > 0$ を，断熱壁を取り除いて，熱 Q として捨てればよいのです．一般にエントロピーを減らすには，断熱壁を取り除いて熱を外に捨てるしかありません．

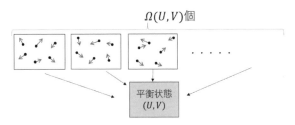

$\Omega(U,V)$個

平衡状態
(U,V)

図 1.5 平衡状態 (U,V) を実現する分子たちの $\Omega(U,V)$ 個の微視的状態.

成されていると想定し，この問題を考えました．すると，マクロな物体が平衡状態 (U,V) にあるとき，構成分子たちがとり得る微視的状態が数多く存在します（図 1.5）．それが $\Omega(U,V)$ 個あるとしましょう[14]．各時刻の分子たちの位置や速度はミクロに見れば区別できますが，マクロに見ればどれも同じ平衡状態 (U,V) を実現しています．したがって，次が成立します：

$$（平衡状態 (U,V) が実現する確率) \propto \Omega(U,V) \qquad (1.8)$$

（「$\propto$」は比例の意味）．ミクロな状態のうちの 1 つが実現すればいいからです．

ボルツマンの原理：断熱系で自発的に生じる変化はより大きな確率をもつ状態への移行だと考えられます．つまり「時間の矢」は確率的により生じやすい状態が次々と起こっている結果だとみなします．例えば，気体の入った袋を部屋の中で開けると，その粒子たちは部屋中に自発的に拡がっていきます．部屋全体の体積 V_{room} のほうが袋内の体積 V_{bag} よりも大きいため，部屋内で粒子たちが占める空間位置のパターン数 Ω_{room} は袋内でのパターン数 Ω_{bag} に比べて圧倒的に多くなります[15]．したがって，開封後にすべての粒子が勝手に袋に戻ってくることはあり得ないという経験的事実は，その実現確率が圧倒的に小さいからだと理解できます．これが"覆水盆に返らず"であり，時間の矢の微視的な考え方です．

　ここでエントロピー増大則と時間の矢の対応関係を思い出すと，エントロピーは $\Omega(U,V)$ の増加関数としてみなすのが自然です．そこでボルツマンは

---

14)　Ω はギリシャ文字のオメガの大文字です．

15)　これと同様の考えと定義式 (1.9) により，式 (1.7) 下の断熱ピストン例の $S(B) > S(A)$ を理解することができます．

次のようにエントロピーを定義しました（文献 [1]-5, [2] を参照）[16]：

$$S(U, V) \equiv k_B \log \Omega(U, V). \tag{1.9}$$

k_B はボルツマン定数という物理定数です[17]．これをエントロピーの「定義」だと捉えるのが「ボルツマンの原理」です．つまり「エントロピー＝ミクロな状態数」です．マクロな物体で普遍的に成立する熱力学で現れたエントロピーはその物体のミクロな構成要素に直接的に結びついた量だったのです[18]．

温度と熱の正体：ミクロな立場「物体は分子から構成されている」において，温度とは一体何なのでしょうか？　空気はランダムに飛び回る多くの分子からなります．各分子はさまざまな速度 v をもちますが，それはある速度分布に従います．極端に遅いあるいは速い速度をもつ分子は少なく，ほとんどの分子は平均的な速度で運動しています．いま，空気分子の質量を m，温度を T とすると，次が成立します（導出は文献 [1]-5 を参照）：

$$\frac{1}{2}k_B T = \frac{1}{2}m\overline{v^2}. \tag{1.10}$$

$\frac{1}{2}mv^2$ は分子 1 つの運動エネルギーであり，$\overline{v^2}$ は速度分布による平均を表しています[19]．つまり，温度とは物体の構成粒子の平均運動エネルギーであり，「温度が高い＝構成分子が速く運動している」となります（脚注 17 も参照）．

　この微視的観点から熱を見直してみましょう．温度の異なる 2 つの物体 $(T_1 < T_2)$ を接触させます（図 1.6）．高い温度の物体の構成分子は（平均と

16) ここでは「$\log x$ は x が大きくなると大きくなる関数」だけを押さえておけば結構です．この $\log x$ は自然対数です．

17) 具体的には $k_B \approx 1.38 \times 10^{-23} J/K$ です．ここで，J はエネルギーの単位ジュール（1 ジュール ≈ 0.24 カロリー）で，K は絶対温度の単位ケルビンです．つまり，k_B はエネルギーと温度を換算する物理定数です．

18) ボルツマンの原理から展開し，ミクロの多数の構成要素の振る舞いからどのようにマクロな物体の振る舞いが導かれるのかを記述するのが「統計力学」という学問です（文献 [1]-5）．とくに，"時間の矢" のように平衡状態から別の平衡状態へ移行する時間変化を研究するのが「非平衡統計力学」です（文献 [1]-10）．

19) 運動エネルギー $\frac{1}{2}mv^2$ の大雑把な意味は次の通りです．まず，重たい粒子のほうが運動エネルギーは大きいはずなので，それは質量 m に比例するはずです．また，速く動く粒子のほうがエネルギーは大きいはずですが，速度には向きがあるのでその値 v は正にも負にもなります．しかしエネルギーは正しかありえません．よって運動エネルギーは mv^2 に比例すると考えられます．くわしくは文献 [1]-1 を参照．

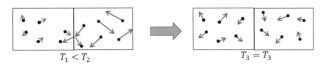

図 **1.6** 熱の微視的描像. 矢印の長さが運動エネルギーの大きさに対応.

して) より大きな運動エネルギーをもってランダムに運動しています. 2つの物体の接触面では, 激しく運動する分子とゆっくり運動する分子が衝突して相互作用し, エネルギーをやり取りします. この効果が接触面から徐々に両物体全域に拡がり, そして運動エネルギーが全体でほぼ均一になります. こうして, 全体で一様な温度 T_3 をもつ平衡状態に至ります ($T_1 < T_3 < T_2$). これが自発的で制御できないエネルギーの移動, つまり熱の微視的描像です.

この自発的な時間変化を式 (1.9) の立場から直観的に捉えることができます. そのために, (平均として) 低速で運動する粒子を白球に, 高速粒子を赤球に置き換えてみます (両者は同じ数とする). すべての白球が左の箱に, すべての赤球が右の箱に入るとき, その場合の数は 1 通りです ($\Omega = 1$). 一方で, 中間温度の状態はほぼ同数の白球と赤球が各箱に入っている状況に相当しますが, その場合の数は非常に多いです (Ω が大きい). よって, 図 1.6 の右の方が確率的に生じやすいため, 左から右へ自発的に変化します.

1.3.4 1.3 節のまとめ

熱力学はカルノーの疑問から出発しました. まず熱平衡状態を導入し, そして熱力学第一, 第二法則から仕事効率の限界が得られ, そこからエントロピーが自然と現れました. それは時間の矢を定量的に表します. そして分子論に基づくと「エントロピー=ミクロな状態数」であり, 「温度=分子の平均運動エネルギー」と「熱=微視的構成要素の直接のランダムな相互作用によるエネルギーのやり取り」と理解できました. 重要な点は, これらの結果はその物体が何からできているのかの詳細によらず成立することです.

> **教訓**:熱平衡になる物体はエントロピーをもち, 微視的構造を備える.

1.4 時間と空間の融合——若きアインシュタインの疑問

ブラックホールは真っ黒です．リンゴが赤く見えるのは，光がリンゴに当たり，赤色の波長の光が反射されて，それが目に入るからです．また，夜に電気をつけないと部屋が暗いのは光がないからです．ということは，光が出てこないからブラックホールは真っ黒だと予想できます．でも，どうしてでしょうか？　この問題は 1.6 節で考えます．この節では光に注目します．若きアインシュタイン (1879–1955) は「光を光の速さで追いかけたらどう見えるだろうか？　遅く見えるだろうか？」と自問しました．これが時間と空間を融合する特殊相対性理論を導き，現代物理学で鍵となる "場" の概念に繋がります．以下ではどのようにしてこの理論に到達したのかを順に説明します．まずは「光とは何か？」を理解するため，波について考えます．

1.4.1 波の物理

波動の定義：静かな海に浮き輪で浮かんでいるとします (図 1.7)．そこに波が

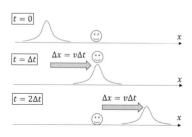

図 1.7　海の波のアニメーション．

やってきました．すると，自分はその場で上下するだけで，波は自分を通り過ぎて行ってしまいます．ここで「自分がその場で上下するだけ」という事実は，自分の周辺の海水自体が移動しているわけではないということを示しています．では，何が移動しているのでしょうか？　それは，海水という媒質を通して，エネルギーや運動量[20]が移動しています．一般に，波とは媒質自体は移動せず，同じようなパターンの振動がエネルギーや運動量などと共に空間を伝播する現象です．したがって，波の速さ v は媒質の性質で決まります．また，波には横波と縦波があります．波の進行方向と波の振動方向が直交している波が横波 (例：

---

20)　ここは "運動量＝勢い" くらいに思ってください．式 (1.24) でくわしく説明します．

海の波）で，両者が平行になっている波が縦波（例：音波）です（波の基本は文献 [3] を参照）．

振動数と波長：波は空間的に広がった媒質を時間をかけて伝播するので，その大きさ（変位）は時間 t と位置 x の関数 $\psi(t, x)$ で表されます[21]．まず，ある時刻 $t = t_0$ に波全体の写真をとり，そのときの変位 $\psi(t_0, x)$ がわかったとします（図1.8の上のグラフ）．波のある山からすぐ隣の山までの距離（1回の振動で進む距離に相当），つまり "空間的な周期" が「波長 λ」です[22]．一方で，空間の1点 $x = x_0$ に留まって，変位 $\psi(t, x_0)$ を記録することもできます（図1.8の下のグラフ）．今度は，山から山までの時間が "時間的な周期" であり，それは「周期 T」といいます．そして，1秒間に何回振動したのかを表す「振動数 f」は $f = \frac{1}{T}$ で与えられま

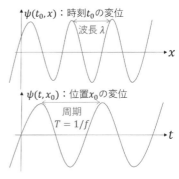

図 **1.8** 波長 λ と振動数 f の意味.

す．いま「速さ $v = $（1回の振動で進む距離）×（1秒に振動する回数）」なので，

$$v = \lambda f \tag{1.11}$$

が成立します．これらの量が波を特徴づけます．

重ね合わせの原理と波の干渉：一般に，波の変位 $\psi(t, x)$ は「波動方程式」という方程式で決定されます．その方程式では「重ね合わせの原理」が成立します：「$\psi_1(t, x)$ と $\psi_2(t, x)$ が解であるとき，勝手な数係数 c_1, c_2 に対し，

$$\psi(t, x) = c_1 \psi_1(t, x) + c_2 \psi_2(t, x) \tag{1.12}$$

も解である」．この結果，波の干渉が生じます．静かな水面に2つの波紋が立ったとします（図1.9）．それぞれ円形に拡がっていき，ある所で2つが重なります．すると，山と山が重なった所はより大きな山となり（谷同士も同様），

---

21) ψ はギリシャ文字のプサイの小文字です．
22) λ はギリシャ文字のラムダの小文字です．

図 1.9 水面の 2 つの波紋による干渉縞. ©NNP

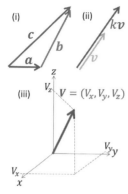

図 1.10 ベクトルの重ね合わせと成分表示.

山と谷が重なったところは打ち消しあいます. その結果, 縞模様 (干渉縞) が現れます. 干渉効果は波動特有の現象です.

ベクトル: ここで, これから何度も出てくる大切な概念「ベクトル」を説明します. ベクトルとは向きと大きさをもつ量のことです. つまり矢印です. 図 1.10 はベクトルの性質を表しています (ベクトルは太文字で書きます): (i) 2 つのベクトル a と b を足し合わせると, 異なる向きと大きさをもつベクトル $c = a + b$ になる. (ii) ベクトル v を k 倍すると, 同じ向きの異なる大きさをもつベクトル kv が得られる. これらは重ね合わせの原理 (1.12) の説明で「解」を「ベクトル」に置き換えたものと同じです. つまりベクトルは重ね合わせの性質を満たします[23]. 次にベクトルの成分表示について紹介します. x 軸, y 軸, z 軸をもつ 3 次元空間内にベクトル V があり, 各軸での読みがそれぞれ V_x, V_y, V_z だとしましょう (図 1.10 の (iii)). このとき, V_x をベクトル V の x 成分, $V = (V_x, V_y, V_z)$ をベクトル V の成分表示といいます.

1.4.2 電磁気学——場の理論の始まり

アインシュタインがあの疑問をもった頃, マクスウェル (1831–1879) が電気と磁気の現象を統一的に記述することに成功しました. この理論がアインシュタインの発見にとって決定的に重要になります.

マクスウェル方程式: 原始的な電気的現象の例は静電気です. 下敷きを擦ると, 髪の毛や埃が吸い付けられます. 磁気的現象の例としては, クリップが

---

23) 補足: 数学では一般的に「線形性 (1.12) をもつ量」としてベクトルは定義されます.

磁石にくっつく現象です．これらの現象の特徴は，物体同士が離れていても力が作用することです．では，どのような機構で生じるのでしょうか？

　この問題に対し物理学者たちはさまざまな実験をし，データをとり，その法則を調べました．その結果，すべての電磁気現象は「マクスウェル方程式」というたった 4 本の方程式で記述できることがわかりました．重要な考え方は「場」という概念です．物体が「電荷」という電気的性質を帯びたとき，その周囲の空間の性質が変化し，エネルギーや運動量を伴う「電場」というものが生じます．その近くにある電荷をもつ別の物体はその電場を感じて力を受けます．このように電荷をもつ 2 つの物体同士は電場を通して相互作用しています．これは，水面に浮かぶ船が振動により周囲に波を起こし，その波のせいで隣の船が揺れる状況にある意味で似ています．「磁場」も同様に考えますが，磁場は電流の周りに生じます．

　電場や磁場は各時刻 t における各位置 $\boldsymbol{x} = (x, y, z)$ で向きと大きさをもつ空間的性質であるので[24]，t と $\boldsymbol{x}$ のベクトルの関数として電場 $\boldsymbol{E}(t, \boldsymbol{x})$，磁場 $\boldsymbol{B}(t, \boldsymbol{x})$ で表されます．そして電荷と電流が時刻 t で空間的にどのように分布しているのかを各々 $\rho(t, \boldsymbol{x}), \boldsymbol{j}(t, \boldsymbol{x})$ が表します．このとき，$\boldsymbol{E}(t, \boldsymbol{x})$ と $\boldsymbol{B}(t, \boldsymbol{x})$ は次のマクスウェル方程式によって決定されます（文献 [1]-2）[25][26]：

$$\nabla \cdot \boldsymbol{E} = \frac{1}{\epsilon_0}\rho, \ \nabla \cdot \boldsymbol{B} = 0, \ \nabla \times \boldsymbol{E} = -\frac{\partial}{\partial t}\boldsymbol{B}, \ \nabla \times \boldsymbol{B} = \mu_0\epsilon_0\frac{\partial}{\partial t}\boldsymbol{E} + \mu_0\boldsymbol{j}. \tag{1.13}$$

この 4 本の方程式がすべての電磁気現象に対する原理的な基礎方程式です．電子回路内部から星の周りのプラズマ現象までさまざまな現象を記述します．

電磁波と光：電荷と電流のない真空 $(\rho = \boldsymbol{j} = 0)$ を考えましょう．このとき，式 (1.13) の 4 番目は「時間変化する電場 $\boldsymbol{E}$ には磁場 $\boldsymbol{B}$ が伴う」を，3 番目は「時間変化する $\boldsymbol{B}$ には $\boldsymbol{E}$ が伴う」を意味します．すると $\boldsymbol{E}$ と $\boldsymbol{B}$ の繰り返し，つまり振動が真空中を伝わります．これが「電磁波」です．実際に式 (1.13) より，$\boldsymbol{E}$ と $\boldsymbol{B}$ は波動方程式を満たす，速度 $c \approx 30$ 万 km/秒で伝播す

---

24)　電場を通して電荷同士は力を受けますが，力は向きと大きさをもつからです．

25)　ρ, ϵ, μ はそれぞれギリシャ文字のロー，イプシロン，ミューです．ここで，ϵ_0, μ_0 は実験で決まる物理定数です．

26)　∇ はナブラと読み，空間の微分 d/dx に相当します．

る横波であることが示せます（文献 [1]-2）.

光に関してもさまざまな実験が行われました．ヤング (1773–1829) は，光源の先に2つのスリットをもつ板をおくと，その先においたスクリーン板の上に光の明暗が生じることを確認しました（図 1.11）[27]．これは，光は干渉して波動性をもつことを意味します（図 1.9 を思い出してください）．また，偏光レンズを使えば光を遮ることができます．これは，光は進行方向に対し直交する向きに振動していること（横波）を示しています．そして，光の速度を測定すると，それは電磁波の速度 c と一致しました．以上より，光は電磁波の一種だといえます．実際，電磁波は光（可視光）だけでなく，X 線，紫外線，赤外線なども含みますが，それらは波長 λ が異なり，どれも光速 c で伝播します[28]．波長 λ の電磁波は，式 (1.11) において $v \to c$ とした次の関係式を満たします：

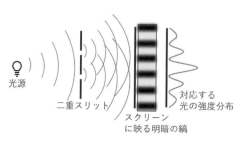

図 **1.11** 光の二重スリット干渉実験.

$$c = \frac{\omega}{2\pi}\lambda. \tag{1.14}$$

ここで，後のために，振動数 f の代わりに角振動数 $\omega \equiv 2\pi f$ で表しました[29]．このように，光はさまざまな ω の電磁波の重ね合わせ（式 (1.12)）です．

真空の励起：光が波ならば，その媒質は一体何でしょうか？　その当時，それは，電磁波を無限に遠くまで減衰せずに伝え，重さもなく物質とも相互作用しない謎の媒質「エーテル」だと考えられていました．その存在を確認するにはどんな実験をすればいいのでしょうか？

---

27) 図 1.11 の右にはスクリーンに到達する光の強さ（明るさ）の分布が描かれています．谷は暗い部分に，山は明るい部分に対応しています.
28) 以下，電磁波一般をただ「光」としばしばいい，c で光速度を表すとします.
29) ω はギリシャ文字のオメガの小文字です．以下では振動数と角振動数の本質的な違いはないので，その差は気にしないでください.

ここで，海の波をヘリコプターで追いかけたらどう見えるのかを考えてみます．いま，媒質である海水に対し，波が速度 v で進行しています．私たちのヘリコプターは海水に対して速度 V で進んでいるとすると，私たちには海水は速度 $-V$ で動いていることになります．したがって，私たちに対し，波は $v-V$ で進行します．つまり，ゆっくりに見えます．

　同様に，仮に "エーテルの海" が充満した宇宙の中を地球が進んでいるならば，観測される光の速度が地球の公転方向に対応して変化するはずです．これを調べるべく，マイケルソン (1852–1931) は光の干渉を利用した巧みな実験を行いました．その結果，季節（つまり地球の進行方向）によらず光速は変わらず，一定値 $c \approx 30$ 万 km/秒でした．こうしてエーテル説は否定され，「どのような一定の速度で進行する観測者から光を測定しても，光速は一定値 $c \approx 30$ 万 km/秒である」（光速度不変の法則）が得られました．では，これをどのように解釈すればいいのでしょうか？

　電磁波は，物質的な媒質によるものではなく，空間自体がもつ性質である電場・磁場によるものだと考えるのです．空間は空っぽなので，それに対して観測者が動いているとか止まっているとかいうことはもともと意味がありません．したがって，電場・磁場は空間自体のもつ性質だと考えれば，上記の光速度不変の法則も「どんな一定速度で運動をする観測者も空間との関係は変わらないので，電磁波の速度が変わることはない」と理解することができます．現代では，これを「真空が励起して電場・磁場が生じる」といいます[30]．これは，一見すると何もない空間の一部分がエネルギーと運動量を蓄えた "山" のように隆起し，それが光速 c で伝播していくように想像できるものです[31]．このように空間が電場・磁場を表現できる "土台" を真空といいます．これが現代物理学の重要な考え方である「場の理論（真空の宿す性質についての学問）」の始まりです（続きは 1.5.4 項へ）．

---

30)　ここでいう真空とは，（真空ポンプで空気を抜くなどして）「物質が何もない」という意味の真空とは違う意味です．

31)　これは，平らに広げられたシーツの下に入ったネズミの動きを上から見ると，小さな山が勢いよく移動している様子に似ています．部屋が空間で，シーツが真空に相当します．

1.4.3 特殊相対性理論

さあ，アインシュタインの疑問「光を光の速さで追いかけたらどう見えるか？」を考えてみましょう．先ほど，光速度不変の法則は空間の性質から捉えることができました．しかし日常の感覚では「光を追いかけたら，遅く見えるはずじゃないかな」と思います．ここで「（速度）≡（進んだ距離）/（かかった時間）」を思い出すと，そもそも「距離」と「時間」とは何なのでしょうか？ アインシュタインはこれを整理することから始めました（詳細は文献 [1]-2, [3]）．ここではみなさんに簡単な四則演算の計算を少しやってもらいます．大丈夫です．紙とペンを用意して，一緒にやりましょう．

慣性系：ある位置からある速度で粒子を発射したとき，時刻 t にどの位置 x にあるのかの関係を表す関数 $x(t)$，粒子の軌跡を考えましょう[32]．そのためには，位置 x を測る「物差し」と時刻 t を測定する「時計」の組が必要です（すぐ後でくわしく説明します）．この組を座標系（または観測者）といい，その目盛りを (t, x) のように表します[33]．さまざまな座標系を考えることができますが，とくに「慣性系（または慣性座標系）」がもっともシンプルに運動を表すことができます．慣性系とは，外から力を受けない場合，静止した物体は静止し続け，速度 v で運動していた物体はそのまま速度 v で等速直線運動するように見える座標系のことです[34]．例えば，地面に対し静止しているＡさんがいます．ボールが地面に静止していれば，それはＡさんから見てずっとそのまま静止しています．Ａさんは慣性系です．一方で，地面に対し一定の速度 V で直進する電車に乗るＢさんからは，先のボールは速度 $-V$ で等速直線運動し続けているように見えます．したがって，Ｂさんも慣性系です．同様に，他の一定速度で運動する人も慣性系です．慣性系は無数に存在します．

---

32) この太文字 x は横，縦，高さの座標 (x, y, z) を表すことを思い出してください．
33) 物理現象を定量的に記録するためには，何かしらの座標系（＝時計と物差しの組）を用意して誰かが観測します．なので，ある座標系 (t, x) を設定したということは，それに対応した観測者を用意したことになります．座標系＝観測者です．
34) 物体が速度を保とうとする性質を「慣性」といい，非慣性系は 1.6 節で扱います．

重要な点は，A さんと B さんはある意味で区別のない観測者だということです．A さんがボールを直上に投げ上げると，ボールはある高さまで上昇して速度がゼロになり，真下に落下して A さんの掌に戻ってきます．同じことを B さんが電車内で行うと，A さんとまったく同じ運動を見ます．もし電車の窓がなければ，B さんはボールの運動だけを見て，自分が地面に対して静止しているのか等速運動しているのかを区別できません．これは「ボールの運動を決める法則は慣性系の選択に依存しない」ことを意味しています．

アインシュタインの特殊相対性原理：アインシュタインはこの事実と光速度不変性を原理として採用しました．前者は「自然法則を表す方程式は，どの慣性系を使っても，すべて同じ形であれ」という「特殊相対性原理」であり，後者は「任意の慣性系を基準にしたとき，光は真空中[35]ではつねに一定の速さ $c \approx 30$ 万 km/秒で伝播する」という「光速度不変の原理」です．この 2 つに基づいて構成されるのが「特殊相対性理論」（略して特殊相対論）です．

時間の定義：話を進める前に，位置 x と時間 t の意味をより明確にしましょう．まず，変形しない真っすぐな定規 3 本を直角に組み合わせたものを用意します．その定規たちに対して静止した粒子の位置は，縦横高さとして，その定規の目盛りの読み $(x, y, z) = \boldsymbol{x}$ で定まります．原点からの距離 l はピタゴラスの定理 $l = \sqrt{x^2 + y^2 + z^2}$ で与えられます．

　次に時間 t です．そもそも時間とは何でしょうか？　私たちが時間について述べることは，つねに「同時に起きる事象」についてです．例えば，新宿駅のホームのアナウンスが「次の山手線電車は 7 時に当駅を出発します」といったとしましょう．これは「新宿駅にある時計の針が 7 時を指す事象と，山手線電車が新宿駅を出発する事象が同時に生じる」を意味しています．よって，"時間" を "時計の針の位置" で定義してもよさそうです．この例のように時計と注目した事象が空間的に近い場合は，両者が同時に生じることを近い場所で確認できるため，この定義は許されます．しかし，新宿駅のホームのアナウンスが「次の山手線電車は隣の代々木駅を 6 時 55 分に出発します」という場合はどうでしょうか？　これは「新宿駅にある時計が 6 時 55 分を

---

35)　物質が何もないという意味での真空です．例えば，水中での光速は c と異なります．

指す事象と，山手線電車が代々木駅を出発する事象が同時に生じる」，つまり異なる場所における同時性を言及しています．そうなると，先ほどの素朴な定義「時間＝時計の針の位置」は使えません．なぜならば2つの事象は離れた場所で生じるため，同時に確認できないからです．

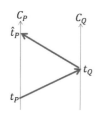

図 1.12 時計 C_P と C_Q の間を行き交う光．

では，離れた2点 P, Q で生じる事象の時刻を比較することのできる"共通の時間"はどのように定義すればよいのでしょうか？ それには光を使います．いま，点 P と Q に同性能の時計 C_P と C_Q がそれぞれおいてあります（図 1.12）．まず点 P 近くで生じた事象の時刻は，そのときの時計 C_P の針の位置で決定できます．点 Q も同様です．これが"点 P 付近の時間"と"点 Q 付近の時間"を定めます．

次に「点 P と Q の共通の時間 t とは，光が点 P から点 Q に進むのにかかる時間が，点 Q から点 P に進むのに必要な時間に等しくなるようなものである $\cdots(*)$」と定義します．具体的には次の通りです．いま，C_P での読み時刻 t_P に光が点 P を出発しました．C_Q が時刻 t_Q を指すとき，その光が点 Q に到着しました．そして，その光は直ちに反射して点 Q を出発し，C_P が時刻 $\hat{t}_P$ を指すと同時に点 P に戻ってきました．定義 $(*)$ より，もし

$$t_Q - t_P = \hat{t}_P - t_Q \tag{1.15}$$

が成立するならば，2つの時計 C_P, C_Q は合っている（＝2つの時計の針は同時に動いている）ことになります[36]．したがって，時計 C_P と C_Q の読みを共通の時間 t として読むことができます．

ここで「どうして，式 (1.15) が満たされていれば，時計 C_P と C_Q の針は同時に動くの？」と疑問に思うかもしれません．大丈夫です．一緒に考えてみましょう．共通時間 t の定義 $(*)$ に従うならば光は行きと帰りで同じ時間かかるため，出発した時刻 t_P と帰ってきた時刻 $\hat{t}_P$ の中間の時刻 $\frac{1}{2}(t_P + \hat{t}_P)$ が，光が点 Q に着く事象に対応する時計 C_Q での読み時刻になります．したがっ

---

36) 実際にはまず，与えられた時計 C_P に対して，時刻 $t_P, \hat{t}_P$ を記録します．それらの値に対する条件式 (1.15) を満たす値 t_Q になるように，時計 C_Q を調整すればよいのです．

て，時計 C_P と C_Q の針が同時に動くならば，この中間時刻の読み $\frac{1}{2}(t_P + \hat{t}_P)$ は時計 C_Q での読み t_Q に一致することになります．実際，条件 (1.15) が満たされているとき，次の量はゼロになります（確認してみてください）：

$$\Delta t \equiv t_Q - \frac{1}{2}(t_P + \hat{t}_P). \tag{1.16}$$

こうして，条件 (1.15) は 2 つの時計が合っていることを表しているのです．

　同様に，空間上のあらゆる点 $\boldsymbol{x}$ に時計 $C_{\boldsymbol{x}}$ をおき，互いに光のやり取りをすれば，空間上全体で共通の時間 t が設定できます．こうしてその慣性系の時間 t が定義され，慣性座標系 $(t, \boldsymbol{x})$ が用意できます．そして 1 つの慣性系での光の速さは，その慣性系で測った距離と時間を使い，

$$光の速さ \equiv \frac{光が移動した距離}{それにかかった時間} \tag{1.17}$$

と定義されます．光速度不変の原理は「慣性系の選択や光源の運動とは無関係に，真空中での光の速さは普遍定数 c である」を表しています．

同時刻の相対性：上記の時間の明確な定義のおかげで，直観的には見えてこない自然界の法則が見えてきます．そのもっとも顕著な結果が「同時刻の相対性」です．いま，地面に静止した A さんと，地面に対し速度 $V(> 0)$ で x 方向に進む電車に乗る B さんを考え，それぞれの慣性系を $I(t, x, y, z)$，$I'(t', x', y', z')$

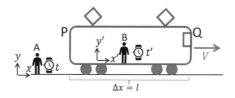

図 **1.13**　地面に立つ A さんの座標系 $I(t, x, y, z)$ と電車に乗る B さんの座標系 $I'(t', x', y', z')$.

とします（図 1.13）[37]．ここで注意してほしいのは，先験的に A さんと B さんの時間が同じとは限らないことです．また，電車が地面に静止していたとき，電車の長さは l_0 だとします．このとき，次の一連の事象を考えます：（事象 1）列車の後端 P から光が発射される．（事象 2）その光が先端 Q に到達する．（事象 3）それが直ちに反射し，再び後端 P に戻る．

---

37)　B さんも電車内の各点 $\boldsymbol{x}'$ に時計 $C_{\boldsymbol{x}'}$ をおいて上述の時計合わせをし，時間座標 t' を設定します．また $I(t, x, y, z)$ は「慣性系 I の座標は (t, x, y, z) である」を意味します．

これを B さんから見てみましょう. 各事象の生じた時刻をそれぞれ $t'_P, t'_Q,$ $\hat{t}'_P$ とします. まず B さんにとって列車は動いていないため, 相対性原理より慣性系 I' における列車の長さは l_0 です[38]. そして光速度不変の原理より, 慣性系 I' での光の速さは c です. すると, 光の速さの定義 (1.17) より, $t'_Q - t'_P = \frac{l_0}{c} = \hat{t}'_P - t'_Q$ となり, 条件 (1.15) を満たします. したがって B さんからみて, これは後端 P と先端 Q においてある時計 C_P, C_Q の針は同時に動いています (そうなるように時間 t' を設定してあるので当然です).

今度は地面に静止した A さんから考え, 各事象の時刻をそれぞれ $t_P, t_Q, \hat{t}_P$ とします. 電車は速度 V で動いているため, 後端 P から先端 Q に向かう光から, 先端の壁が速度 V で逃げていくことになります. すると, 時間 $t_Q - t_P$ で光が進む距離 $c(t_Q - t_P)$ は, 電車の長さ l だけでなく, 先端が逃げたぶんの距離 $V(t_Q - t_P)$ も余分に必要になります: $c(t_Q - t_P) = l + V(t_Q - t_P)$. ここで, 光速度不変の原理より慣性系 I でも光速は c であることと, 速度 V で走る列車の長さ l は先験的には l_0 と同じとは限らないことに注意します[39]. これより, $t_Q - t_P = \frac{l}{c-V}$ となります. 次は, 先端 Q から後端 P に光は戻ることになるので, 後端の壁が速度 V でその光に迫ってきます. なので, 時間 $\hat{t}_P - t_Q$ に光が進む距離 $c(\hat{t}_P - t_Q)$ と後端が迫ってくる距離 $V(\hat{t}_P - t_Q)$ の合計が電車の長さ l に一致します: $c(\hat{t}_P - t_Q) + V(\hat{t}_P - t_Q) = l$. すなわち, $\hat{t}_P - t_Q = \frac{l}{c+V}$ です. したがって $t_Q - t_P \neq \hat{t}_P - t_Q$ となり, 条件 (1.15) を満たしません. つまり慣性系 I において, 両端 P と Q にある時計 C_P, C_Q の針は同時に動いていません. 以上の結果を式 (1.16) に代入して少し計算すれば, 時間 $\Delta t = \frac{l}{c} \frac{\frac{V}{c}}{1 - \frac{V^2}{c^2}}$ の分だけ同時性が破れていることがわかります.

このように, ある慣性系で同時に生じる 2 つの事象であっても, 別の慣性

---

38)　補足：相対性原理「物理法則は慣性系によらず同じである」より,「ある慣性系に対して静止した電車の長さ」はどの慣性系でも同じです. いま, 電車が地面に静止していたとき, 慣性系 I で測った長さは $\Delta x = l_0$ でした. ということは, 電車と共に移動する慣性系 I' で測れば, 電車は I' に対して静止しているため, その長さは $\Delta x' = l_0$ となります.
39)　ここで電車は A さんに対して速度 V で走っており, このときに A さんが測った長さを l としています. 一方で, 先ほどの l_0 は観測者と電車が互いに静止しているときに測ったもので, 明らかに l とは測った状況が異なります. 補足：実は長さも観測者に依存し, 関係式 $l = \sqrt{1 - \frac{V^2}{c^2}} l_0$ が成立します (ローレンツ収縮). 文献 [1]-2 を参照.

系においては同時ではありません．したがって，同時刻とは絶対的なものではなく，慣性系に依存した概念です（同時刻の相対性）．

「時間とは同時に起きる事象をラベルするものである」という観点から考えれば，上記のことは「時間とは慣性系毎に異なる」を意味しています．実際，地面で時間 δt[40]だけ経過すると，電車内では時間

$$\delta t' = \sqrt{1 - \frac{V^2}{c^2}}\,\delta t \qquad (1.18)$$

だけ経過することを示すことができます[41]．これは $\delta t' < \delta t$ です．したがって，動いている人の時計は静止した人に比べてゆっくり進みます（時間の遅れ）．このように時間の流れは観測者（慣性系）に依存します．

しかし，このような同時刻のずれや時間の遅れは日常で感じません．それは光速 $c \approx 30\,\text{万 km/秒}$ に比べて，日常の速度 V がとても遅いからです．例えば，旅客機はだいたいマッハ 0.8（$V \approx 0.24\,\text{km/秒}$）で飛んでいます．すると，式 (1.18) は $\delta t' = 0.9999999999997\delta t \approx \delta t$ となり，時間の遅れは体感できません．ですが，非常に正確な時計を使えば，この小さな時間の遅れを実際に確認することができます．

結局，アインシュタインの疑問に対する答えは「観測者毎に慣性系（時間と長さの基準）が異なるため，どんな速さで追いかけても光の速度は c のままである」です．それでも「追いかけたら遅くなるはずだ」と思ってしまうかもしれません．このギャップは次の事実が埋めてくれます：素朴な速度の合成則（速度 v のボールを速度 V で追いかけると速度 $v-V$ に見えること）は v や V が光速 c に比べてとても小さい場合にのみ成立し，v や V が c に近くなると速度の合成則が異なる姿になり，光速はつねに c である（文献 [1]-2）．

---

40) δ はギリシャ文字デルタの小文字です．

41) 補足：例として，事象 1 から 3 までにかかった時間を考えて，これを導いてみましょう．慣性系 I' では，上記の結果より，$\delta t' \equiv \hat{t}'_P - t'_P = \hat{t}'_P - t'_Q + t'_Q - t'_P = \frac{2l_0}{c}$ です．同じ事象の時間間隔を慣性系 I で測れば，$\delta t \equiv \hat{t}_P - t_P = \hat{t}_P - t_Q + t_Q - t_P = \frac{l}{c+V} + \frac{l}{c-V} = \frac{2l}{c}\frac{1}{1-\frac{V^2}{c^2}}$ です．これに脚注 39 の $l = \sqrt{1 - \frac{V^2}{c^2}}\,l_0$ を使い，$\delta t = \frac{2l_0}{c}\frac{1}{\sqrt{1-\frac{V^2}{c^2}}} = \frac{\delta t'}{\sqrt{1-\frac{V^2}{c^2}}}$ を得ます．

時空の幾何学：事象が生じる空間的位置を表す物差しの読み（x または x'）や時間的位置を表す時計の読み（t または t'）は観測者に依存します．しかし図 1.13 の例のように，「光が電車の後端 P から放出された」という事象自体は観測者によりません．さらに，A さんと B さんの立場の違いによって，原因（後端 P から光が出発）と結果（後端 P にその光が戻る）が逆になることもあり得ません．これを「因果律」といい，物理学の基本原理の 1 つです．したがって，事象同士の関係性が観測者によらない不変的な意味をもちます．

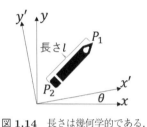

図 1.14 長さは幾何学的である．

このことは物体の位置と長さの関係に似ています．机の上においてある鉛筆の先端 P_1 と後端 P_2 の位置を，机の上に xy 座標系を用意して，それぞれ (x_1, y_1)，(x_2, y_2) としましょう（図 1.14）．もしこの xy 軸に対して角度 θ だけ傾いた $x'y'$ 軸を使えば[42]，(x'_1, y'_1)，(x'_2, y'_2) となります．しかし，鉛筆自体の長さ l はどの座標系で測っても変わりません．実際，それぞれの座標でピタゴラスの定理を使えば，$l^2 = (x_2 - x_1)^2 + (y_2 - y_1)^2 = (x'_2 - x'_1)^2 + (y'_2 - y'_1)^2$ と同じ長さが得られます．このように，座標の取り方によらない量を「幾何学的である」といいます．長さは幾何学的なものです．同様に，鉛筆の向きも座標軸を変えても変わらないので幾何学的です．よって，大きさと向きをもつ量であるベクトルも幾何学的です．

では，事象の関係性を"時空の距離"として表してみましょう．ある事象 1 と事象 2 が生じたとします．慣性系 $I(t, x, y, z)$ で，それぞれが生じた時刻と位置をまとめて，(t_1, x_1, y_1, z_1)，(t_2, x_2, y_2, z_2) と表しましょう．このとき，これら 2 つの事象の間の"距離"s（世界間隔という）を

$$s^2 \equiv -(c(t_2 - t_1))^2 + (x_2 - x_1)^2 + (y_2 - y_1)^2 + (z_2 - z_1)^2 \qquad (1.19)$$

と定義します．これは，(ct, x, y, z) 軸をもつ 4 次元時空において"距離"を測るとき，「時間部分だけマイナスに足す」というルールで一般化された

---

42) θ はギリシャ文字のシータです．

ピタゴラスの定理に相当します[43]. 実際, これは距離としての意味をもちます. いま, 先ほどと同じ事象 1 と 2 を別の慣性系 $I'(t', x', y', z')$ から見た場合, それぞれの生じた時刻と位置が (t'_1, x'_1, y'_1, z'_1), (t'_2, x'_2, y'_2, z'_2) だったとします. 慣性系 I' における世界間隔 s' (式 (1.19) で $t_1 \to t'_1$ などと置き換えたもの[44]) は実は次を満たします (文献 [1]-2, [3] を参照):

$$s^2 = s'^2. \tag{1.20}$$

つまり世界間隔 s^2 は慣性系 (時空の座標系) によりません. よって, 式 (1.19) は "時空の距離" を定義し, 時空は幾何学的だといえます.

時空図: 時空の幾何学は因果関係を表すことができます. 慣性系 $I(t, x)$ において, ある事象 A が点 $A(t = 0, x = 0)$ で生じたとします (y, z は省略). この事象 A が他の事象とどのような関係にあるのかを理解するには, ct 軸と x 軸をもつ「時空図」を描くのが便利です (図 1.15). まず, 点 A から光の信号が発射すれば, その信号は式 (1.17) に従って直線 $ct = \pm x$ に沿って伝播します. つまり, 45 度の傾きは光の伝播に対応しています. このとき, 定義 (1.19) より, $s^2 = 0$ です[45]. $s^2 = 0$ となる事象同士は「光的である」といいます.

次に「因果律により, 光速よりも速く移動するものは存在しない」ことを示します. 事象 B が $s^2 = -(ct)^2 + x^2 = a$ (ある正の値) で

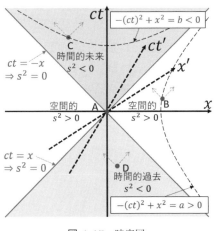

図 **1.15** 時空図.

---

43) 「(速度) × (時間) = 長さ」より, ct は長さを表します. また (以下でみるように) $s^2 < 0$ になることもあります.

44) 光速度不変の原理より, 光速 c はどの慣性系でも同じ値であることに注意してください.

45) 式 (1.19) において (y, z を無視して), 原点 $(t_1, x_1) = (0, 0)$ と光の到達点 $(t_2, x_2) = (t, \pm ct)$ を代入すれば, $s^2 = 0$ が得られます. 以下も同様に考えてください.

描かれる曲線（双曲線という）上の点 B で生じたとします（図 1.15）．慣性系 I から見れば，点 B の t 座標は $t_B > 0$ なので，事象 B は事象 A よりも"未来"に生じたことになります．ところで，世界間隔 s^2 は慣性系によらず不変的ですが（式 (1.20) による），座標の読み自体は慣性系に依存します（図 1.14 の鉛筆の例を思い出してください）．そこで，慣性系 I に対して等速直線運動する別の慣性系 $I'(t', x')$ の座標軸を図 1.15 に書き込むと，45 度の線で 2 等分される点線軸になります（描き方は文献 [3] を参照）．点 B の t' 座標は $t'_B < 0$ であるため[46]，慣性系 I' からみると事象 B は事象 A よりも"過去"に生じたことになります．このとき，点 A と点 B の間で信号（電波通信など）のやり取りが可能だと仮定しましょう．慣性系 I では事象 A が原因，事象 B が結果になり得ます（$t_B > 0$ なので）が，慣性系 I' では逆に事象 B が原因，事象 A が結果になり得ます（$t'_B < 0$ なので）．これは「どんな慣性系から見ても原因と結果の関係は入れ替わらない」という因果律に反します．したがって，$s^2 > 0$ となる 2 点間で信号を送ることは不可能であり，超光速で伝播する信号（あるいは移動する物体）は存在しません[47]．そして，そのような 2 点間では過去や未来という時間的順序の概念がないため，「空間的である」といい，互いに因果関係にありません[48]．

　最後に，因果関係にある点を考えます．すべての信号は光速以下でしか伝わらないということは，事象 A と因果関係にある領域は 2 本の直線 $ct = \pm x$ で囲まれた領域（図 1.15 のグレーの部分＋その 2 本の直線上）です．ここでは，その内部の領域に注目しましょう．いま，事象 C が $s^2 = -(ct)^2 + x^2 = b$（ある負の値）で描かれる曲線上の点 C で生じたとしましょう．慣性系 I, I' のどちらで見ても，点 C は点 A よりも未来にあります．したがって，事象 C は事象 A の結果になり得ても，原因にはなり得ません．点 A の過去領域にある点 D の場合も同様に，点 D での事象は点 A の原因になり得ても，結果にはなり得ません．このような領域内の点と点 A との距離は $s^2 < 0$ であ

---

46)　x' 軸に平行で点 B を通る線と ct' 軸との交点の読みが t'_B です．
47)　もし原点から別の点 (t, x) へ信号を送ったときに $s^2 > 0$ が満たされるならば，$c < \left|\frac{x}{t}\right|$（絶対値）となります．これはその信号の移動速さ $\left|\frac{x}{t}\right|$ が光速 c を超えることを意味します．
48)　ある慣性系で同時刻となる事象同士は空間的です．図 1.12 の 2 つの時計が合っている場合，事象「時計 C_P が 3 時を指す」と事象「時計 C_Q が 3 時を指す」は空間的です．

り，それらは「時間的である」といいます[49]．

　以上のように，時空図の各点から 45 度の円錐（「光円錐」といいます）を描くことにより，事象同士の因果関係を調べることができます．逆に，事象の因果関係が時空の幾何学を作っているともいえます．

ローレンツ変換：図 1.13 のように，地面に静止した慣性系 $I(t, x, y, z)$ と，x 軸方向に速度 V で運動する慣性系 $I'(t', x', y', z')$ があるとします．ある事象 X が生じ，それを慣性系 I で観測したときの時空座標が (t, x, y, z) であるとき，同じ事象 X を慣性系 I' で測定したときの座標 (t', x', y', z') はどのように表せるでしょうか？　つまり I と I' の座標同士の変換則は何でしょうか？　それは世界間隔 s^2 の不変性（式 (1.20)）を保つ幾何学的変換のはずです．ここで，図 1.14 で (x, y) 軸を (x', y') 軸に回転させても長さ l が変わらないことを思い出せば，図 1.15 の (ct, x) 軸から (ct', x') 軸への変換もある種の"回転"だとわかります．それが「ローレンツ変換」です（導出は [1]-2, [3] 参照）：

$$t' = \frac{t - \frac{V}{c^2}x}{\sqrt{1 - \frac{V^2}{c^2}}}, \ x' = \frac{x - Vt}{\sqrt{1 - \frac{V^2}{c^2}}}, \ y' = y, \ z' = z. \tag{1.21}$$

式 (1.21) を s'^2 に代入し，式 (1.20) が成立することを確認してみてください．

　式 (1.21) は「4 次元時空上の点は 4 次元的ベクトル x^μ で表すことができ，幾何学的なものである」を意味しています．これを慣性系 $I(t, x, y, z)$ で成分表示すると，

$$x^\mu = (x^0 = ct, x^1 = x, x^2 = y, x^3 = z) \tag{1.22}$$

となります．ここで，x^0 とは「ベクトル x^μ の第 0 成分」を表し，それが「慣性系 I の時間 t を用いて ct で与えられる」を意味しています（他も同様）．図 1.16 の 4 次元ベクトル x^μ は，慣性系 I では $(x^0, x^1) = (ct > 0, 0)$ と成分表示されますが，慣性系 I' では $(x'^0, x'^1) = (ct' > 0, x' < 0)$ のように成分表示されます．

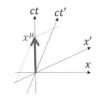

図 1.16　4 次元ベクトル x^μ の例．

49)　図 1.13 での事象 1 と事象 3 は時間的関係にあります．

これはちょうど式 (1.21) で $x = 0$ とおいて得られる関係と同じです[50]．この例が示すように，一見すると時間成分しかもたない 4 次元ベクトルでも，別の慣性系から見れば時間と空間成分の両方をもち得ます．つまり "時間と空間は混ざり" ます．したがって，時間と空間は分けて考えるのではなく，時空全体として考えるべき幾何学的なものであるといえます[51]．

マクスウェル方程式の幾何学化：光速度不変の法則は空間の性質から捉えられることに戻りましょう．電場・磁場は空間自体がもつ性質であり，空っぽな空間に対して観測者が運動していることに意味がないため，電場・磁場を司るマクスウェル方程式 (1.13) はどんな慣性系の観測者から見ても同じ形をしているはずです（これが場の理論に対する特殊相対性原理の考え方です）．これまで得られた知見から，このことを表現すれば，「マクスウェル方程式 (1.13) は幾何学的な形をしているはず」となります．

実は，電磁気現象においてもっとも基本的な場は「ベクトルポテンシャル $A(t, x)$」という場です．というのも，これが電場 $E(t, x) = -\frac{\partial}{\partial t} A(t, x)$ と磁場 $B(t, x) = \nabla \times A(t, x)$ を与えるからです．しかも，$A(t, x)$ は 4 次元ベクトル場 $A^\mu(x)$ に "幾何学化" できます．また，電荷分布 $\rho(t, x)$ と電流分布 $j(t, x)$ も 4 次元ベクトル場 $j^\mu(x)$ にまとまります．こうして，式 (1.13) は次の 1 本の方程式になります（詳細は文献 [1]-2)[52]：

$$\partial_\mu F^{\mu\nu}(x) = j^\nu(x). \tag{1.23}$$

この式はローレンツ変換 (1.21) を施して他の慣性系に移っても同じ形になります．よって幾何学的です．また，電場 $E(t, x)$ と磁場 $B(t, x)$ は幾何学量 $F_{\mu\nu} \equiv \partial_\mu A_\nu - \partial_\nu A_\mu$ にまとまるため，時間と空間の関係（図 1.16）のように，ある慣性系 I で電場しか観測されなくても別の慣性系 I' では電場と磁

---

50) 物理的には，図 1.13 の地面に止まっているボールを電車から見ると $-x'$ 方向に進んでいるように見えることに対応しています．

51) 補足：式 (1.21) で，$c \to \infty$ にすると，$t' = t$, $x' = x - Vt$, $y' = y$, $z' = z$ が得られます（ガリレイ変換という）．これは次のことを意味してます：私たちの日常の感覚「時間は絶対的である $(t' = t)$」は，（光速を無限大とみなしていいほどに）光速に比べて遅い現象に対してのみ正しい．これは式 (1.18) の下の段落で議論したことと同じことです．

52) 補足：$\partial_\mu = \frac{\partial}{\partial x^\mu}$ であり，これは x^μ の偏微分を表します．

場の両方が現れます．この意味で，電場と磁場が別々に存在するのではなく，「電磁場」が存在するのです．

1.4.4 $E = mc^2$ の登場！

有名なアインシュタインの公式 $E = mc^2$ を導いてみましょう．そのために「運動量」という概念を最初に説明します．

運動量：床の上で軽い球が勢いよく転がり静止した重い球と衝突すると，軽い球は跳ね返り，重い球はゆっくりと転がり始めます．今度は，重い球がゆっくりと転がって静止した軽い球と衝突すると，重い球はほとんど減速せず，軽い球は勢いよく跳ばされます．これらは「床が十分滑らか（摩擦がない）ならば，衝突の前後で球の "勢い" のようなものが保たれる」を表しています．この保存する量は「運動量」というベクトル量です．（光速 c に比べて遅い）速度 $\boldsymbol{v}$ で運動する質量 m の粒子の運動量 $\boldsymbol{p}$ は次で表せます（文献 [1]-1）：

$$\boldsymbol{p} = m\boldsymbol{v}. \tag{1.24}$$

電磁場も運動量をもちます．例えば，強力な光を球に打ち込めば，球を動かすことができます．エネルギー E の電磁場のもつ運動量の大きさ p は，光速 c を用いて，次で与えられます（くわしくは文献 [1]-2）[53]：

$$p = \frac{E}{c}. \tag{1.25}$$

アインシュタインによる $E = mc^2$ の導出：A さんに対し静止した質量 M の粒子に，エネルギー $\frac{E}{2}$ の光が両側から x 軸に沿ってやってきて，吸収されたとします（図 1.17 の上段）．対称性より，吸収後の粒子は静止したままです．この過程を $-y$ 方向に（光速 c に比べて遅い）速さ V で運動する B さんから考えてみます．B さんからは，粒子は最初 $+y$ 方向に速さ V で進んでいて，その途中で両側から斜めに光がやってくるように見えます（図 1.17 の下段）．このとき，x 方向は 2 つの光が向かい合っているため対称的です

---

53) 式 (1.24) の $\boldsymbol{p}$ はベクトルですが，式 (1.25) の p はその大きさ（長さ）です．

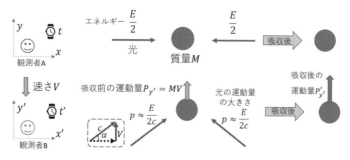

図 1.17　2 つの慣性系から見た,粒子が光の吸収する過程.

が,y 方向に関しては共に $+y$ 方向を向いているため,2 つの光のもつ運動量
(1.25) を得て,粒子の y 方向の運動量が増えます.実は,y 方向の運動量保存
は $M' - M = \frac{E}{c^2}$ を導きます（M'：吸収後の粒子の質量）[54].粒子が光を吸
収してエネルギーが E だけ増え,それにより質量が $\frac{E}{c^2}$ だけ増えました.し
たがって,一般にエネルギー E と質量 m は次の関係式により変換できます：

$$E = mc^2. \tag{1.26}$$

エネルギーがあれば質量をもつ粒子を生成でき,逆に質量があれば光のエネ
ルギーに変換することができます[55].これにより,高エネルギー現象におい
ては質量保存則は破れ,エネルギー保存則だけが厳密に成立します.

　式 (1.26) の導出のポイントは運動量保存則にエネルギーが入り込んできた
ことです.実はこれは（時間と空間が時空としてまとまったように）エネル
ギー E と運動量 $\boldsymbol{p}$ が全体で 4 次元ベクトル $p^\mu = (\frac{E}{c}, \boldsymbol{p})$ をなしていること
を意味しています（文献 [1]-2）.

---

54)　補足：c に比べて小さい V に対し相対論効果を最小限にして,これを導いてみましょ
う.B さんから見て考えます.吸収前の粒子の運動量の y' 成分は式 (1.24) から $P_{y'} \approx MV$
です.各光はエネルギー $\frac{E}{2}$ をもつので,各運動量の大きさは式 (1.25) より $p \approx \frac{E}{2c}$ です.
斜めに入ってきた角度 α は,光速度不変の原理より B さんの慣性系でも光速は c なので,
$\sin\alpha = \frac{V}{c}$ です.よって各光の y 成分の運動量は $p_{y'} \approx \frac{E}{2c}\sin\alpha = \frac{EV}{2c^2}$ です.そして吸収
後の粒子の運動量が $P'_{y'} \approx M'V$ に変化したとします.以上の値をこの過程における y' 成
分の運動量の保存則 $P_{y'} + 2p_{y'} = P'_{y'}$ に代入すると,上の式が得られます.
55)　c^2 が非常に大きいため,変換公式 (1.26) は高エネルギーの場合にのみ効きます.

1.4.5　1.4 節のまとめ

　まず波動は媒質がエネルギーや運動量を伝播する現象であり，干渉という特有の性質をもつことを見ました．次に，電磁気現象は真空の励起である電磁場によって記述され，光は電磁波の一種であることを学びました．それから，時間の定義を明確にし，相対性原理と光速度不変の原理に基づき，同時刻が相対的であることを確認しました．そして，時間と空間が時空として幾何学的性質をもち，それが因果関係を表せることを学びました．最後に，$E = mc^2$ を導き，エネルギーと運動量が 4 次元ベクトル p^μ を成すことを見ました．

> **教訓**：真空は場という物理的性質を宿し，時間と空間は 4 次元時空として一体となり幾何学的性質をもつ．

1.5　量子力学——非常識な存在性と奇妙な世界

　次に情報の物理的な意味を探るために，量子力学の世界をちょっと覗いてみましょう．事の始まりは“熱い光”です．電球の光は明るいだけでなく熱いですね．つまり温度をもつ光です．1.3 節では「温度＝微視的な構成粒子の平均運動エネルギー」を，1.4 節では「光＝電磁場＝真空の励起」を見ました．すると，この熱い光の温度の起源，その微視的構成要素は一体何でしょうか？　この問いが量子力学の奇妙な世界の扉を開けました．

1.5.1　ウェーヴィクル——粒子なの？　波なの？

空洞輻射：電球の代わりに空っぽの石窯を考えます．材質 M からなる壁を温度 T で熱すると，うっすらと赤く光り石窯内が暖かくなります．（図 1.6 で見たように）壁を構成する粒子が激しく振動し，それらは電荷をもち（マクスウェル方程式 (1.13) により）電磁波を放出・吸収・反射するからです（こ

の熱い光によるエネルギーの移動を「輻射熱」といいます[56]). しばらくすると, 窯全体が温度 T の熱平衡状態に至ります. 一見何もない石窯内部ですが, 1.4 節で見たように, 真空が励起してさまざまな角振動数 ω の電磁波が充満しています. 実は, 熱力学の議論を使うと次の強力な結果を予言できます:「温度 T の熱平衡状態にある角振動数 ω の電磁波のエネルギー密度 (単位体積当たりのエネルギー) は壁の素材 M に依存しない普遍的な関数 $u(\omega, T)$ で与えられる」(文献 [1]-5 を参照).

物理学ではこのような普遍的な量に興味があります. なぜなら普遍的な法則がその背後にあるはずだからです. では, この関数 $u(\omega, T)$ をどうしたら実験で計測できるでしょうか? そこで再び熱力学を使います. 熱平衡状態にあるとき, 物質 M から放出される熱輻射のエネルギーの流れ $J_M(\omega, T)$ はそこに吸収されるエネルギーの流れと釣り合うはずです. そうでないと, 熱平衡になり得ないからです. このバランス条件は次です (文献 [1]-5 参照):

$$J_M(\omega, T) = cA_M(\omega, T)u(\omega, T). \tag{1.27}$$

ここで c は光速, $A_M(\omega, T)$ は物質 M のエネルギー吸収効率です. したがって $A_M(\omega, T) = 1$ となる物質, つまり光を 100% 吸収する物質 (この理想的に "真っ黒" な物質を「黒体」といいます) を熱し, そこから放出される輻射のエネルギー分布を測定すれば $u(\omega, T)$ がわかります.

ですが, 黒体は現実には存在しません. そこで, 光をなるべく吸収しやすい物質 M で石窯を作り, その入り口を十分小さくします (「空洞」という). 外から空洞に入った光は内部で何度も反射吸収され, 最終的にはほとんどすべて吸収されて外に出ていきません. ほぼ吸収率 100% です. したがって, 空洞は黒体と同じ役割をします. 物理学者たちは空洞を熱し, そこから漏れ出る電磁波を測定し, $u(\omega, T)$ を決定しました. それは定性的には, 低温では赤く, 高温では青白くなることを示していました. なぜでしょうか?

1.3 節の熱力学と 1.4 節の電磁気学から考えてみましょう. 式 (1.10) は「温度 T の熱平衡状態では, 1 自由度はエネルギー $\frac{1}{2}k_B T$ をもつ」といっています.「自由度」とは考えている物理系を記述するのに必要な変数の数のこ

---

56) 空気のない宇宙空間を通り太陽のエネルギーが地球に届くのも, これのおかげです.

とです. 例えば, 3 次元空間内の 1 粒子の運動を指定するには, 3 次元座標 (x, y, z) を時間の関数として決定せねばならないので, 自由度は 3 です. 2 粒子なら自由度は 6 です. 式 (1.10) は速度の各成分に対して成り立つので, 「自由度毎にエネルギー $\frac{1}{2} k_B T$ である」ということなります.

電磁波の場合, 振動数 ω 毎に自由度が 1 つ与えられると考えられます. 各 ω の電磁波が波動方程式を満たし, その重ね合わせ (式 (1.12)) が電磁波全体をなすからです. ただし ω は連続的にゼロから無限大までの値をとり得ます. したがって, 仮に各 ω に対しエネルギー $\frac{1}{2} k_B T$ を対等に与えると, $u(\omega, T)$ は $k_B T$ に比例し, エネルギー密度の合計 $\rho(T) \equiv \int_0^\infty d\omega u(\omega, T)$ は無限大になってしまいます[57]. それはあり得ません. 何かが間違っています.

エネルギー量子: この問題に対しプランク (1858–1947) は以下の仮説を立てました: 振動数 ω の電磁場はエネルギーの最小単位 $\hbar\omega$ (「エネルギー量子」という) をもち, エネルギー E はその整数倍の値しかとらない. つまり

$$E_n = n\hbar\omega. \tag{1.28}$$

ここで, $n = 0, 1, 2, \cdots$ であり, $\hbar \approx 1.05 \times 10^{-34}$ ジュール秒は「プランク定数」という実験で決まる物理定数です ($\hbar$ はエイチバーと読みます).

この仮説は次を意味しています. 温度が T のとき, $k_B T > \hbar\omega$ となる ω の光は $\left[\frac{k_B T}{\hbar\omega}\right]$ 個分だけエネルギーが励起しますが[58], $k_B T < \hbar\omega$ となる ω の光は最小値 $\hbar\omega$ にまでエネルギーが達しないのでまったく励起しません. したがって, 低温では低周波だけが励起するので光は赤く, 高温では高周波も励起するので青白くなります[59]. これは定性的に実験結果に合います. プランクは $u(\omega, T) = \frac{\hbar\omega^3}{\pi^2 c^3} n_P(\omega, T)$ という分布が定量的に実験に合うことを示しました. ここで, プランク分布

$$n_P(\omega, T) \equiv \frac{1}{e^{\frac{\hbar\omega}{k_B T}} - 1} \tag{1.29}$$

---

57) 積分 $\int_0^\infty d\omega u(\omega, T)$ はさまざまな ω をもつ $u(\omega, T)$ の足し算を表しています. ここで, $u(\omega, T)$ は単位 ω 当たりのエネルギー密度です.
58) $[x]$ は x を超えない最大の整数を表します. 例: $\left[\frac{5}{2}\right] = 2$.
59) 式 (1.14) より, 波長 λ の長い赤い光は ω が小さく, λ の短い青い光は ω が大きくなります.

光ωは連続的に移動する
⇒箱内のエネルギーは
ℏωのジャンプをしない

図 **1.18** プランク仮説の困難.

は温度 T の熱平衡状態にある電磁波の分布（ω の光の励起の度合い）です.

しかし，この考え方は従来の電磁気学と合いません．電磁場は空間に連続的に分布しているので，エネルギーも連続的に分布します（図 1.18）．よって，電磁波が空洞を出入りしたとき，空洞内のエネルギーが式 (1.28) のような離散的な値にはなり得ないからです．つまり，光自体がどうなっているかが明らかではなかったのです.

光子：ここでアインシュタインの再登場です．彼はエントロピーに注目しました．エントロピーは物体のマクロな振る舞いとそのミクロな構成要素を関係づけるからです．彼は，電磁波のある近似的な分布，熱力学の関係式，そしてボルツマンの原理 (1.9) を巧みに組み合わせて，熱輻射のエントロピーを求めました．それを N 個の粒子のエントロピーの表式と比べると，エネルギー $E = N\hbar\omega$ が得られました．これはまさに式 (1.28) です.

そこで「振動数 ω の光は，エネルギー

$$\epsilon = \hbar\omega \tag{1.30}$$

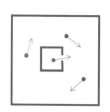

図 **1.19** 光子仮説「電磁波＝光子の集まり」.

をもつ光の粒子（光子）の集まりである」という仮説をアインシュタインは立てました．これに従えば，図 1.18 の問題は，「光子の出入りにより，離散的なエネルギーの変化が生じる」という形で自然に解決されます（図 1.19）.

さらに，式 (1.14), (1.25) と (1.30) より，波長 λ の光子が

$$p = \frac{2\pi\hbar}{\lambda} \tag{1.31}$$

という運動量（の大きさ）をもつことがわかります．この運動量を使えば，光電効果（光を金属に当てると電子が出てくる現象）やコンプトン散乱（光を

炭素膜などで反射すると波長が変化する現象）などの当時不可解だった現象が自然と理解されました．このように光子仮説は効果的なものでした．

電子の波動性：今度は電子の不思議な性質を見てみましょう．電子を1つずつ発射できる電子銃，その先に2つのスリットをもつ中間板，そして電子が到達するとその位置を記録する装置があったとします（図1.20）．電子を1つ発射すると，記録装置の1か所が点灯します．さらに電子を発射すれば，また別の所が点灯します．これにより，電子は粒子として"ひと塊"でやってくることがわかります．この実験を何度も繰り返し，その統計データをためる

図 **1.20** 電子の二重スリット実験.

と，図1.20の分布 P が現れました．これは図1.11の光の干渉縞の強度分布に酷似しています．実際に，スリット2を塞いで何度も実験した場合に得られる分布 P_1 と，スリット1を塞いだときに得られる分布 P_2 を足しても，分布 P にはなりません．そして，両スリットが開いているときに電子1つだけを1回だけ発射させると，分布 P の谷底になっている部分（干渉縞の暗に相当する部分）にはけっしてやってきません．したがって，1つの電子は何かしらの意味で，部分的にスリット1に入る状態にあり，部分的にスリット2に入る状態にあり，その結果自分自身と干渉を起こしていると考えざるを得ません．このように電子は波動性を示します．

ウェーヴィクル：ここで整理しましょう．図1.11と図1.20で見たように，光も電子も干渉を示すことから波動性をもつといえます．一方で，光は光子と捉えることにより光電効果などの現象が理解でき，電子1つは図1.20の記録装置の1点で表されるため，光も電子も粒子性をもちます．すると「結局，光や電子は粒子なの？　波なの？　それとも粒子かつ波なの？」と混乱します．ここで，波動性と粒子性は同時に現れないことに注目してください．

　もう一度，図1.20の実験に戻ります．電子1つを1回だけを発射すると，上記で述べたように，その電子自身で波動性を現し，それは必ず分布 P の山

部分（干渉縞の明に相当する部分）に到達します．このとき，どの山部分に来るのかは予測することができず，統計分布 P に従って確率的に振る舞います．したがって，同じ実験を何度も繰り返して得られた統計データを通してのみ，電子の振る舞いを波の干渉縞と比較することができます．そして，電子が観測板に到達する前に，その粒子性が現れることはありません．

今度は，スリット 1 にセンサーをもつ装置を設置し，電子がスリット 1 を通ったらブザーが鳴るようにします．ブザーが鳴った場合だけを記録した統計データは図 1.20 の分布 P_1（スリット 2 を閉じた場合に得られた分布）に一致します．つまり波動性は現れません．ところで，ブザー音は「粒子として電子がスリット 1 を通過したことを確認できた」を意味しています．というのも，仮にスリット 1 のすぐ後ろに別の記録板をおけば，ブザーが鳴った直後にその記録板に点として電子が観測されるからです．したがって今回の実験では，電子の波動性は現れず，粒子性だけが現れたといえます．

以上より，次のように結論付けられます：光や電子は「波であり，かつ粒子である」のではなく，粒子性と波動性を上の意味で備えた新しい "あるもの" である．これまでの目に見えるほど大きなものに基づく理解では，この世界には粒子と波の 2 種類のものが存在すると考えてきました．しかし，電子や光子などの小さなものは，ただ 1 種類の "あるもの" だということです．ここでは，この "あるもの" を，朝永振一郎 (1906–1979) に従い，「ウェーヴィクル (wavicle ＝ wave ＋ particle)」と呼ぶことにしましょう（文献 [4]）[60]．この不思議なウェーヴィクルたちが私たちの世界を作っているのです．

1.5.2　量子力学の定式化

ウェーヴィクルを記述する法則（量子力学）をここまで得られた実験結果に基づいて探っていきましょう．ウェーヴィクルは日常の直観とかけ離れた実体であるため，その法則は抽象的かつ数学的です．ここではその数学の詳細は気にせず，物理的意味とそれをどのように数式で表そうとするのかを楽しんでください（くわしくは文献 [1]-3, [5] を参照）．

---

60)　これは現在ではあまり使われない呼び名です．ここでは「"あるもの" は従来の意味の粒子でも波でもなく別のものだ」を強調するために便宜上用いることにします．

大きいものと小さいもの：まず，大きいものと小さいものの意味を考えます．物体の状態を知るためには観測が必要です．観測とは，私たちが操作できる装置と対象となる物体が相互作用し，その物体の状態に応じた手応えが数値化・可視化されることです．この観測により物体の状態が攪乱され得ます．いま，真っ暗な部屋に静止している赤いボールをカメラで観測するとします．フラッシュ（白い光）の赤以外の波長の光はボールに吸収され，赤い光だけが反射してカメラのレンズに入り記録されます（可視化）．フラッシュ光はボールと相互作用しますが，ボールの位置や速度などの状態を変化させません．このように観測による攪乱が無視でき状態が変わらない物体が大きいものです．これを「古典的物体」といい，「古典力学」で記述されます．ボールなどの古典粒子は（すぐ後で出てくる）ニュートンの運動方程式 (1.33) に，上例の光は古典場としてマクスウェル方程式 (1.13) に従います．それに対し，小さいものは観測による攪乱によって状態が（どんなに観測技術を向上させても，原理的に）変わってしまう物体です．これがウェーヴィクルです．

不確定性原理：これをもう少し厳密にしましょう．ハイゼンベルク (1901–1976) は興味深い思考実験を考えました．電子を顕微鏡で観測したいとします．

そのためには，波長 λ の光子を当てて，その散乱の様子を見ればいいわけです（図 1.21）．容易に想像できるように，光子と衝突すると電子は跳ね飛ばされ，状態が変化してしまいます．このとき，波長 λ の光を使っているので，それよりも細かく電子の位置を識別できません．その意味で位置 x の解像度 Δx の限界は $\Delta x \sim \lambda$ です．ここで，ある量 X と Y の大きさのオーダー（桁）が同じであるとき，「$X \sim Y$」と書きます．一方で，その光子の運動量 p は式 (1.31) で与えられるので，運動量の解像度 Δp の限界は $\Delta p \sim \frac{\hbar}{\lambda}$ です．すると

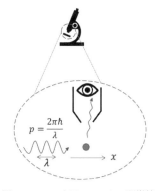

図 1.21 ハイゼンベルクの顕微鏡.

$$\Delta x \Delta p \sim \hbar \tag{1.32}$$

が成立します（不確定性関係式）．ここで，顕微鏡という観測装置の特徴を表す量 λ がキャンセルしています．つまり，式 (1.32) は観測装置の詳細によらずにつねに成立します．したがって，観測するかどうかにかかわらず，電子などのウェーヴィクルの状態はつねに式 (1.32) を満たすと考えられます[61]．

　これがどんな状態なのかを理解するために，まず古典粒子（例：普通のボール）の運動を調べます．質量 m の古典粒子はニュートン (1642–1727) の運動方程式[62]

$$m\frac{d\boldsymbol{v}(t)}{dt} = \boldsymbol{F}(t) \tag{1.33}$$

に従って運動します（文献 [1]-1 を参照）．$\boldsymbol{F}(t)$ は時刻 t に粒子が受ける力であり，それは一般に粒子の位置 $\boldsymbol{x}(t)$ と速度 $\boldsymbol{v}(t)$（と時間 t）に依存します．また $\frac{d\boldsymbol{v}(t)}{dt}$ は「速度 $\boldsymbol{v}$（＝速さと向き）が単位時間にどれだけ変化するのか（加速度という）」を表します．式 (1.33) は加速度と力の関係を与えます．

　さて，いま時刻 $t = 0$ での古典粒子の位置 $\boldsymbol{x}(0)$ と速度 $\boldsymbol{v}(0)$ が同時に定まっているとしましょう．このとき，次の時刻 $t = 1$ での粒子の位置 $\boldsymbol{x}(1)$ は「距離＝速度 × 時間」を使って $\boldsymbol{x}(1) = \boldsymbol{x}(0) + \boldsymbol{v}(0) \times 1$ とわかります[63]．では，さらに次の時刻 $t = 2$ での位置 $\boldsymbol{x}(2)$ はどうでしょうか？　もし時刻 $t = 1$ での速度 $\boldsymbol{v}(1)$ がわかれば，同様に $\boldsymbol{x}(2)$ も求まります．実は，$\boldsymbol{x}(0)$ と $\boldsymbol{v}(0)$ から $\boldsymbol{v}(1)$ を決定する法則が式 (1.33) です．これを（連続的に）繰り返していけば，粒子の軌跡が描けることが想像できるでしょう（図 1.22 左）（式 (1.24) より $\boldsymbol{p} = m\boldsymbol{v}$ なので，この図では $\boldsymbol{v}$ の代わりに $\boldsymbol{p}$ を使っ

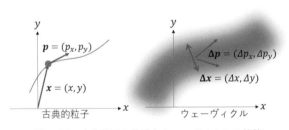

図 **1.22**　古典粒子の軌道とウェーヴィクルの状態．

---

61)　補足：一般には，$\Delta x \Delta p \gtrsim \hbar$ です．文献 [1]-3 を参照．
62)　ここでは，前節の特殊相対論の効果は無視して考えます．
63)　ここでは簡単のため，時間を 1 秒ごとに区切って考えています．

ています）．このように，古典粒子は各時刻で位置 $\boldsymbol{x}(t)$ と速度 $\boldsymbol{v}(t)$ が同時に定まる状態をとり，軌跡を描きます．

これに対して，ウェーヴィクルの状態は式 (1.32) を満たし，それは「位置の不確定さ Δx と運動量の不確定さ Δp が両方ともゼロになる状態は原理的に存在しない」を意味しています．位置 x が確定すればするほど ($\Delta x \to 0$)，運動量 p が不確定になり ($\Delta p \sim \frac{\hbar}{\Delta x} \to \infty$)，またその逆も成り立ちます．すると，$\boldsymbol{p} = m\boldsymbol{v}$ より，ウェーヴィクルは位置と速度の両方が確定した状態をとり得ないため，ウェーヴィクルは軌跡を描きません（図 1.22 右）．これが，量子力学の基本原理である「不確定性原理」です．

ウェーヴィクルの状態＝ベクトル：このウェーヴィクルの状態を数式で表してみましょう．そのために，図 1.20 の電子の二重スリット実験の例に戻ります．不確定性原理に従い，電子は軌跡を描かないぼやけた状態です．図 1.23 が表しているように，その電子は「2 つのスリットを同時に通る状態」にあります．これは，図 1.20 の下で述べた「1 つの電子は

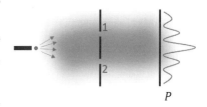

図 **1.23** 二重スリット実験・再.

何かしらの意味で，部分的にスリット 1 に入る状態にあり，部分的にスリット 2 に入る状態にあり，その結果自分自身と干渉を起こしていると考えざるを得ません」にちょうど対応しています．

これに動機づけられて，「状態の重ね合わせの原理」を導入します：「ウェーヴィクルがある 1 つの状態にあるとき，それが部分的に他の 2 つ以上の状態にあるといつでもみなせる」．これは「ウェーヴィクルの状態はある抽象的なベクトル，状態ベクトル $|\Psi\rangle$（プサイケットと読みます）で表せる」を意味しています[64][65]．というのも，1 つのベクトルはそれと異なる別の 2 つ以上のベクトルでいつでも表すことができるからです（図 1.10(i) で，$\boldsymbol{c} = \boldsymbol{a} + \boldsymbol{b}$ や

---

64)　Ψ はギリシャ文字プサイの大文字です．

65)　補足：状態ベクトル $|\Psi\rangle$ は 3 次元空間上の矢印としてのベクトルではなく，もっと抽象的な空間（ヒルベルト空間という）上のベクトルです．しかも，ベクトルの向きだけが状態の指定に関係し，大きさは関係しません．文献 [5] を参照．

$\boldsymbol{a} = \boldsymbol{c} - \boldsymbol{b}$ が成り立つことを思い出してください). したがって, 状態ベクトル $|\Psi\rangle$ は別の状態ベクトル $|\varphi_1\rangle, |\varphi_2\rangle, \cdots$ の重ね合わせで表せます[66]:

$$|\Psi\rangle = c_1 |\varphi_1\rangle + c_2 |\varphi_2\rangle + \cdots = \sum_i c_i |\varphi_i\rangle. \tag{1.34}$$

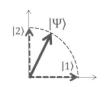

図 1.24 状態ベクトル.

では, 重ね合わせの原理から, 図 1.23 の状態を表してみましょう. 図 1.24 を見てください. 真横を向いたベクトル $|1\rangle$ は「スリット 1 を通る電子の状態」を, 真上を向いたベクトル $|2\rangle$ は「スリット 2 を通る電子の状態」を表します[67]. そしてベクトル $|\Psi\rangle$ は $|1\rangle$ と $|2\rangle$ の中間を向くため, 横成分と上成分の両方をもち, 「スリット 1 と 2 を "同時に" 通る状態」を表します. どのように重なっているかに依存して, 式 (1.34) の係数 c_1, c_2 は値が異なります. ここでは, 例として次を考えます[68]:

$$|\Psi\rangle = \sqrt{\frac{1}{3}} |1\rangle + \sqrt{\frac{2}{3}} |2\rangle \tag{1.35}$$

観測と確率:状態ベクトル $|\Psi\rangle$ はどのような物理的な意味をもっているのでしょうか? いま, 図 1.23 において, 両スリットのすぐ後ろに記録装置を移動させ, 電子の状態 $|\Psi\rangle$ は式 (1.35) だとします. 電子 1 つが発射されれば, どちらかのスリットのすぐ後ろに記録がされ, その電子がどちらを通ってきたのかがわかります. このとき, 粒子としての位置が確定するので, 干渉縞はできません. また, 式 (1.35) は重なった状態であっても, けっしてスリット 1 と 2 の間の位置の記録板に電子はやって来ないことに注意してください. これと同じ状態 $|\Psi\rangle$ を何度も用意して実験を行い, 統計的データを得たとします. すると, スリット 1 を通ってきた電子の割合は $\frac{1}{3}$ でした. この値はちょ

---

66) φ はギリシャ文字ファイです. 記号 $\sum_i$ は難しく考えず, 「添え字 i について和をとる記号」と思ってください. ちなみに, 係数 c_i は一般に複素数です.
67) 補足:脚注 65 で現れたヒルベルト空間とは, 各座標軸が 1 つの状態を表し, それらは "直交した" ような抽象的な空間です.
68) 図 1.24 では, $|\Psi\rangle, |1\rangle, |2\rangle$ は長さがみな 1 だとしています

うど式 (1.35) の $|1\rangle$ の係数 $\sqrt{\frac{1}{3}}$ を 2 乗した値 $\frac{1}{3}$ と一致します. 同様に, スリット 2 を通ってきた電子の割合は $\frac{2}{3}$ で, それは $(\sqrt{\frac{2}{3}})^2$ に一致します.

このように, 状態 $|\Psi\rangle$ が確定していても, 観測を行う (ここでは記録装置と電子を相互作用させること) と, その観測結果 (ここではスリット 1 か 2 のどちらかのすぐ後ろに電子が記録されること) は確率的に決まります. 一般に, 式 (1.34) の状態 $|\Psi\rangle$ にあるウェーヴィクルの観測を行うと, その攪乱のせいでウェーヴィクルの状態は $|\Psi\rangle$ を重ね合わせている状態 $|\varphi_i\rangle$ のいずれかに確率的にジャンプします. このとき, ジャンプ後の状態 $|\varphi_i\rangle$ に対応した物理量の観測値 (電子の位置 x など) がわかります. これが観測・測定という操作に対応します. そのジャンプの確率 P_i はその係数 c_i の絶対値の 2 乗 $P_i = |c_i|^2$ で与えられます. これが「量子力学の観測と確率解釈の原理」です. ウェーヴィクルに対する観測によってどの値が得られるのかを一意的に予測することはできませんが, 状態 $|\Psi\rangle$ からその観測値の確率分布 P_i を一意的に決定する計算手段を量子力学は与えます (文献 [1]-3, [5]).

ウェーヴィクルの観測量＝行列：今度は位置 x や運動量 p などの観測・測定される物理量 (観測量, オブザーバブル (observable) という) を数学的に表してみましょう. いま, 状態 $|\Psi\rangle$ にあるウェーヴィクルが物理量 A を測定する装置と相互作用したとします. すると, ある値 a が得られました. このとき (測定の攪乱により) 状態 $|\Psi\rangle$ は, ウェーヴィクルが物理量 A の値 a を確実にもつ状態 $|a\rangle$ にジャンプします ($|\Psi\rangle \to |a\rangle$). そこから続けて, 別の物理量 B を測定する装置とウェーヴィクルを相互作用させたとします. すると, 測定値 b が得られ, ウェーヴィクルが物理量 B の値 b を確実にもつ状態 $|b\rangle$ にジャンプしました ($|a\rangle \to |b\rangle$). この一連の測定で $|\Psi\rangle \to |a\rangle \to |b\rangle$ が生じました. 今度は同じ状態 $|\Psi\rangle$ から出発しますが手順を逆にし, B を測定してから A を測定すると, $|\Psi\rangle \to |b'\rangle \to |a'\rangle$ となりました[69].

注目すべきは, たとえ最初の状態が同じであっても, 観測量の測定の順番に

---

69) 測定結果は確率的なので, 一般には a, b と a', b' は異なるため, 別の記号を使っています. ですが, どの記号もたまたま得られた観測値 (数値) を表しているだけです.

よって最終的に達する状態が一般には異なってしまうことです[70]. つまり, ウェーヴィクルの観測量は測定の順番が重要であり, 一般には入れ替えることができません (これを「非可換である」といいます):

$$[A, B] \equiv AB - BA \neq 0. \tag{1.36}$$

では, どのような量が非可換でしょうか?[71] その典型例は行列です. 行列は, 名前の通り, 行と列から構成される数の集まりです. 2 行 2 列の行列 $\hat{M} = \begin{pmatrix} a & b \\ c & d \end{pmatrix}$ と $\hat{N} = \begin{pmatrix} a' & b' \\ c' & d' \end{pmatrix}$ の掛け算は次のように定義されます:

$$\hat{M}\hat{N} = \begin{pmatrix} a & b \\ c & d \end{pmatrix} \begin{pmatrix} a' & b' \\ c' & d' \end{pmatrix} \equiv \begin{pmatrix} aa' + bc' & ab' + bd' \\ ca' + dc' & cb' + dd' \end{pmatrix}. \tag{1.37}$$

これからわかるように, 一般には $[\hat{M}, \hat{N}] \neq 0$ です.

行列はある意味でベクトルの一般化になっています. 実際, ベクトルを $\boldsymbol{v} = \begin{pmatrix} x \\ y \end{pmatrix}$ と書けば, これを 2 行 1 列の行列とみなせます. 行列 $\hat{M}$ をベクトル $\boldsymbol{v}$ に左から掛ければ (「演算する」という), 式 (1.37) より, $\hat{M}\boldsymbol{v} = \begin{pmatrix} a & b \\ c & d \end{pmatrix} \begin{pmatrix} x \\ y \end{pmatrix} = \begin{pmatrix} ax + by \\ cx + dy \end{pmatrix}$ のように別のベクトルが得られます. よって, 行列は「ベクトルに作用する非可換演算子」といえます.

この理解に基づき, 物理量 A, B を"行列化"しましょう (「量子化する」という). それは状態ベクトル $|\Psi\rangle$ に作用する抽象的な非可換演算子 $\hat{A}, \hat{B}$ です[72]. 状態 $|\Psi\rangle$ に演算子 $\hat{A}$ を施すと, $|\Psi'\rangle = \hat{A}|\Psi\rangle$ に変化します. これは行列 $\hat{A}$ がベクトル $|\Psi\rangle$ に掛かったことに対応するため, 一般に, $|\Psi'\rangle$ は $|\Psi\rangle$ と異なる"向き"になり, 異なる状態を表します. したがって, さまざまな状態はさまざまな演算子 $\hat{A}, \hat{B}, \cdots$ を作用させることにより作り出せます.

---

70) 今考えている物理量 A と B は異なるものなので, 状態 $|a\rangle$ と $|b\rangle$ はその値によらず一般に異なる状態です.

71) もちろん, 実数は可換です. 例: $2 \times 3 - 3 \times 2 = 0$.

72) 補足: それはヒルベルト空間上の状態ベクトルに作用する (エルミート) 非可換演算子なので, その"行列の各成分"は独立な状態に対応したものです. 文献 [5] を参照.

$\hbar$ の役割：とくに，位置演算子 $\hat{x}$ と運動量演算子 $\hat{p}$ は次を満たします：

$$[\hat{x}, \hat{p}] = i\hbar. \tag{1.38}$$

ここで i は虚数単位です．いま，仮に $\hbar$ をゼロにしてみます．すると，$[\hat{x}, \hat{p}] = 0$ となり，位置と運動量のどちらを先に測定しても同じ結果が得られます．これは位置と運動量の測定の攪乱が互いに干渉せず，位置と運動量が同時に確定した状態が存在できることを意味しています．つまり，それは軌道が描ける古典的粒子の状態だということです（図 1.22 左）．したがって，$\hbar \to 0$ はウェーヴィクルから古典粒子に移行する極限であり，$\hbar$ は量子的な振る舞いを特徴づける量なのです[73]．この意味で，非可換関係式 (1.38) は不確定性関係式 (1.32) に対応し，観測量の非可換性が量子力学の本質を表しています．

　この式 (1.38) を利用すれば，古典系からそれに対応するウェーヴィクル系に移行できます[74]．まず古典系の基本的自由度が何かを考えます．それは 1 つの古典粒子ならば位置 $\boldsymbol{x}$ であり，1 つの古典場ならば場の値 $\psi(t, \boldsymbol{x})$ です．次に，その自由度とそれに対応した "運動量" を式 (1.38) を満たす演算子に置き換えます[75]．こうして得られた自由度と運動量の演算子の組がウェーヴィクルの基本的な観測量を担い，エネルギーなどの他の観測量はこれらの関数になっています．この意味で式 (1.38) は「量子化条件」といいます．

ハイゼンベルク方程式：今度はウェーヴィクルの時間変化を考えてみましょう．古典粒子の時間変化（つまり軌跡 $\boldsymbol{x}(t)$）はニュートンの運動方程式 (1.33) によって，（与えられた初期値 $(\boldsymbol{x}(0), \boldsymbol{v}(0))$ に対し）一意的に決まりました．実は，ウェーヴィクルの場合も基本的には同じです．ただし，その運動方程式は物理量 A の演算子 $\hat{A}(t)$ の時間変化に対するものであり，次の「ハイゼンベルク方程式」で与えられます（文献 [1]-3, [5]）[76]：

---

73) $\hbar$ は非常に小さな値です．日常の目に見えるものの物理量（例：野球ボールの大きさ）に比べて，$\hbar$ が関係してくる物理量は無視できるほど小さいため，量子的効果は日常では体感できません．ボールは古典的粒子として振る舞います．

74) 補足：ウェーヴィクルの場合に限って現れる自由度（例：「スピン」というウェーヴィクルの "自転" に対応した自由度）が存在する場合は，ここでの手順は使えません．

75) 補足：この "運動量" は少し抽象的なもので，ある意味で共役関係にあるものです．古典粒子の場合は $\boldsymbol{p} = m\boldsymbol{v} = m\frac{d\boldsymbol{x}}{dt}$ であり，古典場の場合は $\partial_t \psi(t, \boldsymbol{x})$ のようなものです．

76) 補足：これは次のようにして得られます．ニュートンの運動方程式 (1.33) を「正準形

$$\frac{d\hat{A}(t)}{dt} = \frac{1}{i\hbar}\left[\hat{A}(t), \hat{H}\right]. \tag{1.39}$$

ここで，$\hat{H}$ はエネルギーに対応する「ハミルトニアン演算子」というもので，物理系に応じて決まります．$\hat{H}, \hat{A}$ は $\hat{x}, \hat{p}$ などの関数であり，非可換性 (1.38) に従うように式 (1.39) を解かねばなりません．数学的な詳細は気にせず，この式から時間発展 $\hat{A}(t)$ が一意的に決まることだけ覚えておいてください．

状態ベクトル＝情報：以上の定式化に基づいて，どのようにして量子力学における理論的予言が行えるのかを説明します．その準備として，ウェーヴィクルが状態 $|\Psi\rangle$ にあるとき，（ある時刻の）物理量 A の観測に関して確実に予測できる量を考えてみます．1 回の観測値は確率的なので，測定毎の値を言い当てることはできません．できるのは，状態 $|\Psi\rangle$ から A のある値 a_i が得られる確率 P_i を計算することです．これを使えば状態 $|\Psi\rangle$ における物理量 A の期待値を計算でき，それは次のようになります[77]：

$$\langle\Psi|\hat{A}|\Psi\rangle = a_1 P_1 + a_2 P_2 + \cdots = \sum_i a_i P_i \tag{1.40}$$

期待値とは，ある確率的事象において平均的に見てどれくらいの値が得られるのかを表す "見込み値" です[78]．この理論的に求めた期待値と，実際の複数回に及ぶ測定の統計データから計算した期待値を比較することができます．

　理論的予言と実験との比較は次の手順になります：

1. 物理系を設定します．つまり，自然界や実験室のどのような物体のどんな現象に興味があるのかを決めます．

2. それを「モデル化」します．ほとんどの現象は非常に複雑で，数式ではなかなか解けません．なので，自分の問題意識に合わせて何が本質的

式」と呼ばれる形に書き直します（これは「解析力学」という分野で学びます．文献 [1]-1）．それを量子化条件 (1.38) に従って量子化すれば，式 (1.39) が得られます．ちなみに，これはいわゆる「シュレーディンガー方程式」と同じ役割をします（文献 [5]）．

77)　補足：実は，この左辺はベクトル $|\Psi\rangle$ と $\hat{A}|\Psi\rangle$ の "内積" を表していて，それが右辺の期待値に一致します（文献 [1]-3, [5]）．

78)　期待値の例：どの目も確率 $\frac{1}{6}$ で出るサイコロの目 X の期待値は $\langle X\rangle = 1 \times \frac{1}{6} + 2 \times \frac{1}{6} + 3 \times \frac{1}{6} + 4 \times \frac{1}{6} + 5 \times \frac{1}{6} + 6 \times \frac{1}{6} = \frac{21}{6} = 3.5$ です．

なのかを見抜き，その部分を捨てない範囲で物理系を簡単化します[79]．例えば，重力下の電子を考えたとき，落下運動にのみ興味があるとしましょう．本当は，空気分子と電子との複雑な相互作用などがありますが，それらは無視して電子に働く重力による引力だけを考えます．このような簡単化を「モデル化」といいます．実は，$\hat{H}$ を決めることがモデル化に相当します．このとき，何が基本的自由度なのかを見抜き，それに対して量子化条件 (1.38) を課します．

3. その $\hat{H}$ を使って式 (1.39) から，各物理量の時間変化 $\hat{A}(t)$ を決定します．
4. 興味のある状態ベクトル $|\Psi\rangle$ を用意します．これは時間変化しません．
5. その $|\Psi\rangle$ に対する平均値の時間変化 $\langle\Psi|\hat{A}(t)|\Psi\rangle$ を計算します．
6. 同じ $|\Psi\rangle$ の状態を実験室で作り，実験を繰り返し，A の測定データをため，その平均値と $\langle\Psi|\hat{A}(t)|\Psi\rangle$ を比べます．

したがって，$\langle\Psi|\hat{A}(t)|\Psi\rangle$ が実験と比較可能な予言量です．たとえ同じ物理系（モデル）で同じ物理量 $\hat{A}$ を考えても，状態 $|\Psi\rangle$ が異なれば，$\langle\Psi|\hat{A}(t)|\Psi\rangle$ にその違いが反映されます．この意味で「状態ベクトル $|\Psi\rangle$ ＝物理的な情報」です[80]．とくに $\langle\Psi|\hat{A}(t)|\Psi\rangle$ の $|\Psi\rangle$ 依存性は時間が経過しても保たれるので，必ず情報は保存します．この情報の保存則は量子力学の原理です（ユニタリティという）．また，情報 $|\Psi\rangle$ は有限のエネルギー $\langle\Psi|\hat{H}|\Psi\rangle\,(\neq 0)$ を伴います．

1.5.3 エントロピー＝情報量

ハードディスク内部で起きていること：もう少し情報を物理的に考えてみましょう．「あ」という文字情報をハードディスクに保存するとき，何が生じているのでしょうか？（ここではもっとも簡単な原理的な話に限ります．本当はもっと複雑です．）まず，「あ」という入力信号は 0 と 1 からなる信号列に変換されます（エンコード）．ここでは「あ＝000000」という対応だとしましょう．次に，ハードディスクは強力な小さな磁石の集まり（強磁性体）ででき

---

79) この考え方は古典力学でも同じです．
80) ここでは状態 $|\Psi\rangle$ から予言でき実験と比較できる量として期待値 $\langle\Psi|\hat{A}(t)|\Psi\rangle$ だけを考えました．しかし本当は，より細かい情報を状態 $|\Psi\rangle$ から引き出すことできます．「量子情報」や「量子測定」という分野はこの問題に関係します．

ているので，0 ならば上に，1 ならば下に磁場をかけることで，その小磁石たちの向きを自由自在に変えられます．これを量子力学的に見れば，小磁石はウェーヴィクル（金属原子など）から構成されているため，000000 に対応した量子力学的状態は $|\uparrow\uparrow\uparrow\uparrow\uparrow\uparrow\rangle$ のようなものになります．これが情報「あ」をパソコン内に保存しています．

このように，情報は磁石ウェーヴィクルの状態そのものに対応しています．そして，外部から操作できる磁場は測定装置に相当し，それが磁石ウェーヴィクルと相互作用することにより，その状態が作られました．その際には磁場の分のエネルギーが必要でした．情報には対応したエネルギーが伴います．

情報量とエントロピー：次に気になるのは「情報の量はどのように測ったらいいのか？」です．一つの考え方は，ハードディスクなどの情報保存用デバイスが表現可能なすべてのパターン数を情報量として使うものです．例えば，先ほどの微小磁石が n 個あれば，2^n 通りのパターンを作ることができます．すると，$\log_2 2^n = n$ ビット (bit) の情報量が保存できることになります[81]．

ここでボルツマンの原理（式 (1.9)）を思い出します．物体が熱平衡状態 (U, V) にあるとき，その微視的構成要素がとりうる可能な状態数が $\Omega(U, V)$ だとすると，エントロピーは $S(U, V) = k_B \log \Omega(U, V)$ です．これはまさに上記の意味の情報量 $\log_2 2^n = n$ そのものです（単位と底は違いますが）．したがって，熱平衡状態 (U, V) になる物体はエントロピー $S(U, V)$ をもち，それは $S(U, V)$ ビットの情報を蓄えることができます[82]．

1.5.4 場の量子論の世界——世界は場からできている

波動性と粒子性の統一：結局，時に波のように干渉効果を示し，時に粒子のようにとびとびのエネルギーをもつ，ウェーヴィクルとは何なのでしょうか？そこで，これまでの量子力学の定式化に基づき，電磁場と光子の関係をもう

---

81) $\log_2 x$ は「底を 2 とする x の対数」というもので，「2 を何乗したら x になるのか？」を表しています（例：$\log_2 8 = 3$）．

82) 実際に情報保存用デバイスとして利用するためには，各物質ごとに技術的な問題が関係してきます．また，エラーなどを考慮してエンコード方法を工夫する必要があるため，実際に保存できる情報量は $S(U, V) = k_B \log \Omega(U, V)$ よりも少なくなります．ですが，上記の議論は「原理的に蓄えることが可能である」ことを示しています．

一度考えてみます．式 (1.23) の上で見たように，古典的電磁場の基本的自由度はベクトルポテンシャル $\boldsymbol{A}(t,\boldsymbol{x})$ でした．実は，場 $\boldsymbol{A}(t,\boldsymbol{x})$ に対応した運動量は電場 $\boldsymbol{E}(t,\boldsymbol{x})$ そのものです[83]．これから"ウェーヴィクル的電磁場"に移行するには，古典場 $\boldsymbol{A}(t,\boldsymbol{x}), \boldsymbol{E}(t,\boldsymbol{x})$ を，式 (1.38) に対応した量子化条件 $[\hat{\boldsymbol{A}}(t,\boldsymbol{x}), \hat{\boldsymbol{E}}(t,\boldsymbol{x}')] = i\hbar(\cdots)$ を満たす場の演算子 $\hat{\boldsymbol{A}}(t,\boldsymbol{x}), \hat{\boldsymbol{E}}(t,\boldsymbol{x})$ に置き換えればよいのです．

ここからどのように粒子性が現れてくるのでしょうか．実は，$\hat{\boldsymbol{A}}(t,\boldsymbol{x})$，$\hat{\boldsymbol{E}}(t,\boldsymbol{x})$ を用いてエネルギー $\hat{H}$ を計算すると，式 (1.28) のようにエネルギーの値はとびとびになることがわかります．つまり，場を量子化することによって光の粒子性が自動的に現れます．さらに，そこからプランク分布 (式 (1.29)) も導くことができます（文献 [1]-4, [5]）．

続いて，この量子場が光子を表すことを直観的に見てみましょう．まず，1.4 節で見たように，電磁場は空間のもつ性質，つまり真空の励起であることを思い出します．そこで「真空状態 $|0\rangle$」を導入します．これに $\hat{\boldsymbol{A}}(t,\boldsymbol{x})$ を作用させた状態 $\hat{\boldsymbol{A}}(t,\boldsymbol{x})|0\rangle$ は「時刻 t，位置 $\boldsymbol{x}$ に光子がある状態」に相当します．つまり，量子場 $\hat{\boldsymbol{A}}(t,\boldsymbol{x})$ が真空状態 $|0\rangle$ を励起させ，光子を時空点 $(t,\boldsymbol{x})$ に生成します．この真空の励起の連なりが光子の移動を表します．それは，

電光掲示板で端の電球が一度ついて消えると同時に，隣りの電球がつきまた消えると同時に，その隣が $\cdots$ と繰り返されることに似ています（図 1.25, 文献 [4] も参照）．

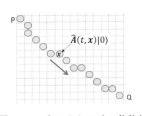

図 1.25 点 P から Q まで移動する光子を，電光掲示板に見立てた真空の励起の連なりで表す．

今度は波動性です．$\hat{\boldsymbol{A}}(t,\boldsymbol{x}), \hat{\boldsymbol{E}}(t,\boldsymbol{x})$ はもともとマクスウェル方程式に従う場なので，その時間発展は電磁波のように空間を伝播していきます．図 1.11 において，最初にある状態 $|\Psi\rangle$ を用意しスクリーン上で電場を測定すれば，図 1.25 のように光子が 1 つ，2 つ，$\cdots$ と順番にやってきます．その統計データが干渉縞になります．つま

---

83) 補足：式 (1.24) より，粒子の位置 $\boldsymbol{x}(t)$ に対応する運動量は，その時間変化である速度 $\boldsymbol{v}(t) = \frac{d\boldsymbol{x}(t)}{dt}$ を用いて $\boldsymbol{p}(t) = m\boldsymbol{v}(t)$ と表せました．これに対応し，場 $\boldsymbol{A}(t,\boldsymbol{x})$ に対応する運動量はその時間微分で与えられる電場 $\boldsymbol{E}(t,\boldsymbol{x}) = -\frac{\partial}{\partial t}\boldsymbol{A}(t,\boldsymbol{x})$ になります．

り，場の励起の仕方が波動的ということです．以上のように，量子場としてウェーヴィクルは記述されます．

量子力学的世界におけるバナナ：ところで，特殊相対論と量子力学の関係はどうなっているのでしょうか？　電磁場は空間自体がもつ性質（真空の励起）であり，その基礎方程式 (1.23) はどの慣性系でも同じ形をしていました．上記の議論では，その基本的自由度である場 $A^\mu(x)$ を量子化することによって，光子というウェーヴィクル的電磁場が得られました．真空はどの慣性系の観測者から見ても同じであるため，このような場の量子化によってウェーヴィクルを表す方法は非常に基本的だと考えられます．したがって，あらゆるウェーヴィクルの起源を真空に求めれば，特殊相対性原理を量子力学に自然と組み込むことができると考えられます．

　そのために，まず（式 (1.23) のように）ローレンツ変換 (1.21) を施して別の慣性系に移行しても，再び同じ形になるような場の方程式を探します．真空はその方程式に従う場を属性として備えているはずです．次に，その場を量子化すれば，それに対応したウェーヴィクル的粒子が（光子のように）真空の励起として現れます．実際，励起に伴うエネルギー E を使い，関係式 $E = mc^2$ を通して，質量 m のウェーヴィクル的粒子が作り出されます．そして，これらの粒子は真空が生んだもので非常に基本的であり，それこそが物質のもっとも基本的な構成要素「素粒子」だと考えられます．この考えを推し進め，ディラック (1902–1984) は電子に対応した場 $\hat{\psi}(x)$ の方程式（ディラック方程式という）を作りました（文献 [1]-4, [5]）：

$$\left(\gamma^\mu \partial_\mu + \frac{mc}{\hbar} \right) \hat{\psi}(x) = 0. \tag{1.41}$$

この式には特殊相対論を特徴づける量である光速 c と量子力学を特徴づける量であるプランク定数 $\hbar$ の両方が現れており，特殊相対論と量子力学が融合した方程式（の 1 つ）です．

　私たちの身の回りの物体は原子から作られています．原子は電子と原子核からなり，原子核は陽子と中性子から構成され，さらに陽子や中性子は「クォーク」という素粒子から作られています．また電子やクォークたちは互いに電

磁的相互作用をするだけなく，「弱い相互作用」や「強い相互作用」もします．これらの素粒子にはそれぞれ対応した場 $\psi_i(x)$ が存在し，状態 $|\Psi\rangle$ に従って真空が励起すると，各素粒子が現れ互いに相互作用し時間発展していきます．このとき，情報 $|\Psi\rangle$ はそれら素粒子全体で共有します．例えば，電子がある仕方で励起した状態 $|\Psi\rangle$ の場合，それに依存した方法で電磁波（光子）が放出されますが，これは電子場 $\hat{\psi}(x)$ と電磁場 $\hat{A}^\mu(x)$ の相互作用の結果です．その電磁波を調べれば元の状態 $|\Psi\rangle$ について知ることができます．

あらゆる物質を真空の励起として記述する理論を「場の量子論」といい，それは特殊相対論と量子力学が融合した理論です[84]．私たちの世界の物質はこれらの場と真空から構成されています．バナナもそうです．バナナを構成するのに必要な物質に対応した場の演算子 $\hat{\psi}_i(x)$ を適切に真空状態 $|0\rangle$ に作用させれば，バナナ状態 $|\text{banana}\rangle$ が（原理的には）構成できます．これが場の量子論におけるバナナの情報です．

粒子生成：ここまで見てきたように，真空には多くの種類のウェーヴィクル的場が住み，その励起によってウェーヴィクル的粒子が現れます．実は，まったく励起していない真空状態 $|0\rangle$ であっても，空間のあらゆるところで粒子が勝手に生成・消滅を繰り返し，場がゆらいでいます（「真空の量子ゆらぎ」という）[85]．場の演算子が式 (1.32) に相当する不確定性関係式を満たしているためです（文献 [1]-4）．これを利用して，外部から十分なエネルギーを真空に与えて励起させ，（観測可能な）ウェーヴィクル的粒子を生成させることができます．後で見るように，この効果がブラックホールを蒸発させます．

1.5.5 1.5 節のまとめ

熱い光（熱輻射）の実験結果はプランク分布を示し，エネルギー量子と「電磁場＝光子の集まり」という仮説が現れました．電子もまた波動性を示すこ

---

84) 現在，素粒子を場の量子論で記述するのに一定の成功を収めているのが「標準理論」という理論です．しかし，この理論では説明できない現象が自然界にはいまだに存在し，その解明に向けて世界中で研究が行われています．
85) 補足：この真空の量子ゆらぎの効果は実験で確認できますが，そのゆらぎで生成される粒子自体は直接観測できないほど短い時間しか現れないため「仮想粒子」と呼ばれます．

とがわかりました．こうしてウェーヴィクルというまったく新しい小さなものに達しました．それは不確定性原理を満たす状態をとり，その状態は状態ベクトルで記述され，その観測量は非可換演算子で表されました．1回の観測値は確率的である一方で，与えられた状態ベクトルに対する観測量の期待値の時間変化は一意的に予言できます．状態ベクトルが情報そのものであり，情報量はエントロピーで評価できます．そして量子力学と特殊相対論を融合させた場の量子論ではすべての物質は真空の励起で記述されます．

> 教訓：量子場と真空から物質は形成され，情報は状態ベクトルであり，
> そしてエントロピーをもつ物体は情報を蓄える．

1.6　一般相対性理論——時空は動く物理的実体である

従来の物理学では空間は物質を納めている"容器"でした．特殊相対論で空間と時間は不可分な時空として統一されましたが，それでも依然として，時空は"事象を納める容器"でしかありませんでした．しかしアインシュタインはさらに思考を進め，1915 年に一般相対性理論（略して一般相対論）に到達しました．これは「物質と相互作用し変動する重力場が時空の役割を担い，ただの"容器"としての時空は存在しない」を意味します．この節では，どのようにしてこの考えに至りそれが何を意味するのかを順番に説明し，最後にブラックホールを紹介します（くわしくは文献 [1]-2 を参照）．ここでは，前節の量子力学の効果は一度忘れて，古典力学の範囲で話を進めます．

1.6.1　時空は絶対的なのだろうか？

まずこれまでの時空像を一度整理しましょう．すると 1 つの疑問が現れてきます．それは時空の正体についてです．

慣性と慣性質量：慣性系の役割についてもう一度考えてみます．まず 1.4.3 項の始めの部分を復習しましょう．いま，粒子があったとします．その位置 x

を測定する（3つの）物差と時刻 t を測る時計を用意すれば，軌跡 $\boldsymbol{x}(t)$ が記録できます（この物差と時計の組が「座標系（または観測者）」でしたね）．とくに「慣性系（慣性座標系）」がその軌跡をもっともシンプルに表すことができます．それは物体の「慣性（外から力が加わらなければ，静止していた物体は静止し続け，速度をもっていた物体はその速度を保つ性質）」が現れる座標系です．慣性系に対して表された粒子の運動法則がニュートンの運動方程式 (1.33) です（ここでは簡単のため，光速度に比べて遅い運動に限って議論します）．実は，この式の左辺に現れる質量 m は「慣性質量」というものです．式 (1.33) を $\frac{d\boldsymbol{v}}{dt} = \frac{1}{m}\boldsymbol{F}$ と書いてみると，与えられた力 $\boldsymbol{F}$ に対し，m が大きければ大きいほど加速度 $\frac{d\boldsymbol{v}}{dt}$ が小さくなることがわかります．つまり m が大きいほど速度が変化しにくくなります．m がその物体の慣性の度合いを表しています．なので，ニュートンの式 (1.33) は「慣性質量 m の粒子の慣性運動（静止または等速直線運動のこと）からのずれ（つまり加速度運動のこと）がどのように生じるのか」を表す法則だといえます．

絶対的な時空連続体：今度は，元の慣性系 $(t, \boldsymbol{x})$ に対して一定速度 $\boldsymbol{V}$ で運動する別の慣性系 $(t' = t, \boldsymbol{x}' = \boldsymbol{x} - \boldsymbol{V}t)$ で，同じ粒子の軌跡 $\boldsymbol{x}'(t')$ を調べます．すると，それは式 (1.33) と同じ形の法則に従うことがわかります．実際，加速度は同じなので[86]，（$\boldsymbol{F}' = \boldsymbol{F}$ となる力に対し）ニュートンの式 (1.33) は変化しません．つまり相対性原理に従っています．

このとき，粒子の速度は慣性系毎に異なり相対的ですが，粒子の加速度はどの慣性系にも共通であり絶対的です．つまり加速度運動はすべての慣性系に対して同様に生じます（とくに，ゼロ加速度運動の場合は，どの慣性系でも必ず慣性運動していることになります）．これを「空間が物理的実体として存在し，それに対して物体は加速度運動している」と解釈できます．ここで「空間が実体である」とは「もし空間以外に何も存在しない場合でも，空間はいまだに存在する」という意味においてです．すると空間が実体であるため，空間のある部分から別の部分への移動を「運動」とみなせます．空間という"容器"の中で物体は運動しているのです．ニュートンは運動方程式

---

86) $t' = t, \boldsymbol{x}' = \boldsymbol{x} - \boldsymbol{V}t$ より，$\frac{d^2\boldsymbol{x}'(t')}{dt'^2} = \frac{d^2}{dt^2}(\boldsymbol{x}(t) - \boldsymbol{V}t) = \frac{d^2\boldsymbol{x}(t)}{dt^2}$ が確認できます．

(1.33) の加速度 $\frac{d\boldsymbol{v}}{dt}$ をこの実体としての空間（「絶対空間」という）に対する加速度だと考えました．絶対空間が慣性を定めているともいえます．

次に光速度不変の原理も考慮してみます．すると（式 (1.22) や図 1.16 のように）時間と空間は時空として統一されます．ある事象（例：粒子がある時刻にある場所にやってきた）を表す時空の目盛りは慣性系毎に異なりますが，それらの読みの違いは式 (1.21) で翻訳することができます．読みが違うだけで，同一の事象には同一の時空点を与えることができます．これと式 (1.20) の時空の距離 s の不変性は，時空点の連なり（時空連続体）が幾何学的であることを示しています．

以上より，特殊相対論での時空像は次のようになります．物体は実体としての時空連続体の中を運動し，それに対して加速しています．ゼロ加速度の場合，物体は時空連続体に対して静止（または等速直線運動）していることになります．そして，この時空連続体は物体の運動を制限する（加速度ゼロの場合，慣性運動に限るなど）が，物体から影響を受けることはありません．この意味で時空連続体は絶対的な"容器"です．

ニュートンのバケツ：上記のような絶対的な物理的実体としての時空は本当に存在するのでしょうか？ニュートンは興味深い思考実験を考えました．水の入ったバケツがロープで吊るされ，そのロープはたくさんねじってあるとします（図 1.26 の左）．手を放してみましょう．すると，バケツは勢いよく回り始めます．始めのうちは水面は平らで穏やかな

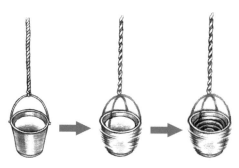

図 1.26 水の入った回転するバケツ.

ままで，バケツだけが回転します（図 1.26 の中央）．しばらくすると，バケツの内側の壁とその付近の水の間の摩擦によってバケツの回転の勢いが水に伝わり，しまいには水もバケツと一緒に回転するようになります．このとき，水面の中央は凹み，すり鉢状になっていることを確認できます（図 1.26 の右）．

この凹みは水の回転が原因で生じたと考えられます．なぜならば，図 1.26 の中央では水面はいまだに平らのままであり，それは図 1.26 の左の状態と同じだからです．ここで，回転運動は運動の向きが時々刻々と変化しているので加速度運動であることに注意してください．

　問題です．水は何に対して回転しているのでしょうか？　図 1.26 の右では，水はバケツと一緒に回転しているので，バケツに対してではありません．ニュートンは「水は絶対空間に対して回転している」と答え，これこそが絶対空間の存在を示していると主張しました．

　しかし，このバケツの例は絶対空間の物理的存在を示したわけではありません．物理法則は自然界の因果関係を表すものであり，その原因・結果になるものは観測可能なものでなければなりません．もし絶対空間が物理的実体であるならば，"絶対空間の状態"に依存して物体の運動が変わったり，物体の運動によって"絶対空間の状態"が変化することが観測でき，それらを因果関係として定式化できるはずです．ですが，絶対空間は絶対で変化せず，"絶対空間の状態"というものは観測できません．

関係性としての運動：これに対して，マッハ (1838–1916) は「水は絶対空間に対してではなく，宇宙の他のすべての物体に対して回転している」と考えました．つまり，水は周囲の物質（それがたとえ遠くにあろうとも）に対して回転・加速し，その結果として水面の凹みが観測されます．これは「異なる物体同士の相対的な位置の時間変化（時間・空間的な関係性）を運動とみなす」というアイデアです．例えば，仮に点状粒子 1 つしかない世界を考えた場合，その粒子の加速運動と静止状態は区別できなくなります．

　これは画期的な考え方でした．従来は「絶対空間が実体として存在し，それが慣性を定め，それに対して物体は加速する」という発想でした．これに対し，「加速度運動する物体はその周囲の物体に対して加速し，静止している物体はその周囲に対して静止する」と考えます．これは「物質の分布が慣性を定めている」ことを意味します．この場合，空間は物理的実体として存在しないことになります．世界は物質や場からなると考え，空間はそれら物質・場の間の関係性のことだと捉えます．例えば，"私のマグカップは机の上

にあって，ノートパソコンとボールペンの間にある"のように，物体の位置は実体としての空間を用いずに，物体同士の位置の関係性により指定することができます．物質・場の関係性が"空間性"を与えます．

　では，このマッハの関係性としての運動のアイデアはどのように物理的に確認できるでしょうか？　どのように周囲の物質の分布が水の加速に影響を与えるのでしょうか？　「物質の分布が慣性を定めている」というアイデアはどのように数学的に定式化できるのでしょうか？

1.6.2 重力と慣性の統一

　特殊相対論は，慣性系に限った物理法則を記述するところに，その「特殊性」があります．しかし"慣性を定めているもの"を探るためには，一般的な座標系の物理を調べ，そこから慣性系の特徴を考え直す必要があります．これを実行したのがアインシュタインです．その際，加速運動している座標系の物理を考えると，自然に重力の性質が現れ，そして慣性と重力の驚くべき関係が見えてきます．最初にニュートンの重力の理論を見てみましょう（ここでは簡単のため，光速度よりも遅い運動に注目し式 (1.33) を考えます）．

重力場：ニュートンは「あらゆる質量をもつ物体同士は引かれ合う」という「万有引力の法則」を定式化しました．いま，質量 m_1, m_2 の 2 つの物体が距離 r だけ離れているとします．このとき，各物体には強さ

$$F_G = \frac{Gm_1m_2}{r^2} \tag{1.42}$$

の引力が生じます（G は重力定数という普遍定数です[87]）．（m_1, m_2 は分子にあるため）重い物体同士ほど強く引かれ合いますが，（r は分母にあるため）その力は距離が離れれば弱くなるということです．あなたと身の回りの物体も重さがあるので互いに引かれ合いますが，定数 G がとても小さいので，その引力は感じられないほど小さいのです．しかし，星ぐらい重い物体の場合，これが無視できなくなります．リンゴが木から地面に落ちるのは，リンゴと地球の間に式 (1.42) が成立しているからです．さらに太陽の周りを地球が回っ

---

87)　$G = 6.6 \times 10^{-11} \mathrm{m}^3/\mathrm{kg} \cdot 秒^2$ です．

ているのも，この式 (1.42) のせいです．ニュートンは天体と身近な物体の引力を統一しました．

　万有引力は物体の重さにより生じ，物体の重さを通して感じています．例えば，重い物体の近くに別の物体があっても，それが非常に軽ければ両者の間に強い引力は生じません．この引力は重さに関するものなので「重力」と呼ばれ，その強さを測る質量のことを「重力質量」といいます．式 (1.42) の m_1, m_2 は重力質量であり，私たちが重さといっているのはこれです．「あれ？これは以前に出てきた慣性質量と違うの？」と思うかもしれません．ちょっと待ってください．もう少し後で 2 つの質量の関係が明らかになります．

　では，この離れていても作用する重力はどのようなメカニズムで物体間を伝わるのでしょうか？　それは「重力質量 M の物体は重力場 $g(x)$ をその周囲に発生させ，点 x にある重力質量 m の別の物体に力

$$F_G = mg(x) \tag{1.43}$$

を与える」と考えます[88]．これは 1.4.2 項の電磁場で現れた「場」の発想です．マクスウェル方程式 (1.13) に相当する重力場の方程式は次です：

$$\nabla^2 \phi_N(x) = 4\pi G \rho_N(x). \tag{1.44}$$

（∇ は空間の微分 $\frac{d}{dx}$ に相当し，左辺は 2 階微分です．）$\phi_N(x)$ は「重力ポテンシャル」という場であり，その分布の空間的変化の度合いが重力場 $g(x)$ を与えます（$g(x) = -\nabla\phi_N(x)$）．$\rho_N(x)$ は重力質量密度，つまり重力質量の空間的分布を表しています．数学的な詳細はともかく，式 (1.44) は「物質の重力質量の分布 $\rho_N(x)$ が重力場 $g(x)$ を決める」を意味します．

　しかし問題があります．式 (1.13) と異なり，式 (1.44) は時間 t の微分 $\frac{\partial}{\partial t}$ を含んでいないため，重力場の時間経過を正しく記述できません．例えば，物体の重力質量が M から $M + \Delta M$ に急に変化した場合，そこから非常に遠くの所の重力ポテンシャル $\phi_N(x)$ が一瞬で変化することになります[89]．こ

---

88)　$g(x)$ はベクトル場で，加速度と同じ次元をもつので，重力加速度ともいいます．
89)　式 (1.42) でもこれを見ることができます．$m_1 \to m_1 + \Delta m_1$ に変化させたとき，m_2 をもつ物体はどんな距離 r にあろうと引力変化 $\frac{Gm_2\Delta m_1}{r^2}$ を一瞬で感じます．

れは，仮に太陽が消え去れば，地球はその引力が同時に消え，すぐに公転軌道からずれていくことを意味しています．これは図 1.15 の結果「光速を超えて伝播するものは存在しない」に反します．実は，特殊相対論の枠内でこの問題を解決しようとしてもうまくいきません．以下でわかるように，非慣性系まで考慮すると，この問題は自然と解決されます．

慣性力：次は加速度運動している座標系の物理を調べてみます．いま，混んだ電車内の吊革につかまり立っているとしましょう．電車は等速度で進行していましたが，急ブレーキをかけて減速しました（減速も速度が変化するので加速運動の一種です）．すると，網棚においてあった鞄が前方に滑り，乗客はみな前のめりに倒れそうになります．これは慣性により生じた現象です．物体（鞄や乗客）は電車と同じ速度を保ち進行しようとする（つまり慣性のこと）にもかかわらず，電車が逆方向に加速したので，乗客から見るとあたかも力が加わったように感じたのです．これを「慣性力」といいます．

慣性系 $I(t, \boldsymbol{x})$ に対して加速度 $\boldsymbol{a}_{ex}$ で加速運動する座標系 $I'(t', \boldsymbol{x}')$ を考えます．実は I' での運動方程式 (1.33) は $m\frac{d^2\boldsymbol{x}'(t')}{dt'^2} = \boldsymbol{F}' - m\boldsymbol{a}_{ex}$ で与えられます[90]．つまり加速度系 I'（一般に「非慣性系」ともいいます）から見ると，慣性質量 m の物体に加速度 $\boldsymbol{a}_{ex}$ と逆向きの力（慣性力）$\boldsymbol{F}_I = -m\boldsymbol{a}_{ex}$ が働くことになります．慣性力は見かけの力です．慣性系 I からみれば，物体はただ $m\frac{d^2\boldsymbol{x}}{dt^2} = \boldsymbol{F}$ に従っているだけだからです[91]．

慣性力の大切な点は「どんな慣性質量の物体にも慣性力は普遍的に作用する」ことです．いま，（地球の重力や床の摩擦などを無視して）外部からの力はないとします（$\boldsymbol{F} = 0$）．電車の加速度系 $I'(t', \boldsymbol{x}')$ からみた，物体の運動方程式は $m\frac{d^2\boldsymbol{x}'}{dt'^2} = -m\boldsymbol{a}_{ex}$ になります．両辺を慣性質量 m で割れば，

---

90) 補足：$t = t', \boldsymbol{x} = \boldsymbol{x}' + \frac{1}{2}\boldsymbol{a}_{ex}t'^2$ を式 (1.33) に代入して得ます（$\boldsymbol{F}' = \boldsymbol{F}$ として）．
91) 例えば，等速直線運動する電車の床においてあったドローンが 1 m の高さまで垂直に浮上したとします．すると慣性により，そのドローンは電車の床に対し静止したままです．ここで電車が加速すると，乗客からはドローンが後退するように見えます．これを「慣性力が働いたからだ」と乗客は解釈します．しかし駅にいる人からみれば，ただドローンは元の電車の速度を（慣性により）保っています．力など働いていません．この意味で慣性力は非慣性系においてのみ解釈される見かけの力です．

$$\frac{d^2\boldsymbol{x}'(t')}{dt'^2} = -\boldsymbol{a}_{ex} \qquad (1.45)$$

を得ます．これは，与えられた加速度 $\boldsymbol{a}_{ex}$ に対し，（同じ初期条件 $(\boldsymbol{x}(0), \boldsymbol{v}(0))$ ならば）慣性質量に関係なくどんな物体も同様に運動することを表しています[92]．上記の電車の乗客の体重は人によって違うにもかかわらず，みな同様に倒れそうになる現象がこれの例です．

慣性質量と重力質量の等価性：いま，あなたは宇宙空間を静かに等速度で航行するロケットに乗っていると想像してください．窓からは遠くに星々がきれいに見え，近くには何もありません．あるとき，星たちがみな同様に後方に加速運動を始めました．あなたはロケットが前方に加速し，星々に慣性力が働いたからだと思うかもしれません．

しかし，もう 1 つの可能性があります．ロケットは等速のままで，遠くの星たちの近くに強い重力場が発生し，引っ張られた可能性です．というのも，重力の普遍性があるからです．それは「一様な重力場の下でどんな物体も重さに関係なく（空気抵抗などの摩擦を無視すれば）まったく同様に運動する」という経験事実です[93]．この例はガリレオ (1564–1642) が行ったといわれる，「同じ半径の鉄製球と木製球をピサの斜塔の同じ高さから落とすとまったく同様に落下した」という実験が有名です[94]．この重力の普遍性により，星たちは発生した重力に従ってみな同様に加速したと考えることもできるのです．このように慣性力と重力は区別できません．

この重力の普遍性の意味を探ってみます．一様な重力場 $\boldsymbol{g}$ の下に，慣性質量 m_I と重力質量 m_G をもつ粒子があるとします．（ある慣性系において）式 (1.33) に重力の式 (1.43) を適用すれば，この粒子の軌跡 $\boldsymbol{x}(t)$ を決める運動方程式は $m_I \frac{d^2\boldsymbol{x}(t)}{dt^2} = m_G \boldsymbol{g}$ となります．どんな粒子に対しても，この与えられた重力場 $\boldsymbol{g}$ の下で（同じ初速度と初期位置から出発したとき）同じ運動を

---

92) 式 (1.33) 下の議論で軌道 $\boldsymbol{x}(t)$ を決める際，普通は力 $\boldsymbol{F}(t)$ と慣性質量 m に依存しますが，この式には慣性質量が現れず，どんな物体も同じ形の方程式に従うからです．

93) ここで「一様な重力場」とは空間のどこでも値と向きが同じ重力場のことであり，それは位置 $\boldsymbol{x}$ によらない一定のベクトル $\boldsymbol{g}$ で表現されます．

94) 空気抵抗を同じにするため同じサイズの球を採用します．他にも，空気を抜いた筒の中で鉄球と羽を同じ高さから同時に手を離すと同時に落下するという実験もあります．

するということは，この式が

$$\frac{d^2\boldsymbol{x}(t)}{dt^2} = \boldsymbol{g} \tag{1.46}$$

になっているはずです[95]．これが成立するためには，どんな物体に対しても慣性質量 m_I と重力質量 m_G が同じになっていなければなりません[96]：

$$m_I = m_G. \tag{1.47}$$

実際に，この等価性はエトヴェシュ (1848–1919) により実験的に証明されました（以下，2 種類の質量を区別せずに「質量」と呼び，同じ記号 m, M などを使います）．これが「どんな物体でも同じ重力下で同様に運動する」という経験事実を定量的に表しています．

等価原理：本来まったく定義の異なる慣性質量と重力質量が同じであることが実験的に示され（式 (1.47)），慣性力の普遍性（式 (1.45)）と重力の普遍性（式 (1.46)）が酷似している背後には自然界の重要な原理があるはずだと，アインシュタインは考えました．そこで彼は次の原理を掲げました：一様な重力場中における慣性系と重力場のない一様な加速度をもつ非慣性系は物理的に完全に同等である．これを「等価原理」といいます．

　この原理より，加速度系で成り立つ慣性力の普遍性（式 (1.45)）が重力場のある慣性系でも成立することになるため，式 (1.46) が得られます．これが実験事実である式 (1.47) を説明していることになります．そして，この原理は「慣性系における一様重力場中の（力学や電磁気学も含む）あらゆる物理法則は，重力場のない適当な非慣性系のものと同じである」と言い換えられます．したがって，1.6.4 項で見るように，一様重力場中の物理現象を重力場のない一様加速度系での物理現象から調べることができます．

局所慣性系：等価原理の意味を調べるために，次の思考実験を考えてみましょう．図 1.27 をみてください．いま，あなたは一様な重力場 $\boldsymbol{g}$ 中で吊るされた

---

95)　これは脚注 92 と同じ理由です．もし m_I や m_G の依存性が運動方程式に残ってしまったら，運動が物質毎に異なってしまい，ピサの斜塔実験が説明できません．

96)　「重い物体を持ち上げるのは大変だが，それが床においてあり横に移動させようとしたときにも大変だ」という日常経験が「重力質量＝慣性質量」に対応します．

窓のないエレベーターの中にい
ます．あるとき，外の誰かによっ
てワイヤーが切られました．地
上の人から見ると，エレベーター
は加速度 $\boldsymbol{a}_{ex} = \boldsymbol{g}$ で自由落下
していきます．地面に叩きつけ
られるまでの間，エレベーター
内のあなたは何を感じるでしょ
うか？　きっとジェットコース

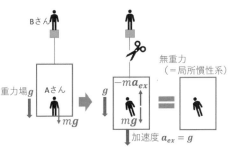

図 1.27　エレベーターの思考実験.

ターの落下中に感じる，お腹が「ひゃっ」とするアノ感覚を覚え，そして体が
浮きます．つまり，加速し落下するエレベーター内は無重力の領域，慣性系に
なります．これは，エレベーター内に対し等価原理が適用され，加速度系の
運動方程式 (1.45) の右辺に重力加速度 $\boldsymbol{g}$ が足され，$\frac{d^2\boldsymbol{x}'(t')}{dt'^2} = -\boldsymbol{a}_{ex} + \boldsymbol{g} = 0$
となるからです[97]．このように，等価原理により，加速度運動を利用して重
力を局所的に消したり生じさせたりできます[98]．

　ここで「局所的」に注意してください．重力と慣性力には 1 つ大きな違い
があるからです．それは，式 (1.42) が示すように重力場はその重力源から遠
ざかると弱まっていくのに対し，慣性力 $\boldsymbol{F}_I = -m\boldsymbol{a}_{ex}$ は加速度系の人から
みたすべての物体に対し無限に遠くまで一様に働くという違いです[99]．した
がって，図 1.27 のように慣性力によって重力を消せるのはあくまでエレベー
ター内という局所的領域だけです．（式 (1.44) より）物質の分布はさまざま
なので重力場も場所によって異なりますが，（その中で重力場の変化が無視で
きるくらい）狭い領域で自由落下する観測者を用意すれば，その観測者の座
標系は慣性系となります．これを「局所慣性系」といいます．重力場 $\boldsymbol{g}(\boldsymbol{x})$ が

---

97)　一般の加速度系の運動方程式 $m\frac{d^2\boldsymbol{x}'(t')}{dt'^2} = -m\boldsymbol{a}_{ex} + \boldsymbol{F}'$ に，重力の式 (1.43)$\boldsymbol{F}' = \boldsymbol{F}_G = m\boldsymbol{g}$ と質量の等価性（式 (1.47)）を適用すれば，$\frac{d^2\boldsymbol{x}'(t)}{dt'^2} = -\boldsymbol{a}_{ex} + \boldsymbol{g}$ を得ます．こ
れにエレベーターの加速度の条件 $\boldsymbol{a}_{ex} = \boldsymbol{g}$ を使います．
98)　仮に重力場がまったくない慣性系であっても，加速度運動する "箱" に移れば，等
価原理より，その加速度と同じ強さ（で逆向き）の重力が "箱" 内で発生していることにな
ります．
99)　例：加速する車からみれば，遠くの物体にも慣性力が働いているようにみえます．

与えられれば，各点で局所慣性系は一意的に定まります[100].

重力場が慣性を定める："何が慣性を定めているのか？"という問題をもう一度考えてみましょう．いま重力場 $g(x)$ 下のある点 x_1 に注目し，そこから小さな実験室を自由落下させたとしましょう（図 1.27 に似た状況を想像してください）．するとその実験室の中は局所慣性系になるため，その中の観測者 A さんがボールをそっと手から離すと，その場所に静止したままになります[101]．つまり A さんは慣性の法則を確認します．一方で，この実験室の外で重力に抗って点 x_1 に留まっている観測者 B さんから見ると，このボールは実験室と一緒に加速度 $g(x_1)$ で落下していることになります[102]．なぜならば実験室に対してボールは静止しているからです．あるいは「ボールは実験室に対して加速度をもたないからだ」と言い換えることもできます．

A さんと B さんの視点を合わせると次の結論が得られます：「実験室の重力加速度とボールの加速度に差がないため，実験室から見たときに静止している．したがって，点 x_1 周りの慣性は重力場 $g(x_1)$ が決め，そこでの局所慣性系に移ればそこでの慣性の法則が成立する (*)」もちろん，この実験は別の点 x_2 でも行うことができ，同様の結果と結論が得られます．したがって，重力場 $g(x)$ が場所により異なるため，慣性は場所によって異なり，それは重力場自体により定まっています．

すると，物体は絶対空間に対して加速するのではなく，そこにある重力場に対して加速していることがわかります．なぜならば，上記 (*) より，そこでの重力加速度とボールの加速度に差があれば，その差の加速度は運動方程式 (1.33) に従う加速運動として，そこの局所慣性系で観測されるからです．とくに，物体が重力場に対して静止しているときには，そこの局所慣性系（A さん）からみれば慣性運動し（静止または等速運動），そこに留まる非慣性

---

100) 補足：より正確には，ある点での局所慣性系に対して，等速直線運動する別の局所慣性系を用意することもできます．つまり，局所的なローレンツ変換（式 (1.21)）の任意性を除き，与えられた重力場 $g(x)$ 中の各点で局所慣性系は一意的に定まります．
101) この自由落下中の実験室の中は図 1.27 のように無重力になっているので，そっとボールの手を離せば，それは実験室内の同じ点にそのまま浮いていることになります．
102) 簡単のため，実験中に実験室が受ける重力場の値はほとんど変化せず，$g(x_1)$ のままだと仮定します．

系（Bさん）からみれば重力場に従って"自由落下"していることになります[103]．ニュートンが絶対空間だと思っていたものは，本当は重力場だったのです．これがアインシュタインが導き出した答えです[104]．

まとめ：この項で学んだことを整理しておきます．まず大切なことは，非慣性系での物理現象を記述する理論を考えると，等価原理により，必然的に重力の理論になることです．次に，ある点の重力場に従い自由落下する局所的な"エレベーター"の中で慣性の法則が成立します．つまり，重力場が（空間の各点ごとの）慣性を定めています．逆に，慣性は重力の現れともいえます．この意味で重力と慣性は同一のものとして統一されます．こうして"絶対的慣性（絶対的加速度）"を定める絶対空間という考えは消え去ります．

1.6.3 重力場の数学的表現

「重力場が慣性を定める」という性質をより具体的にしていきましょう．そ

---

103) ここでは，(Aさんのように) 重力場に"素直に"引っ張られて生じる運動一般を"自由落下"と呼んでいます．逆に，(Bさんのように) 重力に"抗って"一定の場所に留まるためには，別の力（例：外部から吊り上げる）が必要です．よって，Bさんは重力に対して加速していることになります．つまりBさんは非慣性系です．実際，Bさんがボールをそっと手から離せば，そのボールは勝手に落下し非慣性運動をします．

104) 補足：私たちの住む地球上で運動方程式 (1.33) はどのように確認できるのでしょうか？ いま，上の例で考えてきた重力場 $g(x)$ は太陽系の重力場分布を表しているとし，小さな実験室を地球そのものだとします．この重力場 $g(x) = -\nabla\phi_N(x)$ は惑星と太陽の質量分布 $\rho_N(x)$ を用いた式 (1.44) から決定されます（正しくはアインシュタイン方程式 (1.55) により決まります）．地球は太陽系規模の重力場 $g(x_E)$ に従って公転運動していますが，脚注 103 で見たように，これは地球が重力場 $g(x_E)$ の中で"自由落下"しているのと同じことです（x_E は太陽系規模で見たときの地球の位置です）．つまり地球上は（太陽系規模の重力場における）局所慣性系になっています．すると，地上にそっとおいたボールが（地上にいるAさんに対し）ずっと静止しているのは，そのボールが地球と同じ重力加速度 $g(x_E)$ で宇宙空間の中を自由落下しているからです（ここで，地球自体が生む重力によりボールと地球の間の引力が働いていますが，それは地面の抗力によりキャンセルするため，ボールに働く外力の合計はゼロです）．これが私たちが慣性とみなしてきたものです．今度は，手にもったボールを高い所で手離せば，それは地球自体が生む重力により引っ張られ，式 (1.33) に従う運動として，Aさんに観測されます．式 (1.33) の左辺の加速度は（絶対空間に対するものではなく）太陽系規模の重力加速度 $g(x_E)$ に対するものであり，右辺に力は $g(x_E)$ とボールの受ける全重力加速度との差，つまり地球とボールの間の重力による力です（ちなみに，この落下中のボール上に住むアリたちの世界は太陽系と地球の全重力場に対する局所慣性系になっています）．

のために非相対論的重力場 $g(x)$ を一般相対論的に定式化します．すると「重力場が時空の距離を決める」という興味深い性質が見えてきます．まずは一般相対論の重要な原理を与えます．

一般相対性原理：ここまで見てきたように，重力場を考えると必然的に非慣性系が関係してきます．よって，特殊相対論のように慣性系だけで物理現象を議論することができなくなり，非慣性系も含む一般の座標系で物理法則を考えねばなりません．しかも特殊相対論における慣性系のように，もっとも簡単に物理法則を記述できるような特別な座標系も存在しません．となると，残された唯一の方法はどんな座標系も特別視しないことです．つまり「考えられるすべての座標系は，物理法則を記述する目的に対して，原理的にすべて同等である」と考えることです．アインシュタインは次の「一般相対性原理」を要求しました：「すべての物理法則はどんな座標系で表しても同じ形の方程式で表されるべきである[105]」．ここで座標系とは，時空点を一意的にラベルすることができる 4 つ数の組 $x^\mu = (x^0, x^1, x^2, x^3)$ です[106]．ただし，それは 1.4.3 項の慣性座標系とは限らず，どんな座標系でもかまいません．この物理的意味はこれから少しずつ明らかになります．

重力場の数学的表現：1.6.2 項では，局所慣性系は（4 次元的に考えれば）時空点毎に重力場によって決まることを見ました．これは逆にとらえれば，時空の各点で局所慣性系を決める場が存在し，それが重力場そのものだと考えられます．このアイデアを数式で表現してみましょう．

いま，任意の座標系として x^μ を採用して，ある事象 A が生じた時空点を x^μ_A で表したとしましょう．その時間的にも空間的にも極近くで自由落下する座標系，つまり局所慣性座標系を用意し，それを $X^I = (X^0, X^1, X^2, X^3)$ と書きます[107]（図 1.27 で考えた場合，例えば，B さんの時計と物差しで規定する座標系を x^μ として使い，「A さんがボールを手から離した」を事象 A

---

105) これは 1.4 節の特殊相対性原理の自然な拡張として考えられます．
106) 式 (1.22) の表記を思い出してください．ここで「一意的」とは，1 つの時空点と 1 つの座標値 x^μ に 1 対 1 対応があることを意味しています．また，脚注 33 で述べたように，座標系の選択は物理現象を記述する観測者を指定することに対応します．
107) 後で X^I が局所慣性座標であるための条件が出てきます（式 (1.50) を参照）．

とみなし，そしてエレベーター内の座標系が X^I で表されると思ってください）．局所慣性系内で生じた1つの事象をラベルする際，一般相対性原理に従うと，どんな座標系を使ってもかまいません．なので，X^I と x^μ の両方を使うことができますが，その2つのラベルの仕方は互いに1対1対応になっていなければなりません（脚注106を参照）．つまり，両者は関数関係になっているはずです：$X^I = X^I(x)$[108]．

　X 座標で見れば慣性運動である運動は，一般には，x 座標で見ると慣性運動ではありません．この慣性運動ではない様子，つまり"非慣性度合い"が x 座標での点 A における重力場そのものとなります[109]．その情報は関数関係 $X^I = X^I(x)$ に入っていますが，点 A 近傍だけが有効です．なぜならば点 A から離れすぎると，X^I が点 A 周りの局所慣性系として意味をなさなくなります．慣性は局所的に定まっていることを思い出してください．

　そこで関数 $X^I(x)$ を x_A^μ の近くに限って表したくなります．いま，一般の関数 $y = f(x)$ で描かれる xy 座標上の曲線グラフが与えられているとしましょう．この曲線上の1点 $(x_1, y_1 = f(x_1))$ に着目し，そこを思いっきり拡大すると想像してください．すると，この曲線はその部分に限れば直線に見えてきます．このように，任意の滑らかな関数 $f(x)$ をある点近くに限って直線の関数で近似する方法を「線形近似」といいます[110]．

　では，あまり数学的なことを気にせず，関数 $X^I(x)$ を x_A^μ の近くで線形近似してみましょう：

$$X^I(x) \approx e^I_\mu(x_A)(x^\mu - x_A^\mu). \tag{1.48}$$

ここで，X^I の原点は自由なので $X^I(x_A) = 0$ に選び，そして

$$e^I_\mu(x) \equiv \frac{\partial X^I(x)}{\partial x^\mu} \tag{1.49}$$

---

108) 補足：これは4成分あるので，$X^0(x), X^1(x), X^2(x), X^3(x)$ という4つの関数であり，それぞれは4変数 (x^0, x^1, x^2, x^3) の関数です．
109) ここで点 A とは「事象 A が生じた時空点」の意味です．
110) 補足：正しくは「テイラー展開」という手法です．今の場合，式で表せば $f(x) \approx f(x_1) + \frac{df(x_1)}{dx}(x - x_1)$ です．ここで $\frac{df(x_1)}{dx}$ は曲線に点 x_1 で接する線の傾きです．

を定義しました[111].

点 A に限らず時空のあらゆる点で局所慣性系を用意し，同様の議論が適用できるため，$e_\mu^I(x)$ は時空全域で定義された場とみなせます．式 (1.49) の右辺は偏微分というもので，"時空点 x で X^I が x^μ に対してどれくらい変化するのか"を表しています．物理的にいえば，これは"時空点 x で X 局所慣性系の各座標軸 X^I と x 座標系の各軸 x^μ がどのように異なっているのか"を決めています．したがって，場 $e_\mu^I(x)$ が時空点 x における局所慣性系 X^I を定める場，重力場です[112].

重力場と時空の距離：次に $e_\mu^I(x)$ がもつ物理的性質を調べてみます．そのためには「X^I が点 A 周りの局所慣性系である」という条件を使います．

いま，事象 A に空間・時間的に近い所で事象 B が生じたとしましょう．ここで「局所慣性系においては特殊相対論が成立する」を原理として採用します．すると X 局所慣性座標系で，事象 A と B の間の時空距離 (1.19) は

$$ds^2 = -(dX^0)^2 + (dX^1)^2 + (dX^2)^2 + (dX^3)^2 = \eta_{IJ} dX^I dX^J \quad (1.50)$$

のように（微小量として）表せます．ここで 4 行 4 列の定数行列 $\hat\eta = (\eta_{IJ})$

$$\hat\eta \equiv \begin{pmatrix} -1 & & & \\ & 1 & & \\ & & 1 & \\ & & & 1 \end{pmatrix} \quad (1.51)$$

を導入し，「同じ添え字が 2 回出てきたら，それは $0, 1, 2, 3$ について和を取る」というルールを採用しました（これを「添え字規則」という）[113].

---

111) 補足：脚注 110 のようにテイラー展開を書くと，$X^I(x) \approx X^I(x_A) + \frac{\partial X^I(x_A)}{\partial x^\mu}(x^\mu - x_A^\mu) = e_\mu^I(x_A)(x^\mu - x_A^\mu)$ となります．また，$X^I(x)$ は 4 変数 x^0, x^1, x^2, x^3 の関数なので各々について線形近似を行う必要があり，式 (1.48) にはそのすべての効果が含まれています．

112) この $e_\mu^I(x)$ は「四脚場」と呼ばれます．ところで，非相対論的には重力場はベクトル場 $\boldsymbol{g}(\boldsymbol{x}) = -\boldsymbol{\nabla}\phi_N(\boldsymbol{x})$ で表されました．$e_\mu^I(x)$ と $\boldsymbol{g}(\boldsymbol{x})$ がどのように結びつくかは後ほど説明します．

113) 例えば $x^\mu y_\mu = x^0 y_0 + x^1 y_1 + x^2 y_2 + x^3 y_3$ や $\eta_{IJ} dX^J = \eta_{I0} dX^0 + \eta_{I1} dX^1 + \eta_{I2} dX^2 + \eta_{I3} dX^3$ などです．実は，式 (1.48) でもこの添え字規則を使っています．

次に，この時空距離 ds^2 を x 座標で表します．そのために，X 座標での微小変化 dX^I に対応する x 座標の微小変化 dx^μ は，式 (1.48) により，$dX^I = e^I_\mu(x_A)dx^\mu$ で与えられることを利用します．これを式 (1.50) に代入すると，$ds^2 = g_{\mu\nu}(x_A)dx^\mu dx^\nu$ と表せます．ここで「時空計量 $g_{\mu\nu}(x)$」という量を次で導入しました：

$$g_{\mu\nu}(x) \equiv \eta_{IJ}e^I_\mu(x)e^J_\nu(x). \tag{1.52}$$

そして，この手順は時空の各点で行うことができます．各時空点 x 周りの近接した 2 つの事象間の時空距離は x 座標系で次になります：

$$ds^2 = g_{\mu\nu}(x)dx^\mu dx^\nu. \tag{1.53}$$

これは「重力場 $e^I_\mu(x)$ は時空点 x 周りの時空距離を定める」を意味します．以下では重力場の表現として，$e^I_\mu(x)$ ではなく $g_{\mu\nu}(x)$ を使います[114]．

重力場の値がどこでも（近似的に）ゼロになっている場合，時空全域を慣性系として表す座標系 x^μ が存在します．その座標系では $g_{\mu\nu}(x) = \eta_{\mu\nu}$ となります（$\eta_{\mu\nu}$ は式 (1.51) の右辺と同じものです）．

1.6.4 重力場が時空の形を決める

重力場 $g_{\mu\nu}(x)$ により時空の各点毎に時空距離 ds^2 が異なることは何を意味するのでしょうか？ これを少しずつ探っていきましょう．

重力により光は曲がる：重力場中での光の軌跡を調べてみます．まずは直観的にやってみましょう．いま，図 1.27 のエレベーターの床から高さ h にある小さな窓から光が入ってくると同時に，ワイヤーが切られたとしましょう（図 1.28 の左と中央）．こ

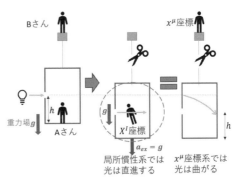

図 1.28 重力による光の曲がり．

---

114) 両者は式 (1.52) で結びついているからです．

こで，局所慣性系内では特殊相対論が成立することと，慣性系における電磁気学は「光は空間を光速 c で直進する」を示すことを思い出します．すると，局所慣性系にいる A さんは，光が向かい側の壁の同じ高さ h の所に届くのを見ます（図 1.28 の中央）．では，同じ事象を B さんが見るとどうなるでしょうか？　光が向かいの壁に到達する間の時間で，エレベーターは落下により下方に移動しています．ここで一般相対性原理を使い，局所慣性系で得られた物理法則を B さんの基準系に適用します．A さんから見て光が直進して高さ h の壁に届いたということは，B さんから見た場合，図 1.28 の右のように，光は発射された高さよりも下がった高さに到着したことになります．つまり，重力によって光が曲がったのです[115]．

これを $E = mc^2$ により捉えることもできます．エネルギー E をもつ光は $\frac{E}{c^2}$ の慣性質量をもちますが[116]，これは式 (1.47) より，重力質量と同じです．したがって光は，式 (1.43) により，$\boldsymbol{F}_G = \frac{E}{c^2}\boldsymbol{g}$ の力を受けて落下します．

さらに，図 1.28 の光の曲がりを時空計量 $g_{\mu\nu}(x)$ の立場から見てみましょう．図 1.15 で見たように，慣性系における光の軌跡は $ds^2 = 0$ で表されます．したがって，式 (1.50) より，$dX^0 = dX^1$ という直線の光の軌跡を（局所慣性系にいる）A さんは観測します（ここで光の進行方向を X^1 軸に選びました）．一般相対性原理より，B さんから見ても光の軌跡は $ds^2 = 0$ で表されます．しかし，B さんにとっての時空の距離の表示は式 (1.53) のように時空点に依存した形になっているので，$ds^2 = g_{\mu\nu}(x)dx^\mu dx^\nu = 0$ を $dx^0 = \cdots$ の形に書き直しても $dx^0 = dx^1$ にはなりません．したがって，B さんにとっては光は直線とは異なる軌跡，すなわち曲線を描くことになります．

このように，重力場があると一般に光は曲がり，時空計量 $g_{\mu\nu}(x)$ がその軌跡を決めます．

---

115)　重力場により光の進行方向が曲げられたということは，光の速度（速さと向き）が変わったということです．つまり，光の速度は重力場中では一定ではありません．光の速さが c であるのは（局所）慣性系においてであり，重力場の存在する一般の座標系では場所によって異なります．
116)　補足：運動方程式 (1.33) で $\boldsymbol{F} = 0$ のとき，運動量 $\boldsymbol{p} = m\boldsymbol{v}$ が時間 t で微分してゼロになります．つまり保存します．この運動量保存則を利用して，式 (1.26) が導かれたので，$E = mc^2$ の m は慣性質量です．

重力により空間は曲がる：この重
力場中における光の曲がりは一体
何を意味しているのでしょうか？
いま，図 1.29 の左のように，同
じ長さ L の 2 つの線分 AB と BP
を直交させてあります（L は十分
長い）．ユークリッド幾何学に従
えば，点 A と点 P の内角はどち

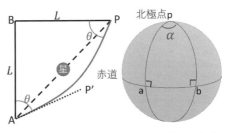

図 1.29　（左）星の重力の下での光線の三角形．
（右）地球儀上の三角形．

らも 45 度であり，線分 AP の長さは $\sqrt{2}L$ となります．点 P から発射され
た光を点 A で受ければ，それは 45 度の角度でやってきます．これが重力ゼ
ロの場合（$g_{\mu\nu}(x) = \eta_{\mu\nu}$ の場合）です．

　次に，線分 AP のちょうど真ん中に星が現れ，その周囲に重力場が生じた
としましょう．一見すると，点 P から点 A に向けた光線は星に遮られるの
で，点 A から点 P は見えないと考えられます．しかし，図 1.28 の思考実験
のように光線は重力場により彎曲するため，点 P から四方に光を出せば，そ
の光の一部が（図 1.29 左のように）星を迂回して点 A に届きます．その光
は角度 $\theta > 45$ 度で点 A にやってくるため，点 A からは点 P が点 P′ の方向
にあるように見えます[117]．さて，もし点 A からも同様に光を出せば，対称
性により，点 P には同じ角度 θ でやってきます．さらに，点 P から B へ，そ
して点 B から A へと光を送ったとしましょう．このとき，L は十分長いの
で星からの重力の効果はきわめて小さく，星がない場合と同じように直進し
ます．こうして，「光線の三角形」ができあがりました．注目すべきは，内角
の和が 180 度になっていないことです（$90 + 2\theta > 180$）．

　これと同じく三角形の内角の和が 180 度以上になっている身近な例があり
ます．地球儀を用意しましょう（図 1.29 の右）．赤道上の点 a から経線に沿っ
て北極点 p に，そこから別の経線に沿って赤道上の点 b に，そして，赤道を
沿って点 a に戻ってくる三角形を考えます．地球儀表面は全体として曲がっ
ていますが，点 a, b, p 周辺の狭い領域を拡大すれば平面とみなせるので，角

---

117)　これは実際に「重力レンズ効果」という現象として観測することができます．

度を通常のように測ることができます．点 a, b, p それぞれの内角を測ると，90 度，90 度，α 度になり，その合計は 180 度を超えます．

このように「三角形の内角の和＝180 度」という慣れ親しんだ幾何学の法則は空間が平坦な場合にのみ成立し，それが破れているということは空間が曲がっていることを意味します．したがって，重力場中で光が曲がることは「重力によって空間が曲がっている」ことを示しています．重力場によって空間が曲がっているため，それに沿って運動する光の軌跡も曲がるのです．

重力場により時間も"曲がる"：今度は「重力が強ければ強いほど時間の進みが遅くなる」ことを直観的に捉えてみましょう．いま，図 1.27 右のエレベーター内で 2 つの事象が順番に生じ，その時間間隔を A さんの時計で測ると Δt 秒だったとしましょう．一方，同じ 2 つの事象の時間間隔を B さんの時計で測ると $\Delta t'$ でした．ここで，そこの重力場に対し A さんは静止し，B さんは加速していることを思い出すと（脚注 103 を参照），時間の遅れの式 (1.18) を瞬間的に適用して，$\Delta t' < \Delta t$ が得られます．つまり重力を強く感じているほうが時間経過は少なくなります．

（式 (1.42) が示すように）重力は重力源に近いほど強くなるので，地球上では海抜ゼロメートルの時間のほうが高山地の時間よりもゆっくりと流れていることになります[118]．実際に，非常に高精度な時計を使えば，建物の 1 階と 2 階の重力差による時間の遅れを確認することもできます[119]．このように，重力場によって時間が"曲がって"いるため，その"曲がり"に沿った時間経過は曲がっていない場合とは異なっています．

時空の曲率：最後に，これらの"時空の曲がり"を数式で表してみましょう．その前に「一般相対性原理ではどんな座標で重力を記述してもいいので，重

---

118) つまり，より低いところでの $\Delta t'$ はより小さくなります．
119) 地上の位置を特定する GPS を機能させるためには，複数の人工衛星内部の時計を合わせる必要があります．そのとき，重力による時間の遅れの補正を考慮しないとうまくいきません．100 年以上前にアインシュタインの知的好奇心によって純粋に理論的に導かれた一般相対論は，GPS のような現代生活に必須の，そして 100 年前ではまったく想像できない技術を支える基礎理論を与えています．この例は「役に立つかどうか？」という即物的判断基準ではなく，知的好奇心に基づいて未来の可能性を探究することの大切さを物語っているのでしょう．

力場 $\boldsymbol{g}(\boldsymbol{x}) = -\boldsymbol{\nabla}\phi_N(\boldsymbol{x})$ を座標系（観測者）の選択によってゼロにできる．そうすると，時空の曲がりに意味はないのではないか？」と思うかもしれません．もう一度注意しておきます．重力場は"非慣性度合い"であり，それは時空点毎に異なります（$g_{\mu\nu}(\boldsymbol{x})$ が時空点 x に依存していること）．なので，たとえ時空のある 1 点で局所慣性座標系を選び，そこの重力場を消したとしても，その座標系は一般には別の時空点の局所慣性座標系ではないため"非慣性性"が現れます．よって一般にはどんな座標系を使おうとも時空全域の"非慣性性"を消すことはできません．したがって"重力場の時空間的な変化度合い"が座標系によらない量として重要であり，それが"時空の曲がり"になります．

まずは，"重力場の変化度合い"を非相対論的な思考実験で調べます．いま，図 1.28 で高さ $H(>h)$ にもう 1 つ窓を作り，光を 2 つ入射させたとしましょう．向かいの壁に到達した 2 つの光線の差を Δ と書きます．すると，ごくわずかではありますが，この Δ は元の差 $H-h$ よりも大きくなっています．（式 (1.42) が示すように）重力源に近いほうが重力場 $\boldsymbol{g}(\boldsymbol{x}) = -\boldsymbol{\nabla}\phi_N(\boldsymbol{x})$ が強いため，h から出発した光のほうが H から出た光よりも，重力場によって下側により大きく曲がります．こうして 2 つの光線の差が広がります（$\Delta > H-h$）．しかも，この現象は局所慣性系にいる A さんも観測できます．したがって，座標系によらない"重力場の変化度合い"とは，重力場の空間微分である $\boldsymbol{\nabla}\cdot\boldsymbol{g}(\boldsymbol{x}) = -\nabla^2\phi_N(\boldsymbol{x})$ のことです[120]．これはまさに式 (1.44) の左辺そのものです．

次に"時空の曲がり"を一般相対論的に定式化するために，一般相対性原理「すべての物理法則はどんな座標系で表しても同じ形の方程式で表されるべき」に注目します．これは「物理法則は 4 次元時空の幾何学的方程式で書かれるべき」を意味します[121]．そこで，曲がった空間における任意の 4 次元ベクトル V^μ の振る舞いを考えます．ベクトルは座標によらない幾何学的量だからです．

---

120) ここでは「$\boldsymbol{\nabla}$ ＝空間微分（別の場所に移ろうとすると，その量はどれだけ変化するのか）」の直観だけで十分です．
121) 図 1.14 の議論と同様の考えです．

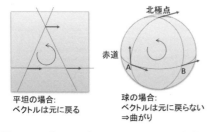

平坦の場合:
ベクトルは元に戻る

球の場合:
ベクトルは元に戻らない
⇒曲がり

北極点

赤道

A   B

図 **1.30**　曲がった空間上のベクトルの平行移動.

まず，図 1.30 左のように平面上で，V^μ を平行移動させながら，一周して元の場所に戻すとします．もちろん，それは元のベクトルと重なります．しかし，図 1.30 右のように，地球儀上で同じことをやるとどうでしょうか？　出発したベクトルは帰ってきたベクトルと重なりません．このズレが時空の曲がりを表す幾何学量，リーマン曲率テンソル場 $R^\alpha{}_{\beta\gamma\delta}(x)$ です（文献 [1]-2 参照）[122][123]：

$$\nabla_\alpha \nabla_\beta V^\mu - \nabla_\beta \nabla_\alpha V^\mu \equiv R^\mu{}_{\nu\alpha\beta} V^\nu. \tag{1.54}$$

この $R^\alpha{}_{\beta\gamma\delta}$ が時空の曲がり具合を表し，非相対論的には $\nabla^2 \phi_N(\boldsymbol{x})$ に対応しています．実際に，時空計量 $g_{00}(x)$ が重力ポテンシャル $\phi_N(\boldsymbol{x})$ に対応し，$g_{\mu\nu}(x)$ の 2 階微分 $\partial_\lambda \partial_\kappa g_{\mu\nu}(x)$ から $R^\alpha{}_{\beta\gamma\delta}$ が構成されます．

　以上のように，アインシュタインは「等価原理，一般相対性原理，局所慣性系における特殊相対論」という 3 つの原理から，「重力場の変化度合い＝時空の曲がり」という理解に到達しました[124]．とくに，重力場がほとんど無視できるほど小さい場合，時空計量は時空全域で一定（$g_{\mu\nu}(x) = \eta_{\mu\nu}$）になるため，時空は曲がっていません（これを「時空は平坦である」といいます）．

1.6.5　アインシュタイン方程式

　ついに，一般相対論の基礎方程式「アインシュタイン方程式」を導きます．

---

122)　テンソルとは座標系の選択によらない幾何学的な量のことです．ここでは "ベクトルの一般化" だと思ってもらえれば十分です．

123)　∇_α は曲がった時空上における ∂_α に相当します．

124)　実は，ここまでの空間や時間の曲がりの議論は "地球儀の上のアリの視点" だけで定式化することができます．日常的に，私たちは 3 次元空間の中の 2 次元球面である地球儀を，外の "巨人の視点" から見て，「地球儀の表面は曲がっている」と（無意識に）認識しています．しかし実は，2 次元表面上に住むアリであっても，自分たちの「世界」は曲がっているとわかります．そのためには，図 1.29 のように，光線の伝播角度の観測と幾何学の法則を比べればいいのです．私たちは曲がった 4 次元時空上に住んでいることをその外の "巨人の視点" がなくても認識できるのです．

アインシュタイン方程式の定式化：まず，アインシュタイン方程式は重力場 $g_{\mu\nu}(x)$ を決定する場の方程式です．よって，重力場が弱くそして速度が遅いときには，それは非相対論的な重力場の方程式 (1.44) に一致するべきものです．次に，一般相対性原理に従い，それは 4 次元時空の幾何学的方程式であるべきです．なので，式 (1.44) の両辺をそれぞれ 4 次元時空の幾何学量として表せばいいわけです．左辺の $\nabla^2 \phi_N(\boldsymbol{x})$ は（式 (1.54) の下で見たように）リーマン曲率テンソル $R^\alpha{}_{\beta\gamma\delta}$ からなることがわかります．では，左辺の質量密度分布 ρ_N はどうしたらいいでしょうか？

相対論的には式 (1.26) により質量とエネルギーは等価であり，真に保存するのはエネルギーのほうです．なので，質量だけでなく，あらゆる種類のエネルギーが重力場を生み出す源だと考えるほうが自然です．また，式 (1.26) を導く際に見たように，エネルギーと運動量は全体で 4 次元ベクトル p^μ をなします．よって運動量の密度もエネルギーの密度と対等に扱われるべきです．さらに，物体のもつ圧力など力の効果は運動量の密度に密接に関係します．こうして，エネルギー密度，運動量密度と力密度すべてがまとまり，幾何学的な量「エネルギー運動量テンソル場 $T_{\mu\nu}(x)$」になります．これは物質場 $\psi(x)$ と計量 $g_{\mu\nu}(x)$ から構成され，全体で保存します（$\nabla^\mu T_{\mu\nu} = 0$）[125]．

こうしてアインシュタイン方程式ができあがります（詳細は文献 [1]-2）．

$$R_{\mu\nu} - \frac{1}{2}Rg_{\mu\nu} = \frac{8\pi G}{c^4}T_{\mu\nu}. \tag{1.55}$$

$R_{\mu\nu}(x)$ と $R(x)$ は $R^\mu{}_{\nu\alpha\beta}(x)$ から作られる時空の曲率を表す場の量です[126]．

重力場と物質場の相互作用とマッハの考え：式 (1.55) は「点 x における（左辺の）時空の曲がり具合と（右辺の）エネルギー密度は等しい」を表し，「エネルギーの分布に従って時空の曲がりは決まる」を意味しています．いま，図 1.31 のように，バケツに布が張ってあり，その中央に重い球がおかれて

---

125) 物質場 $\psi(x)$ に電磁場 $A^\mu(x)$ も含まれます．$T_{\mu\nu}(x)$ は文献 [1]-2 を参照.
126) 補足：$R_{\mu\nu}$ と R はそれぞれリッチテンソル，リッチスカラーといいます．$\nabla^\mu(R_{\mu\nu} - \frac{1}{2}Rg_{\mu\nu}) = 0$ が成立するため，右辺の $T_{\mu\nu}$ と整合的になっています．また，係数 $\frac{8\pi G}{c^4}$ は条件「重力場が弱くそして速度が遅いときには，それは式 (1.44) に一致する」から定まります.

いるとしましょう．仮に布を"時空"に見立てると，球の重さ $(T_{\mu\nu}(x))$ のせいで重力場 $g_{\mu\nu}(x)$ が変化し，その変化は布の曲がり，つまり時空の曲がり $(R_{\mu\nu}(x))$ として表されます．これが式 (1.55) の直観的描像です．

さらに，この曲がった布に小さな球を乗せてみます

図 1.31 大きな球によって凹む布と凹みに沿って転がる小さい球．

（図 1.31）．すると，その曲がりに沿ってその軽い球は運動します．図の場所で手を離せば，中央の球に向かって転がります[127]．これがリンゴが地面に落下する様子に対応しています．つまり，地球（大きな球）のエネルギーが周囲の時空を曲げ，リンゴ（小さい球）はその曲がりに沿って滑っているのです．また，この小さい球を円周の方向に弾けば，ルーレットの球のように淵に沿って転がります．これが図 1.29 左の P から A の弧を描く光の軌跡や，太陽が作る重力場に捕らわれた地球の公転運動に対応しています．これが万有引力のメカニズムです．

以上のように，一般相対論は重力場と物質場の相互作用を記述し，それは「物質があると時空が歪む．そして，時空の曲がりは物質がどのように動くべきかを決める」を表しています．

ここで，1.6.1 項のマッハのアイデア「物質分布によって慣性が決まる」に戻ってみます．アインシュタイン方程式 (1.55) は物体のエネルギー分布 $T_{\mu\nu}(x)$ によって重力場 $g_{\mu\nu}(x)$ を決める方程式です．一方で，1.6.3 項で見たように，重力場が慣性を定め，物体は重力場に対して運動します．したがって，アインシュタイン方程式がマッハの考えを自然と実現しているといえます[128]．こ

---

127) この転がりが図 1.27 の A さんの自由落下運動です．一方で，この小さな球を（指で支えて）ある場所に保つのが図 1.27 の B さんの加速運動です．脚注 103 も参照．
128) 補足：正確には，式 (1.55) は $g_{\mu\nu}(x)$ の微分方程式なので，$g_{\mu\nu}(x)$ を決定するためには，$T_{\mu\nu}(x)$ だけでなく，$g_{\mu\nu}(x)$ の境界条件も必要です．この意味で，一般相対論はマッハの考えを"半分だけ"実現しているといえます．

れが 1.6.1 項の最後に提示した質問への答えです.

1.6.6 一般相対論における時空の意味

最後に, これまでやってきたことを振り返りつつ, 一般相対論における時空とは一体何なのかを改めて考えてみましょう.

日常的な時間と空間, そして事象の一致： まず, 私たちが素朴に時間と空間について認識していることを再確認します (1.4.3 項の冒頭を思い出してください). 空間は "物体がどこにあるのか？" の "どこ" に相当する概念であり, それは 3 本の物差しの読み (x, y, z) でラベルされます. 時間は "いつに何が起きたのか？" の "いつ" に相当する概念であり, それは時計の読み t で記録されます. そして, その時間と空間のラベルを組み合わせた 4 つの数 $(ct, x, y, z) = x^\mu$ が時空座標系です.

アインシュタインはこのような私たちの直観的な時間と空間の概念をよく考え, 「すべての空間的・時間的に確認できることは, 2 つ以上の (空間的・時間的に見て) 局所的な事象の一致に帰着される」と整理しました. 例えば, 「リンゴが落下する」事象と「時計の針が 3 時を指す」事象が, 同じ机の上で (＝空間的に一致) 同時に (＝時間的に一致) 起きたのを見て, 私たちは「3 時に机からリンゴが落ちた」と普通いいます. この考え方に従うと, 時空座標系は本質的な役割を担っていません. というのも, ある局所的な事象の一致を, ある座標系 x^μ でラベルしようが, 別の座標系 x'^μ でラベルしようが, x^μ と x'^μ の間に 1 対 1 対応の関係がありさえすれば, どちらを使ってもその一致を表すことができるからです. この意味で, 座標系は "いつ？ どこで？" を表すのに (別になくてもよい) "便利な道具" でしかありません. "いつ？ どこで？" にとって本質的なのは事象の一致そのものであり[129], それが連なることによって時間的順序や空間的拡がりが現れます[130].

---

[129] もし「リンゴが落ちる」事象と「電話がかかってきた」事象が同時だったならば, 「電話がかかってきたときに, リンゴが机から落ちた」といえば, "いつリンゴが落ちたか？" を時計なしで表現することができます. "どこ？" も同様です.

[130] 例えば, 毎日通勤に使っている路線ならば, そのホームで (別に時計を見なくても), "A 駅行きの普通列車が今行ったということは, この 5 分後に B 駅行きの急行列車が来るな" とわかります. また, 自分の近所ならば, 別に住所の番地を確認しなくても, "A さん宅

一般相対論における物理法則と予言：次に，この立場から物理法則はどうあるべきかを考えてみます．例えば，重力場 g の下にある物体の運動方程式 (1.46) は「机から速度ゼロでリンゴを時刻 t_0 に落としたら，時刻 t_1 にリンゴは床に達する」を予言します．これは，「時計の針が時刻 t_0 を指す」事象と「リンゴが机の上で静止している」事象の一致から，「時計の針が時刻 t_1 を指す」事象と「リンゴが床に着く」事象の一致に至る時間的・空間的な事象の一致の連なりを因果関係として表しています．式 (1.46) は慣性座標系 $(t, \boldsymbol{x})$ で表されています．しかし上記の議論に従うと，このような局所的な事象の一致の因果的連なりを決定する物理法則は座標系 x^μ の選択に依存するべきではありません．これが，アインシュタインが一般相対性原理「物理法則はどの座標系でも同じ形の方程式で表されるべき」を導入した動機（の 1 つ）です．

では，一般相対性原理に従うアインシュタイン方程式 (1.55) はどんな事象の一致の因果関係を予言するのでしょうか？　そこでまず，この式をどのように解くのかを見てみます．いま仮に重力場 $g_{\mu\nu}(x)$ がわかっているとすると，物質場 $\psi(x)$ の基礎方程式は "初期分布 $\psi(x)|_{t=0}$ から $\psi(x)$ がどのようにその時空上で時間変化するのか？" を決定することができます[131]．例えば，物質場として電磁場 $A^\mu(x)$ を考えると，マクスウェル方程式 (1.23) はその $g_{\mu\nu}(x)$ に依存した方程式に変更され，それを初期分布 $A^\mu(x)|_{t=0}$ に対して解けば $A^\mu(x)$ がわかります．そして，その $\psi(x)$ から求まるエネルギー分布 $T_{\mu\nu}(x)$ を使ってアインシュタイン方程式 (1.55) を解けば，その $g_{\mu\nu}(x)$ が実際に何なのかがわかります．つまり，（ある初期条件の下での）物質場の方程式とアインシュタイン方程式を組み合わせて解くことにより，解 $(\psi(x), g_{\mu\nu}(x))$ が求まります．

このときに予言されて実験と比較されるべき物理量は，任意の時空点 x での幾何学量，例えば，$R(x)$ の値そのものではなく，物質場 $\psi(x)$ がある値 ψ_0

と B さん宅の間は C さん宅だ" とわかるはずです．このように，時間空間座標 (ct, x, y, z) がなくても，事象の連なりから時間的性質や空間的性質が現れてきます．

131)　本当は，初期時刻での $\psi(x)$ の時間微分，つまり "速度" も必要です．これは，図 1.31 の小さな球を初期位置からどの向きにどれだけの速さで弾くかを指定すれば，その球の運動が決まるのと同じことです．

をとるところ $(\psi(x_0) = \psi_0)$ での幾何学量の値 $R(x_0) = R_0$ です[132]．実は，これは一般相対性原理に由来する性質です．一般相対論は "時空点 x で何が生じるか？" ではなく，"時空間的に変動し基礎方程式に支配される量（粒子の軌跡や場）自体が決定する点で何が起きるのか？" を予言します[133]．言い換えれば，物質場と重力場の "時間空間的な一致" の因果関係（「物質場と重力場の関係性」）を記述しているのがアインシュタイン方程式です．

重力場＝時空：このように私たちは，（時間空間的な意味で）局所的な重力場と物質場の値の一致を予言・観測します．したがって「重力場 $g_{\mu\nu}(x)$ が "いつ？　どこ？" という時空の役割を担っている」といえます．これはある意味で自然な捉え方です．というのも，1.6.2 項の「重力場が局所的に慣性を定める」は，非相対論的には「重力場が絶対空間の役割を担う」となるからです．また 1.6.4 項で見たように，重力場 $g_{\mu\nu}(x)$ が空間的曲がりや時間経過を決めていることからも，「重力場＝時空」がわかります[134]．

　そして図 1.31 で見たように，アインシュタイン方程式に従って重力場は物質場と相互作用して変化し，そのエネルギーや運動量を時空の曲がりとして蓄えます．したがって時空は物質と共に変動しエネルギーや運動量をもつ物理的実体となります[135]．もし物理法則に従う物質や場すべてをこの世界から取り除いたら，何も残りません．重力場そのものが時空だからです．もはや絶対時空という固定された "背景" のような時空は存在しません．むしろ

---

132) 補足：例として，重力場 $g_{\mu\nu}(x)$ と 2 つの光線からなる系を考えます．光線の軌跡はそれぞれ $x_1^\mu(\tau_1), x_2^\mu(\tau_2)$（$\tau_1, \tau_2$ は任意のパラメーター）と書きます．いま，2 つの光線が交差するとし，その場所を $x_1^\mu(\tau_{10}) = x_2^\mu(\tau_{20}) = x_C^\mu$ とします（τ_{10}, τ_{20} は交差するときの各パラメーターの値です）．このとき，一般相対論が予言するのは，勝手な点 x での曲率 $R(x)$ ではなく，運動方程式により決定される交差点 x_C^μ での曲率の値 $R(x_C)$ です．

133) 原理的には，「時計の針が 3 時を指す」事象も，時計を構成する物質場とそこでの重力場の相互作用の結果です．

134) このように考えると，一般相対論における時空座標 x^μ は，予言・観測できる "いつ？　どこ？" を表す物理的実体ではなく，場の時間空間的な局所性を特徴づけるための（任意の）ラベルにすぎません（補足：数学的に見れば，x^μ は無定義の 4 次元リーマン多様体上の点を表すラベルです）．

135) 物質が振動すれば，時空の曲がりも振動し，エネルギーや運動量が波として伝播します．これが「重力波」です（式 (1.44) の下で議論した質量の急な変化の問題は重力波の伝播によって解決されます）．現在，地球から遠く離れた星同士の衝突によって生じる重力波を地上で観測し，その実験データに基づいてさまざまなことが研究されています．

時空は物質と同じく宇宙を構成する動く"役者"なのです．実際，アインシュタイン方程式を使い，宇宙の形や起源やこの先の未来などを調べることが可能です．これまで哲学的対象だった宇宙はもはや物理的対象になったのです．一般相対論は，量子力学と並び，私たちの世界観を大きく変えた理論です．

1.6.7　古典ブラックホール

アインシュタイン方程式から導かれる興味深い結果がブラックホールです．ここでも量子力学を無視して考えます（くわしくは文献 [1]-2 を参照）．

シュワルツシルト時空計量：質量 M の球状の物体が外部の真空領域（つまり，物質のエネルギー密度がゼロの領域：$T_{\mu\nu}(x) = 0$）に作り出す重力場[136]を
アインシュタイン方程式 (1.55) から求めることができます．その時空計量
$g_{\mu\nu}(x)$ を時空距離 ds^2（式 (1.53)）で表すと次になります[137]：

$$ds^2 = -\left(1 - \frac{a}{r}\right)c^2 dt^2 + \left(1 - \frac{a}{r}\right)^{-1} dr^2 + r^2(d\theta^2 + \sin^2\theta d\phi^2). \quad (1.56)$$

これを「シュワルツシルト時空計量」といいます．ここで，t は物体から遠く
離れたところにいる観測者の時間，r は物体の中心からの距離，(θ, ϕ) は中心
から見た角度です．そして，a は「シュワルツシルト半径」といい，

$$a \equiv \frac{2GM}{c^2} \quad (1.57)$$

で与えられます．これは物体の質量 M で決まり，それ以上小さくすると重
力の効果が顕著になり始める半径です（すぐ下で説明します）．注意してほし
いのは，シュワルツシルト半径 a はどんな物体でも定義できる数学的半径で
あることです．例えば，地球（質量 $M \sim 6 \times 10^{24}$ kg）はシュワルツシルト
半径 $a \sim 1$ cm をもちますが，これは地球の実際の半径 $R \sim 6000$ km に比べ

---

136)　それは図 1.31 の大きな球の周囲の歪んだ布に相当する時空です．
137)　補足：式 (1.55) から導出する手順は次の通りです（詳細は文献 [1]-2 を参照）．まず，
物質のエネルギー密度はゼロ（$T_{\mu\nu}(x) = 0$）なので，式 (1.55) は $R_{\mu\nu} - \frac{1}{2}Rg_{\mu\nu} = 0$ とな
ります．次に，球状物体が作る時空もまた球対称性（物体を中心にどの向きも対等であ
ること）をもつはずなので，その条件を $g_{\mu\nu}(x)$ に課します．そして，物体から十分離れると
重力場は弱くなりますが，その小さな重力場は非相対論的なもの（式 (1.42)）に一致する
べきです．これを最後の条件として使えば，式 (1.56) が得られます．

て小さく，物理的なものではありません．というのも，地球内部は物質が詰まっているため，そこの時空計量は式 (1.56) ではないからです．式 (1.56) は物体の外側の真空の時空領域だけを表していることに注意してください．

星の終わりと重力崩壊：夜空を見上げるとキラキラと星が輝いています．星は核反応を起こし，光を放出しているからです．ところで，星はとても重たいので，自身の作る重力場により自らが落下し潰れかねませんが，内部の核反応に伴う圧力がこの重力とバランスすることにより，星は潰れず保たれています．しかし，もしその核反応が止まってしまうと，内部の圧力がなくなり重力によって星が潰れ，その半径 R が徐々に小さくなっていきます（これを「重力崩壊」といいます）．どの程度まで潰れるかは星の大きさや質量に依存します[138]．十分重たい星の場合，物質を支える力が何もなく，星の半径 R はそのシュワルツシルト半径 a よりも小さくなります．すると，星を構成する物質はすべて中心の一点に落ち込んでいき，完全に潰れます．こうしてできあがる天体が「古典ブラックホール」です．ブラックホールは星（物質）から作られます．

古典ブラックホールの時空：まず，この古典ブラックホールを直観的に見てみましょう．大量の質量が中心の一点に集中するということは，図 1.31 の中央の球がとても小さくそして重いことに相当します．すると，布の曲がりが狭くて，とても深くなっていくのが想像できると思います．この極端に曲がった時空領域が古典

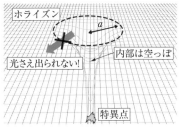

図 **1.32** 古典ブラックホール．

ブラックホールです（図 1.32）．しかも，その領域内に一度入った光がその曲がった "坂" を登ろうとしても登れないほど，その曲がりは急です．つまり，もっとも速く伝わる光でさえその領域から出ることができないほど重力が強

---

138) ここでは簡単のため，球対称な星の重力崩壊を考えています．実際には，星は回転しているため，球をつぶした "饅頭" のような形の物体の重力崩壊になります（文献 [1]-2）．また，それほど重くない星は重力崩壊すると「白色矮星」や「中性子星」という天体になります（文献 [1]-5）．しかし，以下ではブラックホールができる場合のみを考えます．

いのです．このように光が出てこないので，その領域は「真っ黒な穴 (black hole)」に外から見えるわけです．光が何とかギリギリ出てこられるかどうかの時空の境目を「イベントホライズン（事象の地平面）」といいます．現在，ブラックホールは重力波などのさまざまな宇宙観測で実際に確認されている天体です．しかし，そのシグナルはホライズンの外に由来するものであり，ホライズン直上や内部に関することはいまだに観測されていません．

　次に古典ブラックホールの時空計量を考えてみましょう．すべての物質が中心の 1 点に集まるということは，（中心以外の）時空全域は球対称な真空領域になります．したがって，時空全域はシュワルツシルト計量 (1.56) で記述されます．このとき，シュワルツシルト半径 a は物理的になり，イベントホライズンの空間的位置を表します．この意味で，古典ブラックホールの半径はシュワルツシルト半径 a であり，$r < a$ の領域がブラックホール内部といえます[139]．この内部領域は（中心を除き）物質のない真空領域ですが，そこの時空の曲がり $R^{\alpha}{}_{\beta\gamma\delta}$ が元の星のエネルギーを保っています．

　では，古典ブラックホールの中心 $(r = 0)$ はどうなっているのでしょうか？直観的には，大きさゼロの中心一点に有限のエネルギー M を詰め込めば，そこのエネルギー密度は無限大になります $(T_{\mu\nu}(x)|_{r=0} \sim M/0 = \infty)$．すると式 (1.55) より，時空の曲がりも無限大になります $(R^{\alpha}{}_{\beta\gamma\delta}(x)|_{r=0} = \infty)$．この点を「特異点」といいます．しかし，このような無限大は実際に存在するはずがありません．なぜならばエネルギー密度などの局所的な観測量が無限大になることは物理的にあり得ないからです．これは，アインシュタイン方程式を解いて得られた古典ブラックホール解の中に，一般相対論の適用限界が現れてきたことを意味します[140]．したがって，この中心を物理的に正しく記述するためには何か修正が必要ですが，その解決方法はいまだに明らか

---

[139] 補足：シュワルツシルト計量 (1.56) は $r = a$ で発散していますが，この特異性は見かけのものです．座標系をうまく選ぶと，計量 (1.56) は $r \leqq a$ の領域も問題なく記述できます．詳細は文献 [1]-2.

[140] この特異点の出現はシュワルツシルト解（式 (1.56)）に特有のことだと考えるかもしれません．しかし，ペンローズ (1931–) は「一般相対論において，ある条件が満たされた場合，特異点は一般に現れる」という特異点定理を示しました．これは一般相対論の限界を具体的に表しているといえます．

ではありません（→1.7.2 項の最後へ）.

1.6.8 1.6 節のまとめ

問題は「何が慣性を定めているのか？」でした. アインシュタインは, マッハのアイデア「物質分布が慣性を決めている」に影響を受け, エレベーターの思考実験を行い, そして等価原理「慣性＝重力」に到達しました.「重力場が慣性を決める」と結論付けたのです. それから彼は一般相対性原理「任意の座標系で物理法則は同じであれ」の必然性に気が付き, 時空の距離 $ds^2 = g_{\mu\nu}(x)dx^\mu dx^\nu$ として重力場を定式化しました. こうして, 非相対論的な重力の方程式 (1.44) を幾何学化し, アインシュタイン方程式 (1.55) を導きました. これは十分に凝集された物質による古典ブラックホールの形成を予言します. アインシュタインの言葉「一般相対論の本質的な成功は物理学を慣性系の導入から解放したことにある」が示しているように, 時空とは, 慣性を定める絶対的"背景"として予め与えられているものではなく, 物質と相互作用して変動する重力場であり, それが慣性を定めます.

> 教訓：時空は重力場として物質と相互作用し変動する物理的実体である.

1.7 ブラックホール内部への旅——時空の真の姿を求めて

これまで得られた知識を総動員し, 1.2 節の"リンゴバナナ問題"にチャレンジしましょう（先に進む前に, 各節の「まとめ」を再確認することをお勧めします）. まず, 量子力学と相対性理論から「ブラックホールが蒸発する」仕組みを説明します. 次に, "リンゴバナナ問題"の意味を整理し, 現状での答えを与えます. すると「ブラックホールの正体はいまだにわからない」という結論が得られます. 最後に, これに対する 1 つのアプローチとして私が研究している, 量子力学の効果を直接取り入れた"量子ブラックホール"を紹介します.

1.7.1 ホーキング輻射

ホーキング (1942–2018) は，古典ブラックホールに物質の量子効果を加えることにより，ブラックホールは本当は完全に真っ黒なのではなく熱輻射をして"わずかに光っている"ことを示しました．ここでは，その物理的な仕組みをなるべく原論文（文献 [6]）に沿って説明します．

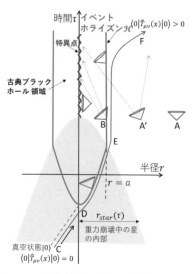

イベントホライズン再訪：まず，イベントホライズンの概念をもう少しくわしく説明します．そのために，アインシュタイン方程式に従って（ただし量子効果は無視）球状の星が中心 $r = 0$ まで重力崩壊し，古典ブラックホールが形成される過程を調べましょう．図 1.33 を見てください．横軸が中心からの半径 r を[141]，縦軸

図 1.33 重力崩壊する星の時空上における粒子生成．

が時間 τ を表しています[142]．下方のグレーの部分が重力崩壊している球状の星の内部を表し，時刻 τ の星の半径 $r_{star}(\tau)$ は徐々に小さくなります．星の半径がシュワルツシルト半径 a よりも小さくなると（$r_{star}(\tau) < a$），イベントホライズン（実線 $\mathcal{H}$）が発生します．星が原点 $r = 0$ まで潰れると，特異点（波線）ができます．$\mathcal{H}$ で囲まれた4次元時空領域が古典ブラックホー

---

141) 中心 $r = 0$ がちょうど τ 軸です．もし r がそのまま半径を表すならば，本当は負の値はとりません．しかし，ここでは，図 1.33 の $r < 0$ の領域は，球対称性より，$r > 0$ の領域のコピーだとみなしてください．

142) 補足：この時計 τ はブラックホール内部も見渡せる観測者の時計です．ブラックホールに向かって自由落下する人は外から中まですべての領域を観測できます．そのような多くの観測者たちの間で時計を共通に合わせたものが時計 τ の一例です．一方で，シュワルツシルト計量 (1.56) の時間 t は，ブラックホールの外側（$r > a$）のみを記述します．というのも，各所に光を送って時計合わせをしようとしても，ブラックホール内部から光は出てこないからです．くわしくは文献 [1]-2 を参照．

ルです[143].

　さて，図 1.33 のさまざまな所に小さな円錐が描かれています．（図 1.15 で学んだように）これは "その点から光を出したら，どの向きに進むのか？" という局所的な因果関係を表す光円錐です．点 A はブラックホールから離れて重力の影響を受けないため，光円錐は "真っすぐ上向き" です．少し近づいた点 A′ の光円錐はわずかに "傾き" ます．光は重力に引かれて内向きに進行しやすくなるからです．

　では，内部の点 B から光を出すとどうなるでしょうか？　そこでは重力が非常に強いため，光円錐は完全に $\mathcal{H}$ 内を向きます．したがって，どんなに努力しても光は $\mathcal{H}$ から出られず，最終的に中心の特異点 ($r = 0$) に落ちます．これは $\mathcal{H}$ 内部のどの点でやっても同じことです．この意味で，イベントホライズン $\mathcal{H}$ とは，光が外に抜け出せるかどうかのギリギリの時空の境界です．この因果的な時空の境界は特別な "光の面" といえます．というのも，もしその境界が光速未満の速度で運動しているならば，最高速度である光速の信号に追い抜かれてしまい，境界の役割をしないからです．

　ブラックホールが時間変化しない一定状態になった後，イベントホライズン $\mathcal{H}$ をなす "光の面" の面積は広がることなく，表面積 $A = 4\pi a^2$ を保ちます．この後，もし物体がさらに落下すれば，その分だけ質量・エネルギーが増加し（式 (1.57) より）半径 a も大きくなり，面積 A も大きくなります．

イベントホライズン近くの粒子生成：上記の重力崩壊の時空上で量子効果を考えると，どのように粒子が生成されるのかを説明します．図 1.33 をもう一度見てください．十分過去に遡ると星の密度は十分薄く，エネルギー密度も小さい ($T_{\mu\nu}(x) \sim 0$) ため，時空はほぼ平坦です ($g_{\mu\nu}(x) \approx \eta_{\mu\nu}$)．低密度の塵やガスが凝集して星ができるからです．

　いま，その平坦時空領域において，未来にイベントホライズン $\mathcal{H}$ になる光

---

143)　このようにブラックホールとは 4 次元時空領域として定義されます．図 1.32 は，図 1.33 の（特異点が発生後の）ある時刻 τ における "スナップショット" の様子を，図 1.31 に合わせて描いたものといえます．またすでに説明したように，星の外部（グレーの部分の外）の時空領域はシュワルツシルト計量 (1.56) で表されますが，星の内部（グレーの部分）は別の時空計量で記述されることに注意してください．

（$C \to D$ の点線）よりも，わずかに先に中心に向かう光（$\mathcal{H}$ のすぐ外の実線）を考えます．とくに，$\mathcal{H}$ のぎりぎり外をかすめ（$D \to E$），長い時間を $\mathcal{H}$ 近くで過ごし，最終的に遠くに逃げていく（$E \to F$）ような光に注目します．

　ところで（1.5 節より）光はさまざまな振動数の光子の集まりです．そこで，先ほどの光の軌跡に沿って運動する振動数 ω の光子に注目しましょう．まず中心に向かう際（$C \to D$），光子はあまり強い重力を感じません．というのも，平坦時空から出発してしばらくは，物質が低密度のままなので（$T_{\mu\nu}(x)$ は小さいまま），アインシュタイン方程式より時空の歪み $R_{\mu\nu}$ は小さいからです．このとき，ほぼ平坦時空を移動しただけなので，光子のエネルギー（式 (1.30)）$\epsilon = \hbar\omega$ はほとんどそのままです．次に光子が中心から外に向かう際（$D \to E \to F$），光子は強い重力を感じます．それは物質の崩壊がより進行し密度が大きくなり，時空の歪みが大きくなったからです．とくに，イベントホライズン $\mathcal{H}$ の極近くの"時空の急な坂"を登るために，光子は"疲れて"，エネルギー ϵ が減ってしまいます．ここで，式 (1.14) と (1.30) より，$\epsilon = \hbar\omega = \frac{2\pi c\hbar}{\lambda}$ の関係を使うと，全行程（$C \to F$）で光子の波長 λ は伸びることがわかります．この結果は低密度から高密度に物質が凝縮し時空が時間変化したせいで生じたことに注意してください[144]．

　今度は，これを場の量子論で考えてみましょう．十分過去では，電磁場（光の場）は真空状態 $|0\rangle$ にあり，エネルギー密度の期待値はゼロです（$\langle 0|\hat{T}_{\mu\nu}(x)|0\rangle = 0$）．ここで，$\hat{T}_{\mu\nu}(x)$ は電磁場演算子 $\hat{\bm{A}}(x)$ からなる（1.6.5 項の）エネルギー運動量テンソルの量子版です．そして，この電磁場演算子はさまざまな振動数の"光子を生成する演算子"の集まりとみなせます．すると，上記の $C \to F$ 間の光子の波長の伸びは，電磁場演算子がその間に大きく変化したことを意味します[145]．これは 1.4.2 項の「真空が励起した」ことに相当し，

144）比較のために，光子が密度一定の定常な星の内部に入り中心を通って外に戻ってくる過程を考えます．往路では光子は落下によりエネルギー ϵ が増えます．これは，高い位置から静止した球を落下させると，重力の位置エネルギーの分だけ運動エネルギーが大きくなるのと同じです．すると光子の波長 λ が短くなります．そして復路では（上述のように）波長が長くなります．ですが，物質密度が時間変化しないため，光子が感じる重力は行きと帰りで同じです．よって，往路の波長が短くなる効果と復路の長くなる効果が同程度になり，全過程で波長は変化しません．この意味で時空の時間変化が本質的です．
145）補足：ここでは直観的説明のために，光子の波長の時間変化だけに注目しました．よ

場の量子論では（1.5.4 項の終わりで見た）粒子生成を意味します．時空の各点では，真空状態 |0⟩ の量子ゆらぎにより，絶えず粒子が生まれそして消えています．そこに星をなす物質のエネルギーが入ってきて，アインシュタイン方程式 (1.55) により時空が曲がり（ブラックホール時空ができる），場の演算子が大きく変化して，ホライズン近傍で光子が生成されます．その結果，時空の曲がりのエネルギー（つまり重力場のエネルギー）を“吸いとって”，光子としてそのエネルギーが外に流れていき，点 F で ⟨0|T̂_{μν}(x)|0⟩ > 0 が観測されます．これが「ホーキング輻射」です．この粒子生成にとって本質的なのは，ホライズンの存在ではなく，時空が時間変化することです．なぜなら（上の段落で見たように）それが光子の波長の時間変化を引き起こしたからです．

　このようにブラックホールは周囲から微弱な光を放出しています．注意してほしいのは，この光はブラックホールの中から出てきているわけではなく，その近くの真空の励起によって生成されていることです．

ブラックホールの温度：ホーキングは「質量 M のブラックホールのホーキング輻射をなす振動数 ω の光子の数の期待値 $⟨0|\hat{N}_\omega|0⟩$（光子の平均分布）は，温度（「ホーキング温度」という）

$$T_H = \frac{\hbar c^3}{8\pi G k_B M} \tag{1.58}$$

のプランク分布 $n_P(\omega, T_H)$（式 (1.29)）の形をとる」を理論的に示しました（文献 [6]）．つまり，ホーキング輻射は熱輻射であり，ブラックホールは温度 T_H をもちます．よって，もしブラックホールを図 1.2 のように温度 T_H のオーブンに入れれば，バランス条件式 (1.27) の議論により，熱平衡状態になります．したがって，量子力学ではブラックホールは熱力学的物体です．

　式 (1.58) は温度とエネルギー（質量 M）を関係づけるので，“ブラックホールの状態方程式”に相当します（1.3 節を思い出してください）．式 (1.58) で質量 M は分母にあるので，重たいブラックホールほど温度が低いことがわか

り正確には，（1.6.6 項で議論した）曲がった時空上のマクスウェル方程式 (1.23) の量子化版を図 1.33 に相当する時空計量 $g_{\mu\nu}(x)$ に対して計算することにより，場の演算子の時間変化として理解することができます（文献 [6] を参照）．

ります．太陽質量くらいの場合，$T_H \sim 10^{-6}$ 度であり，これは現在の宇宙の温度よりかなり低いです．温度が低いということは，1 秒間に放出されるエネルギーが少ないということです[146]．つまり，比較的大きなブラックホールのホーキング輻射は非常に弱いのです．このため，ホーキング輻射はいまだに観測されていない予言現象です[147]．

ブラックホールの蒸発：ホーキング輻射はブラックホールのエネルギー E を外に放出していきます．これは，公式 $E = mc^2$ により，質量 M が減り，ブラックホールが小さくなっていくことを意味します．これはブラックホールの周囲の物質場（電磁場など）の量子効果がもたらした結果であり，従来の「ブラックホールは大きくなるだけである」とは対照的です．もしブラックホールが外から物質を吸収せず蒸発だけをするならば，十分時間が経った後，最終的にはブラックホールは完全に蒸発してしまうと考えられています．しかし，上で述べたようにホーキング輻射は非常に弱いため，蒸発は非常に遅く，ブラックホールの寿命はとても長いです[148]．

1.7.2　リンゴバナナ問題の物理的意味

情報は戻らない？：では，1.2 節のリンゴバナナ問題に戻りましょう（図1.1）．問題は「ブラックホールの蒸発後に，リンゴとバナナの情報を区別すること

---

146)　補足：実際に，振動数 ω のエネルギー流 $cu(\omega, T_H) = c\frac{\hbar\omega^3}{\pi^2 c^3} n_P(\omega, T_H)$ を積分する（$\int_0^\infty d\omega$）と，全エネルギー流が T_H^4 に比例することがわかります（文献 [1]-5）．これが $\langle 0|\hat{T}_{\mu\nu}(x)|0\rangle > 0$ に相当します．

147)　とはいうものの，宇宙初期に形成された「原子ブラックホール」の質量の小さなものは蒸発が速いため，ホーキング輻射の効果を宇宙観測で将来的に確認できる可能性があります．理論的にも，ホーキング輻射は普遍的な現象だと考えられ，多くの研究者がこの予言を受け入れていると思います．というのも，ここで紹介した導出方法以外にも，さまざまな手法で同じホーキング輻射を導くことができるからです．

148)　太陽質量ほどのブラックホールのホーキング輻射はとても弱いため，蒸発により小さくなる効果よりも，周囲にある塵やガスを吸い込んで大きくなる効果のほうが効きます．したがって，現存する天体サイズのブラックホールは大きくなる傾向にあります（仮に何も外から吸い込まないとした場合，太陽質量ほどのブラックホールの寿命は約 10^{69} 年ですが，これは宇宙年齢よりも非常に長い時間です）．そして，蒸発の最後の瞬間がどうなるのかはいまだにわかりません．というのも，温度 T_H が $M \to 0$ で無限大になり，さらに中心にある特異点が関係し得るからです．これは脚注 140 と同じく最先端の問題です．

ができるか？」です．1.5 節の量子力学でこの問題を翻訳すれば，「ホーキング輻射を調べることにより，ブラックホールの素となった物質（星やバナナやリンゴ）の状態ベクトル $|\Psi\rangle$ を識別できるか？」となります．

この問題の前に，普通の物体の "蒸発" を考えてみましょう．辞書が密室で燃えて，灰と煙と光になったとします．一見すると，それはどんな辞書だったのかがわからなくなります．しかし量子力学では，最初の辞書の状態ベクトル $|\Psi\rangle$ は固定され，式 (1.39) に従って量子化された物理量が時間発展するだけなので，必ずその初期情報は室内に保存されています．その灰と煙と光に複雑にその初期情報 $|\Psi\rangle$ が "書き込まれ" ています．なので，式 (1.39) 下の議論に従い，放出された光子の分布などを詳細に調べれば，（非常に複雑かもしれませんが）原理的には $|\Psi\rangle$ の依存性が現れてきます．この意味で，通常の物体の時間発展では必ず情報が保存しています[149]．

では，ブラックホールの蒸発後，星の初期状態 $|\Psi\rangle$ はホーキング輻射に反映されているでしょうか？　答えは "No" です．その理由を順番に説明します．

まず，星が最後まで重力崩壊すると，それを構成する物質は中心（$r = 0$）に落ち込みます（図 1.33）．よって，星の情報 $|\Psi\rangle$ はイベントホライズンの中に捕えられています．次に，ホーキング輻射はブラックホール内部から直接出てきたのではないことを思い出します（そもそもホライズンがあるので，中からは何も出られません）．ホライズン近傍の時間変化する時空の曲がりを通して真空が励起し生成された粒子（光子）がホーキング輻射です．そのエネルギー源は時空の曲がりであり，それは元を辿れば星のエネルギーそのものです．これからわかるように，ブラックホールは中に入った星の状態をまったく参照せずに，重力場を介してエネルギー Mc^2 をホーキング輻射として捨て，そのシュワルツシルト半径 $a = \frac{2GM}{c^2}$ は徐々に小さくなっていきます．その結果，ブラックホールはその内部に情報を閉じ込めたまま蒸発し，その際に放出されたホーキング輻射は星やリンゴやバナナの情報をもってい

---

149)　補足：ちなみに，熱力学第二法則においても量子的情報 $|\Psi\rangle$ は保存しています．辞書の燃焼により，エントロピー $S(U, V)$ は増えます．なぜならばエネルギー U は保存しますが，体積 V が大きくなり，（式 (1.8) の下の議論のように）とりうる微視的状態数が大きくなるからです．このように，エントロピーの増大は物体がより乱雑・複雑になったために形式的に情報が失われたことを表しますが，量子的情報 $|\Psi\rangle$ は必ず保たれます．

ません．実際に，$\langle 0|\hat{T}_{\mu\nu}(x)|0\rangle > 0$ や $\langle 0|\hat{N}_\omega|0\rangle$ は（質量以外の）星の状態にまったく依存しません．こうして，入ったエネルギーだけが帰ってきて（エネルギーは保存する），情報 $|\Psi\rangle$ は消えてしまいます．これが「情報問題」です．これは，一般相対論がもたらしたイベントホライズンをもつ古典ブラックホールと，量子力学の結果であるホーキング輻射と，量子力学の原理「情報の保存性」の3つが矛盾するという原理的問題です．

ブラックホールの正体はわからない：ブラックホールの蒸発と共に内部の情報は本当に消えてしまったのでしょうか？　多くの研究者たちは，他のさまざまな研究の経験から，「量子力学は壊れるはずがない．必ず情報は保存しているはずだ」と信じています．しかし，どうやって情報は保存されて戻ってくるのでしょうか？　これはいまだにわかっていない問題です．現在，世界中の研究者たちがいろいろなアプローチで，（物理法則に矛盾しないように）上述の議論に何かしらの修正を施し，"情報回復" の機構を探っています．

　情報問題がいまだに解決できていないということは，量子力学と一般相対論の両方に整合的な "ブラックホール" がいまだにわからないということです．また現在の観測においても，"ブラックホール" と認識している天体近傍の性質に由来するシグナルを観測しているだけで，その内部に直接由来するシグナルはまったく得られていません．このように理論的にも観測的にも "ブラックホール" の正体はいまだに謎に満ちています．

ブラックホールのエントロピー：ここで，情報問題に密接にかかわるブラックホールのエントロピーを紹介します．ブラックホールは温度 (1.58) の熱浴と熱平衡になる熱力学的物体です（図 1.2）．熱力学はどんな熱力学的物体に対しても成立する普遍的な法則なので，たとえその内部の真の姿がわからなくても，ブラックホールに熱力学を適用することができます．これが熱力学の強さです．よって，ブラックホールもエントロピーをもつはずです．

　では，そのエントロピーを熱力学的に見積もってみましょう．いま，ブラックホールの入っている熱浴の温度をうまく調整して（熱は高温から低温に移動することを思い出します），熱輻射をゆっくりとブラックホールに注入し，質量 M まで成長させたとします．これは準静的過程だとします．つまり，各

時刻でブラックホールと熱浴は平衡であり，各時刻の系の温度はその時刻の質量 M' のホーキング温度 $T_H(M')$ です．式 (1.6) より，ブラックホールに吸収されたエントロピーは

$$S_{BH} = \int \frac{dQ}{T} = c^2 \int_0^M \frac{dM'}{T_H(M')} = c^2 \frac{8\pi G k_B}{\hbar c^3} \frac{M^2}{2} \tag{1.59}$$

となります．ここで，仕事はないので熱力学第一法則 (1.3) より $dQ = dU$ であり，また $E = mc^2$ より $dU = c^2 dM$ なので，熱 $dQ = c^2 dM$ を使いました．

これはシンプルな形に書き直すことができます．式 (1.57) よりブラックホールの表面積は $A \equiv 4\pi a^2 = \frac{16\pi G^2 M^2}{c^4}$ です．また，基本定数 $\hbar, G, c$ から作ることができる，長さの次元をもつ量（「プランク長さ」という）

$$l_p \equiv \sqrt{\frac{\hbar G}{c^3}} \approx 1.6 \times 10^{-35} \,\mathrm{m} \tag{1.60}$$

を導入します（この意味は後で）．すると，式 (1.59) は次のように表せます：

$$S_{BH} = k_B \frac{A}{4l_p^2}. \tag{1.61}$$

これがブラックホールのエントロピーです．

これには興味深い特徴があります．それは，ブラックホールは 3 次元空間領域を占めるのに，そのエントロピーは 2 次元の表面積 A に比例している点です．これは「水などの通常の熱力学的物体のエントロピーは体積に依存する[150]」とは決定的に異なります．そして，1.5.3 項で見たように，エントロピーはその物体が（与えられたエネルギーや体積の下で）蓄えることのできる最大の情報量です．よって，ブラックホールは確かに情報を蓄えているはずであり，その情報量は表面積で表されることになります[151]．

---

150) 式 (1.9) の上の気体の議論を思い出してください．
151) これに似た例は，クレジットカードや紙幣の表面にあるキラキラしたホログラフィシートです．これを覗くと立体的な像が見えるため，このシートは 2 次元面に 3 次元的 "情報" を表しているといえます．これから転じて，「ブラックホールのエントロピーはホログラフィ的である」といわれます．ちなみに，式 (1.61) は「表面積 A を埋め尽くす，プラン

その情報の保存を定量的に確認するためには，ボルツマンの公式 (1.9) より，ブラックホールを構成するミクロな構成要素の状態数 Ω を数え上げ，式 (1.61) を再現する必要があります．これを実行するには，そのミクロな構造の正体と，投げ入れたリンゴの情報がその構造によって保たれる機構を明らかにしなければなりません．このようにブラックホールのエントロピーの起源はその内部構造と情報問題に密接に関係しています．

量子重力理論：ブラックホールの内部構造を探るための 1 つの可能性を紹介します．もう一度，エントロピー面積公式 (1.61) を見ると，そこには基本的な物理定数がすべて入っています：ミクロな構成要素をマクロな熱力学的量に結びつけるボルツマン定数 k_B，時間と空間を統一する光速度 c，重力相互作用を表すニュートン定数 G，量子力学の効果を表すプランク定数 $\hbar$．これは，ブラックホールのミクロな構造を理解しエントロピーの起源を明らかにするには一般相対論と量子力学を同時に扱わねばならないことを示唆しています．というのも，重力効果を表す G または量子効果を表す $\hbar$ をゼロにすると，公式 (1.61) は発散して意味をなさなくなるからです．

このとき「重力の量子化」の可能性が現れます．もし重力の強い領域であるブラックホールに対し重力自体の量子効果が重要になるならば，1.5.4 項で量子化された電磁場 $\hat{A}^\mu(x)$ が電子の情報 $|\Psi\rangle$ を担ったように，"量子化された重力場" $\hat{g}_{\mu\nu}(x)$ もブラックホールの素となった物質の情報 $|\Psi\rangle$ を担うようになります．このようなウェーヴィクル的重力を記述する理論，つまり直接的に一般相対論と量子力学を融合する理論を「量子重力理論」といいます．しかし，いまだにその理論は完成していません．このように，ブラックホールは物理学の原理の融合や新しい原理を探る重要な実験場だといえます．

最後に，重力自体の量子効果がどのような状況で顕著になるのかを簡単に説明します．そのために「曲率半径」を紹介します．私たちは球状の地球の上に暮らしていますが，日常ではその曲がりを感じることはありません．それは

ク面積 l_p^2 の "微小なタイル" の個数分（の 4 分の 1）の情報量をブラックホールはもつ」を表しています．太陽質量くらいのブラックホールの場合，$S_{BH}/k_B \sim 10^{76}$ ビットという莫大な情報量を蓄えることができます（通常のパソコンのハードディスクは 1 テラバイト $= 10^{12}$ バイトです）．

人のサイズに比べて地球の半径がとても大きいからです．一方で，サッカーボールの上に乗ろうとしたら，その曲がりを直接感じバランスをとるのが難しいですね．これは逆にボールの半径が人のサイズに比べて小さいからです．このように，幾何学的な曲がりの程度（曲率）は大雑把に球で近似させたときの半径で測ることができます．その半径を「曲率半径」といい，曲率半径が小さいほど曲がり具合が強いことになります．実は，時空の曲がりを表すリーマン曲率テンソル $R^{\alpha}{}_{\beta\gamma\delta}$ と曲率半径 ρ の間には，大雑把には $R^{\alpha}{}_{\beta\gamma\delta} \sim \frac{1}{\rho^2}$ の関係があります（文献 [1]-2）．一般に量子重力効果は $R^{\alpha}{}_{\beta\gamma\delta} \sim \frac{1}{l_p^2}$ のときに現れると予想されています．というのも，$G \to 0$ または $\hbar \to 0$ にすると時空の曲がりが発散し意味をなさなくなるからです．これは「プランク長さ l_p は時空が幾何学的な意味をもつための最小長さであり，$R^{\alpha}{}_{\beta\gamma\delta} \sim \frac{1}{l_p^2}$ が時空曲率の上限値である」を示唆しています．この意味で，特異点の除去には量子重力理論が重要な役割を担うと考えられています．ですが，現在の観測・実験データで $R^{\alpha}{}_{\beta\gamma\delta} \sim \frac{1}{l_p^2}$ に関与するものはないため，重力の量子効果の実験事実はいまだに得られていません[152]．

---

152) 補足：量子重力理論の候補の１つが「超弦理論」です．そこでは，物質の基本構成要素は粒子ではなく，プランク長さ l_p 程度の微小な弦（ひも）だと考えます．すると，ギターの弦の振動の違いが異なる音を出すように，弦の振動パターンの違いにより電子や光子などさまざまな素粒子を１つの弦で表すことができます．しかも，それは「重力子（重力場のウェーヴィクル）」も表すことができます．このように超弦理論はさまざまな素粒子と重力を量子力学的に統一して表現しうるものです．そして，（大雑把には）ブラックホールはたくさんの弦が集まった重たい物体だと考えます．現在までのところ非常に特殊な状況に限れば，それらの弦がとりうる状態数 Ω を数え上げて公式 (1.61) を再現することができます．また，弦自体が有限のサイズをもつため，それよりも小さな時空距離に意味がなくなります．すると，弦のサイズが "時空の解像度" に相当し，時空の一点 $(r = 0)$ で生じる特異点は存在しないと期待されています．他の候補として「ループ量子重力理論」があります．この理論では重力場 $e_\mu^I(x)$ をある方法で直接量子化します．「重力場＝時空」の考えに従うと，これは時空自体を量子化することになります．その結果，1.5.4 項で電磁場の量子化によってエネルギーの値がとびとびになったように，時空はプランク長さ l_p の最小サイズをもち "とびとび" の大きさになります．この考えでは，ホライズンは "時空のタイル" からなっており，そのパターン数を数え上げると公式 (1.61) が再現されます．また，空間サイズに最小限界があるため，特異点も現れないと考えられています．この２つの理論の他にもさまざまな手法で量子重力理論の構築に向けて研究が行われています．

1.7.3 量子ブラックホール

情報問題やブラックホールエントロピーは現代物理学における未解決問題です．これに対するさまざまな手法が現在提案されていますが，ここでは私が研究している解決案を少しだけ紹介します．基本的な戦略は「一般相対論と量子力学の両方に整合的なブラックホールとは一体何なのか？」を改めて考えることです．

ブラックホールの定義と半古典的アインシュタイン方程式：まず「ブラックホール＝（星などの）物質が重力収縮により可能な限り小さくなった物体（∗）」と一般に定義するのは自然なことでしょう．というのも，現在の観測からブラックホールだと認識している天体はそのようなものであり，理論的にも物質の重力崩壊がもっとも進んだ結果としてブラックホールが形成されると考えられるからです．注意してほしいのは，この定義は量子力学を考慮した場合にも適用できる点と，始めから「ブラックホール＝イベントホライズンをもつ天体」と定義していない点です．

すると問題になるのは「一般相対論と量子力学の両方に従うと，（∗）で定義されるブラックホールとは何か？　その内部はどうなっているのか？」です．仮に物質の重力崩壊を量子効果を無視して古典的なアインシュタイン方程式 (1.55) だけを考慮すると，図 1.33 で見たように星の半径 r_{star} はシュワルツシルト半径 a よりも小さくなり，イベントホライズンで囲まれた真空の時空領域が形成され，その領域が（∗）に従うブラックホールとなります．

では，重力崩壊中に量子効果も取り入れると何が起きるでしょうか？（式 (1.58) の上で見たように）時空が時間変化しているとき，（ホライズンの存在と関係なく）量子効果による粒子生成が生じます．すると重力崩壊中では，星のもつエネルギーが中心に向かって流れるだけでなく，生成された粒子のエネルギーが同時に外に流れ出ていきます．このような物質の量子効果も取り入れて重力場と物質場の時間変化を記述する方程式が「半古典的アインシュタイン方程式」です：

$$R_{\mu\nu} - \frac{1}{2}Rg_{\mu\nu} = \frac{8\pi G}{c^4} \langle\Psi|\hat{T}_{\mu\nu}|\Psi\rangle . \tag{1.62}$$

ここで，重力場は古典的時空計量 $g_{\mu\nu}(x)$ として扱われますが，物質場は量子場 $\hat{\psi}_i(x)$ で記述され，ある状態 $|\Psi\rangle$ のエネルギー運動量テンソルの期待値 $\langle\Psi|\hat{T}_{\mu\nu}|\Psi\rangle$ は崩壊する物質と生成される粒子両方の寄与を表しています[153]．

ブラックホールの内部構造：私は式 (1.62) を解き，（＊）に従うブラックホールの正体に迫りました．これからその基本的な考え方を説明します（文献 [7, 8, 9] を参照）．いま，重力でつぶれていく連続分布した球状物質を考えます（図 1.34-A）．これはたくさんの粒子からなる球状の層の集まりとみなすことができます（図 1.34-A1, A2）．その中の 1 つの粒子が重力により引かれて中心に落下している様子を考えましょう（図 1.34-A3）．その粒子は自身とその内側の物質のもつ質量で決まるシュワルツシルト半径（図 1.34-A3 の点線）に近づいていきます[154]．この粒子の運動に伴って時間変化する時空の

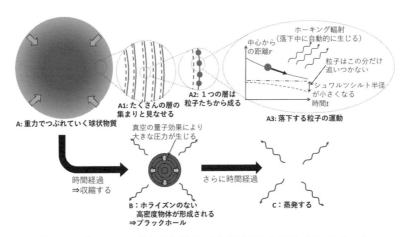

図 **1.34** 式 (1.62) に従う重力崩壊により形成される量子ブラックホール．

---

153) 補足：この式 (1.62) はある意味で量子重力理論の近似式です．どんな量子重力理論も，時空の曲がりが弱い領域 ($R^\alpha{}_{\beta\gamma\delta} < \frac{1}{l_p^2}$) では，重力が量子化されていないが物質は量子化されている理論，つまり式 (1.62) に戻るべきだからです．
154) 補足：というのも，球対称真空時空の半径 r にある粒子の感じる重力場は，その粒子自身とそれより内側にある物質のエネルギーで決まるシュワルツシルト半径（式 (1.57)）をもつシュワルツシルト時空計量（式 (1.56)）で与えられるからです．一般に球対称時空においては，注目した任意の点の外側にある物体の作る重力場はその点（およびその内側）に影響を与えません．球対称性により外部からの重力場は内部では打ち消し合うからです

中では粒子生成（ホーキング輻射）が生じ，エネルギーが減っていくため，そのシュワルツシルト半径も小さくなります．このとき，落下してきた粒子がシュワルツシルト半径の近くまでやってくると，落下と蒸発の効果が釣り合い，粒子は蒸発が先に生じているぶんだけシュワルツシルト半径に届きません．その結果，粒子はシュワルツシルト半径を通り越さず，そのわずかに外側のある所に近づいていきます[155]．

　これと同じことが球状物質のあらゆる所で生じます[156]．物質の各層はホーキング輻射を出して小さくなっていく各シュワルツシルト半径（図 1.34-A1 の各点線）のわずか外側に近づいていきます．すると，この物質全体が蒸発しながら収縮し，中身の詰まった高密度な物体が形成されます（図 1.34-B）．とくに，もっとも外側の層をなす粒子たちは全エネルギーに相当するシュワルツシルト半径 a のわずかに外側の所に近づき，それがこの高密度な物体の表面になります．こうして，高密度物体の半径 R はシュワルツシルト半径 a よりも小さくならず，イベントホライズンは形成されません[157]．そして，長

（例えば，球殻状の物体の内部は無重力になっています）．

155)　補足：この結果を奇妙に思うかもしれません．というのも，（1.7.1 項の最後に見たように）ホーキング輻射はとても弱くゆっくり蒸発するため，自由落下する粒子はすぐにシュワルツシルト半径を通り過ぎてしまうと直観的には思うからです．しかしこの直観には注意が必要です．ホーキング温度はブラックホールから遠く離れた所で測定した温度であり，そこでの時間 t で見たときブラックホールはゆっくりと小さくなります．一方で，蒸発の効果を無視した重力崩壊において，（図 1.33 のように）その粒子と一緒に落下する時計 τ で見れば，粒子は速やかにシュワルツシルト半径を通り過ぎます（脚注 142 も参照）．ですが，ブラックホールの蒸発の時間変化と粒子の落下運動の時間変化のどちらが速いかを物理的に比較するには，共通の時間で両者を同時に考えなければいけません．実際に，この 2 つの時間変化を時間 t で同時に考慮すると，シュワルツシルト半径近くでの蒸発効果と落下効果は同程度の時間スケールで生じることがわかります（文献 [9]）．その結果，もしそのシュワルツシルト半径が蒸発により最終的にゼロになるならば，粒子はつねにシュワルツシルト半径の外側にあり，ある位置に近づいていくことを示すことができます（文献 [7, 8, 9]）．これが流入する物体と流出するホーキング輻射を同時に考えたときに得られる結果です．

156)　上の議論は特定の場所にある粒子の性質を使っていないため，どこにある粒子にも当てはまるからです．脚注 154 の球対称性も参照．

157)　ここで，シュワルツシルト半径とイベントホライズンは異なる概念であること（1.6.7 項を参照）と，どうやってイベントホライズンが古典的な重力崩壊から現れたのか（図 1.33 を参照）を思い出してください．

い時間が経過した後，最終的には蒸発してしまいます（図 1.34-C）[158].

　以上のように，物質は重力で収縮すると，最終的には蒸発するが長い時間存在し，イベントホライズンの代わりに表面をもつ，このような高密度でコンパクトな物体になります．したがって，定義（＊）より，これが量子力学におけるブラックホールだと考えられます（「量子ブラックホール」）．その表面の半径 R とシュワルツシルト半径 a の差がわずかであるため，外からは古典ブラックホールのように見えます．ですが，その内部は“空っぽの真空”ではなく，物質とホーキング輻射が高密度に詰まっています．

　ここで「その物質はどうして重力によって潰れないの？」と思うかもしれません．実は，量子ブラックホール内部では真空の量子ゆらぎと時空の曲がりによって強力な圧力が生じ，それが物質を支えています（文献 [9]）．この圧力と重力がバランスしているおかげで，（エネルギーを一定に保った場合）物質はこれ以上小さくなりません．ホーキング輻射が外部に放出されてエネルギーが減ると，物質も小さくなっていきます．

　そして中心に特異点はありません．図 1.33 の古典的な重力崩壊では，星の質量全部が中心の一点に集まってエネルギー密度が無限大になり，時空の曲率が発散します．これに対し，図 1.34-B の量子ブラックホールでは，物質が内部領域全体に拡がっているため，中心にある質量はゼロになり，そこは平坦時空になります．実は，内部領域全体の時空の曲率は $R^{\alpha}{}_{\beta\gamma\delta} \sim \frac{1}{l_p^2}$ よりも小さいけれど近い大きさです（文献 [7, 8, 9]）．なので，この量子ブラックホールは量子重力的効果を取り入れた場合に近いものだと考えられます．

　現在までの観測精度ではホライズンをもつ古典ブラックホール描像と，表面をもつ量子ブラックホール描像の区別はつきません．それは表面の半径 R とシュワルツシルト半径 a の差がわずかであるためです．とはいうものの，今後観測技術が向上していけば，ホライズンがあると思って計算した（重力波などの）シグナルの予言値と表面の存在に基づく予言値を，より高精度の観

---

158)　補足：この高密度物体はその寿命のほとんどを半古典的アインシュタイン方程式 (1.62) で実際に記述できます．そして「蒸発の最終段階のプランク半径 l_p ほどの大きさの部分は何かしらの量子重力的効果で表され，最終的に完全に蒸発する」と仮定します．脚注 148 も参照．

測データを使って比較することができるはずです．つまり，この量子ブラックホールの理論は実験と比較し実証できる可能性があります．その意味でブラックホールの正体に迫る研究だといえます．

ブラックホール相：ここでブラックホールの興味深い捉え方について紹介します．そのために「相」という概念を説明します（詳細は文献 [1]-5 を参照）．例えば，容器に少し水を入れて蓋をして放置すると，（温度や体積にもよりますが）水と水蒸気が共存します．同一の物質組成（この例の場合，水分子）でありながら，異なる状態にある 2 つの均質部分が互いに接して共存することがあります．このような状態を物質の「相」といいます．水蒸気は気体相，水は液体相です．

　図 1.34 の A から B は重力が極限的に強くなり物質が「凝集する」過程であり，それは水分子が温度低下により水蒸気から水になる過程に似ています．そして，重力場はどんな物質に対しても普遍的に作用します（万有引力）．したがって，どんな物質であっても，もし重力を非常に強くして（その物質のもつエネルギーで決まる）シュワルツシルト半径程のサイズに物質を小さくできれば，それは図 1.34-B のブラックホールになります．この意味で，ブラックホールとはあらゆる物質が極限的に強い重力下でとる状態（「ブラックホール相」）だといえます．

ブラックホールは大容量情報デバイスか!?：この量子ブラックホールにおいて，情報問題はどのように理解できるのでしょうか？　まず，ブラックホールの素となる物質は量子ブラックホール内部に分布し留まっているため，それがもつ情報 $|\Psi\rangle$ が内部にそのまま保たれています．実際，ブラックホールの素となる物質を表す物質場 $\hat{\psi}(x)$ が（ブラックホールになった後に）その内部でとり得る状態のパターンを数え上げ，（公式 (1.9) から）単位体積当たりのエントロピー（エントロピー密度）を計算して，それを内部の体積にわたって足し上げるとエントロピー面積則 (1.61) を再現することができます（文献 [8, 9]）．これは「情報自体は内部にあるのに，その情報量（エントロピー）の値は表面積で与えられる」を意味しています．

　では，この内部にある情報 $|\Psi\rangle$ は蒸発と共にどのように戻ってくるのでしょ

うか？　そこで，熱力学では物質の構成要素間に（わずかでも）相互作用が
あるおかげで，局所的に与えられた熱が全体に拡がり，一様温度の熱平衡状
態に至ったことを思い出します（図 1.6）．一方で，ブラックホールも熱力学
的物体なので，物質やホーキング輻射の間に相互作用が存在するのは自然だ
と考えられます．また，この量子ブラックホールにおいて物質は内部に分布
し，その各領域からホーキング輻射が発生しているため，物質とホーキング
輻射が局所的に同じ場所に存在しています．すると，もし表面部分をなす物
質が外に向かうホーキング輻射と相互作用して衝突した場合，その物質（組
成は変化するかもしれませんが）は情報 $|\Psi\rangle$ を反映した形で外に出ていくと
期待できます[159]．このくわしい機構については現在研究中ですが，この理
論はブラックホールの形成から蒸発までの間に物質の情報とエネルギーがど
のように移動するのかを追跡できるため，くわしく調べることにより情報問
題の核心に迫れると私は思っています．

　この量子ブラックホールは情報を保ち，それを外に取り出せる可能性があ
ります．それはまるで情報を書き込んで保存し再生するハードディスクのよ
うです．したがって，もし情報がどのように蒸発と共に戻って来るのかが今
後の研究で明らかになれば，遠い未来ではブラックホールは（与えられた空
間サイズに対して）もっとも多くの情報を記録できる情報ストレージとして
（原理的に）活用できるかもしれません．その意味では，このような "ブラッ
クホール工学" の基礎原理の第一歩をこの理論は与えていると考えられます．

ブラックホール内部から宇宙の始まりと時空の起源へ：一般相対論に従うと
宇宙もまた 4 次元時空であり，それは重力場として物質と相互作用して時間
変化していきます．現在の観測結果は，宇宙は非常に高温高密度の状態から
始まり，大きく膨張し低温低密度になると，さまざまな物質が生成して銀河・
星が形成されていったことを示しています．では，宇宙の始まる瞬間はどう
なっていたのでしょうか？　観測データはいまだにありませんが，理論的には
それは小さな時空領域から始まったと予想されます．これに関して，ホーキ

---

159)　補足：簡単なモデルを使って，どれくらいの時間でそのような衝突が起きるのかを
評価することができます（文献 [8] を参照）．

ングとペンローズは「古典的な一般相対論に従うと，宇宙の始まりには特異点がある」を示しました．よって，特異点を取り除き，宇宙の始まりを正しく記述するには一般相対論と量子力学の両方が必要になります．

宇宙の始まりとブラックホール内部は似たような極限的領域だと考えられます．上記の量子ブラックホールは，物質の量子効果を取り入れることにより従来の古典ブラックホールにあった特異点をある意味で"拡げて"，時空曲率を $R^{\alpha}{}_{\beta\gamma\delta} \sim \frac{1}{l_p^2}$ よりも小さくすることに成功しています．同様の手法で宇宙の始まりを記述できる可能性があります．このような半古典近似に基づく具体的な研究から，時空の真の姿（量子的な時空）を記述する量子重力理論への手掛かりが得られると私は考えています．

1.8 未来への旅

この長い旅は「ブラックホールに入ったリンゴはどうなるのか？」という何気ない好奇心から出発しました．これを考えるために，私たちは物理学の各基礎原理に立ち寄ってきました．そこでは素朴な疑問が起源となり，まったく新しいアイデアに到達しました．「熱を動力に変換する限界はあるのか？」からエントロピーという概念が現れました．「光を光の速さで追いかけたらどう見えるのか？」から時間と空間が時空として統一されました．「熱い光を担うものは一体何か？」からウェーヴィクルという奇妙な実在がわかりました．そして「バケツは何に対して回転しているのか？」から物質と相互作用して"動く"時空という驚異的な世界観に到達しました．これらの問いから法則に至るのを手助けしたのが思考実験でした．思考実験により，理想的・極限的な状況を考えることができ，自然界の本質がえぐり出されました．このような物理法則は地球上だけでなく，遠く離れた宇宙でも成立する普遍的な「物」の「理」です．これらの原理をブラックホールに適用し，「ブラックホールは蒸発する」を導きました．そして，ブラックホールに入ったリンゴの運命について考え，量子力学のブラックホールの可能性が見えてきました．このように，物理学は有機的に繋がり，その全体で物事を理解し，そして進化して

いきます. この旅を通してその醍醐味を感じ取ってもらえたならば幸いです.

　今度は, みなさん自身の疑問を出発点とした "旅" をする番です. ぜひ「それは何だろう？　それはなぜだろう？　この後どうなるだろう？」という好奇心を大切にして, 自分の興味ある世界を自分のペースで歩んでください.

参考文献

[1] ランダウ&リフシッツ『理論物理学教程』（東京図書, 岩波書店）

　物理学を専門に研究したい人にとっては, 人生の友になる必携の教科書かつ専門書. 公理的手法に基づき, 一般的法則・原理を物理的考察から数式に書き下し, 具体的現象に適用する流れは簡潔かつ強力である. 高度であるが, 新しい概念を構築し, 新しい世界観を切り拓くための素晴らしい本である. 今回の講義ではとくに, 第 1 巻「力学」, 第 2 巻「場の古典論」（特殊及び一般相対論に相当）, 第 3 巻「量子力学」, 第 4 巻「相対論的量子力学」（場の量子論に相当）, 第 5 巻「統計物理学」（熱力学及び統計力学に相当）が関係する. 残念なことに多くの巻が絶版であるが, 大学の図書館にはある. 本文では, 例えば, [1] の 2 巻を [1]-2 と表して引用してある.

　次に, お勧めの教科書的な本（とあまり専門的でない本）をいくつか挙げておく：

[2] エンリコ・フェルミ『フェルミ熱力学』三省堂, 1973.

　具体的現象を意識し, すっきりと熱力学の体系を説明している使いやすい本である. 初学者でも読めると思う. エントロピーの統計力学的な解説も少し含んでいる.

[3] 米谷民明『光を止められるか——アインシュタインが挑んだこと』岩波書店, 2011.

　高校生に相対論を解説した講義がもとになっているため, 表現は平易だが, 波や場の性質などをきちんと説明し, 物理学らしい考え方で展開する解説. ローレンツ変換の導出や一般相対論の考え方も含む.

[4] 朝永振一郎『量子力学と私』（岩波文庫）, 岩波書店, 1997.

　量子力学の独特の考え方を平易かつ物理的に説明してくれるストーリー仕立ての読み物と本人の人柄が出ているエッセイ. 場の量子論の本質的議論も含む. その文体・語り口がとても素敵である. 喫茶店でゆっくりと味わいたい.

[5] ディラック『量子力学』岩波書店, 1968.

　量子力学の創始者の一人による歴史的な教科書である. 一見すると数学的に見えるが, 実はとても物理的な発想から出発し論理的に定式化が行われているため, 理論全体がどのように構成されているのかがわかりやすい. 具体的な量の計算ための参考書というよりも, 新しい理論の構築を試みる際につねに確認したくなる本である.

　ホーキング輻射は原論文がいまだにもっとも優れた解説である（専門的ではあるが）：

[6] S. W. Hawking, "Particle Creation by Black Holes", *Commun. Math. Phys.* **43**, 199 (1975).

　最後に私の量子ブラックホールの論文を紹介する. 最初のアイデアは次の論文から現れた（記載の URL からプレプリントを自由に読むことができる）：

[7] H. Kawai, Y. Matsuo and Y. Yokokura, "A Self-consistent Model of the Black Hole Evaporation", *Int. J. Mod. Phys.* A **28**, 1350050 (2013). (https://arxiv.org/abs/1302.4733)

ブラックホールエントロピーと情報回復の可能性については

[8] H. Kawai and Y. Yokokura, "Interior of Black Holes and Information Recovery", *Phys. Rev. D* **93**, no. 4, 044011 (2016). (https://arxiv.org/abs/1509.08472)

場の量子論でブラックホール内部を直接記述し，圧力とエントロピーの起源を説明した：

[9] H. Kawai and Y. Yokokura, "Black Hole as a Quantum Field Configuration", *Universe*, 6(6), 77 (2020). (https://arxiv.org/abs/2002.10331)

第 **2** 章

複雑で多様な生物を 文字と記号で表してみる

ゲノム科学と生物の進化

▼

ジェフリ・フォーセット

2.1 はじめに
——生物はそんな単純じゃないとかいわずに読んでみて

　生物学というと，非常に複雑で多様な姿・形をしたものを扱うため，数理科学とは縁の薄い分野だと思われる方が多いかもしれない．しかし，中学で習う「遺伝」で，エンドウの色や形を A と a などの記号の組み合わせとして表したことを覚えている方も多いだろう．また，生物の遺伝情報を，A, G, T, C の4種類の「文字」の並びという，いわばデジタルな情報として表せることをご存知の方も多いのではないか．

　こういうと「生き物はそんな単純じゃない!」と思われるかもしれない．もちろんそれはそれでまったくもって正しい．しかし，一見まったく異なるさまざまな複雑な生き物たちを，記号や文字列として「抽象化」することで，初めて同じ土俵にのせて議論することが可能となり，さらに，数理科学，物理学，情報科学といった分野で培われた知見を活用することが可能になる．

　一方で，実際に生き物は非常に多様であり複雑である．生き物を抽象化することで得られる共通の理論は，時間とともに変化する多様性と複雑さをも説明しうるものでなければならない．この生き物の「多様性」と「共通性」，そして「複雑さ」と「抽象化」をどう両立させるかが，生物学の一番のチャレンジであり，面白さかもしれない．

そこで本章では，生物の多様性と共通性，そして複雑さと抽象化をテーマに，やや数理科学的な視点から述べてみたい．とはいえ，本章では数式はほとんど登場しない．理由は単純で，私が数式が得意ではないからである．生物学の研究者には，ちょっとでも難しい数式が出てきたらお手上げという方は多いが，私も同様である．しかし，難しい数式は数理科学のほんの一部である．そこにたどり着くまでの抽象化の仕方や，ロジックの組み立てなどの思考のプロセスには，私のようなものでも面白いと感じられる部分がたくさんある．本章を通して，その面白さが少しでも伝われば幸いである．

2.2 文字にしたらどんないいことがあるの？
——すべての生命に共通の言語

2.2.1 文字の並びにしてしまえば生物も一種の言語

現在，地球上には70億人以上の人間が存在するが，同じ人間は一人として存在しない．これまで地球上に存在した何百億人を含めても，同じ人間は他におらず，今後どれだけの人間が生まれようとも，まったく同じ人間が二度出現することは基本的にはありえない．さらに，地球上には何千万もの異なる種が存在するとされており，それぞれの種の中にまたたくさんの個体が存在する．そして同じように，過去にも，未来にも，まったく同じ個体が二度出現することはまずないと考えられる．

つまり，ある特定の個体で得られた実験や観測の結果は，数えきれないぐらいの異なる「条件」のうちの1つの条件での結果にすぎない．さらに，その個体の誕生以前に一度も存在したことがなく，今後も二度と存在することのない条件での結果だともいえる．

だからといって，それらの結果が，その条件限定の結果であっていいわけではない．多くの研究者が，マウスやショウジョウバエを使って実験を行っているが，彼らは何もネズミやハエが大好きなわけでも，地球上のすべてのネズミやハエの幸せを願っているわけでもない．マウスやショウジョウバエで得られた知見を，ヒトや他の生き物にある程度応用できると思っているから

こそ使っているのである．

　実際に，マウスに効く薬がヒトにも効く場合もあるが，逆にそうでない場合もたくさんある．究極的には，ある種・個体で得られた知見が，他の種・個体にも当てはまるかどうかは，実験してみないとわからない．しかし，それでもある程度の確率で予測する手立てや，何らかの判断基準が必要であろう．でなければ，いわゆる「モデル生物」を使う意義は何もなく，最初からヒトや実際に調べたい種で実験すればいいことになる．

　このように，生物の研究においては，さまざまな異なる種や個体を同じ土俵で議論できるシステムが不可欠であり，すべての生命に共通する原理・原則があれば，非常に便利なことがわかるだろう．幸いなことに，地球上のどんな見た目・姿・形をしている生き物でも，元となる「設計図」は同じ「言語」によって描かれている．この言語は，A, G, T, C の 4 つの「文字」で構成されており，これは動物から植物，菌類からバクテリアに至るまで同じである．この設計図が「ゲノム」と呼ばれるものであり，A, G, T, C はいずれも DNA を構成する「塩基」と呼ばれる化合物である（2.3.3 項参照）．

　すべての人間は，約 30 億文字によって描かれた設計図（ゲノム）を保持しており，個体間で見られる文字の並びの違いが，個体間の身体的・形態的特徴の違いを決める遺伝的な要因となっている．現在，お金と手間さえかければ，ある個体の設計図のほぼすべての文字の並びを決定することが可能である．しかし，これらの「文字の並び」がどのように各個体の見た目・姿・形などを形づくっているかは，まだ十分にわかっていない．

　では，設計図の「文字の並び」の意味を解き明かすにはどうすればいいだろうか．一番直感的な方法は，設計図上のいろんな文字の並びを，変えてみたり消してみたりすることだろう．これはもちろんヒトでは行えないが，他の多くの生物では，放射線の照射やゲノム編集などさまざまな実験的手法を用いて行われている．とはいえ，まったく同じ設計図をもつ個体は存在しない上に，すべての種の，すべての個体で実験を行うことは当然不可能である．このため，実験を伴わない手法や，何らかの予測が必ず必要になる．

　ここで力を発揮するのが，数理科学や情報科学である．とくに，近年ではたくさんの種・個体の設計図の文字の並びが明らかにされており，この大量

の「文字列データ」を上手に活用することで，さまざまな有用な情報を得ることができる．膨大なデータを扱うこともあり，実際には高度な情報科学や数理科学の手法が必要になるが，元となるロジックは比較的簡単な場合が多い．とくに「生命の言語」は，われわれ人間が話す言語と比較的似た性質をもっているため，言語を例にいくつか基本的なコンセプトを紹介しよう．

2.2.2　似ている＝もともと同じ

地球上にはさまざまな異なる言語がある．これらの言語間で共通している言葉もたくさんある一方で，同じ言語でも地域によって微妙な違いが見られる．例えば，一昨日のことを関西では「おとつい」，関東では「おととい」という．しかし，これは関西と関東で独立に，昨日の前の日のことを偶然「おとつい」「おととい」と呼ぶようになったとは誰も思わないだろう．実際には，もともと「おとつい」と呼んでいたものを，関東などで「おととい」と呼ぶようになったのである．このように，異なる国や地域で「似ている」言葉があれば，その言葉はもともと同じものであり，そこから片方，あるいは両方で変化が生じたことが推測できるだろう．

英語でも，イギリスの英語とアメリカの英語とで微妙に違う言葉がたくさんある．これらは，いずれもイギリスの英語とアメリカの英語が分岐してから片方，あるいは両方で違いが生じた結果である．また英語，オランダ語，ドイツ語，あるいはスペイン語，イタリア語，フランス語といった言語間でも同様に，もともと同じだった，似ている言葉がたくさん存在する．このように，言語は絶えず変化しているが，「似ている」言葉を頼りに，過去の言葉を推測し，そこからどんな変化によって現在の言葉が生じたかを推測することができる．

これは「生命の言語」を理解する上での根幹となるコンセプトである．例えば，ヒトのゲノムのある特定の10文字（塩基）の並びと，1文字だけ異なるチンパンジーの10文字の並びについて考えてみよう（図2.1）．まず，ヒトとチンパンジーとで同じ9文字は，共通祖先の段階でも同じであったと推測できる．残りの1文字は，(1) もともとGだったのがチンパンジーでGからAに変わった，あるいは，(2) もともとAだったのがヒトでAからGに

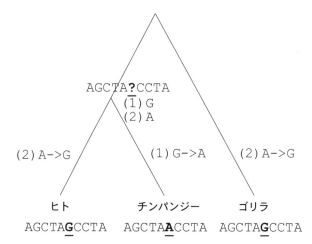

AGCTA**?**CCTA
(1) G
(2) A

(2) A->G   (1) G->A   (2) A->G

ヒト   **チンパンジー**   **ゴリラ**

AGCTA**G**CCTA   AGCTA**A**CCTA   AGCTA**G**CCTA

図 2.1 ヒト，チンパンジー，ゴリラの共通祖先で同じだったと考えられる「文字の並び」を比べた例．下線で示す文字の成り立ちは，(1) もともと G だったのがチンパンジーで G から A に変わった，あるいは (2) もともと A だったのがヒトとゴリラでそれぞれ A から G に変わった，という主に 2 つの仮説が考えられる．(1) は 1 回の事象で説明できるのに対し，(2) は 2 回の事象を必要とする．

変わった，という 2 通りが考えられる．ここで，ヒトとチンパンジーより前に分岐したことがわかっているゴリラで，この文字が G であったとしよう．すると (1) のシナリオは，チンパンジーで変化が生じるだけで説明できるのに対し，(2) のシナリオは，ヒトのみならず，ゴリラでも変化が生じなければ説明できない．つまり，(1) は 1 回の変化で説明できるのに対し，(2) は 2 回の変化を要するため，(1) の可能性のほうが高いと推測できる．

これは時に「最節約の原理」と呼ばれるもので，もっとも少ない事象の数で説明できる仮説を採用しましょうという考え方である．ただし，この原理には注意が必要である．この場合だと，ヒト，チンパンジー，ゴリラが分かれてからあまり時間が経っておらず，複数回変化が生じている可能性は低いというのが前提となっている．もし分かれてからもっと時間が経っている種同士であれば，(1) と (2) の変化の生じやすさの違いや，扱う種（この場合だとヒト，チンパンジー，ゴリラ）の間での変化の生じやすさの違いに注意を払う必要がある．

このように「似ている＝もともと同じ」というロジックと「最節約の原理」を用いることで，ヒトとチンパンジーの分岐後にヒトで生じた変化を見つけることができる．すると，これらの「ヒト特有の」変化のうちのいずれかが「人間らしさ」と関係しているのではないかという議論ができる．ここでは3つの種を用いて説明したが，種の数を増やすことでより精度を高めることができる[1]．

2.2.3　どれだけ違うか＝分かれてからの時間

　共通する言葉には，他にもさまざまな重要な情報が含まれている．例えば，言語が分かれてからの時間が長ければ長いほど，それぞれの言葉に変化が生じる機会が増える．イギリス英語とアメリカ英語は，分かれてからあまり時間が経っていないため非常に似ているのに対し，英語とオランダ語やドイツ語は，分かれてからより時間が経っているぶん，たくさんの違いを蓄積している．日本語の言葉でも，この数十年の間に海外から入ってきた単語のほうが，1000年ほど前に中国から入ってきた言葉や，戦国時代にヨーロッパから入ってきた言葉と比べ，元の言葉と似ている度合いが高いことが想像できるだろう．

　このように，共通する言葉が「どれだけ違うか」は，分かれてからの時間を表す．これは分子進化の分野での「分子時計」という，きわめて重要な理論である．例えば，ヒト同士の約30億の文字の並びを比べた場合，平均して1000文字に5文字程度の違いが見られるが，日本人同士を比べた場合のほうが，日本人とヨーロッパ人やアフリカ人とを比べた場合よりはるかに違いが少ない．また，ヒトとチンパンジーでは100文字に1文字，ヒトとゴリラだと100文字に2–3文字程度の違いが見られる．

　興味深いことに，アフリカ人同士を比べると，他の人種同士を比べた場合よりもはるかに違いが大きい．もっとも顕著な例だと，アフリカ南部のコイ

---

1)　このように，現存の種や個体のゲノム情報をもとに，過去のゲノムの状態を推定し，そこから現在に至るまでにどういう変化が生じたのかを明らかにしたいというのが「ゲノム進化」という分野の大きな目的である．なお，複数の種を調べただけでは，単に現在における多様性を見ているだけであり，「進化の研究」とは言い難い．過去のある時点から別の時点に至るまでに，状態がどう変化したか（あるいはしなかったか）という視点があってこそ「進化の研究」といえるだろう．

サンやサンと呼ばれる民族の人同士の平均的な違いは，ヨーロッパ人とアジア人の平均的な違いよりも大きいことが報告されている．つまり，この民族の共通祖先は，アジア人とヨーロッパ人の共通祖先よりさらに前に存在していたと考えられる．このアフリカ人に見られる多様性の高さは，人類のアフリカ起源を示す根拠の 1 つとなっている．

2.2.4 変化によって広まりやすさが異なる

　共通する言葉の「似ている度合い」には，分かれてからの時間だけでなく，その言葉が「どれぐらい変わっても問題なかったか」という情報も含まれている．例えば，先述の「おとつい」と「おととい」のように「つ」が「と」に変わる程度なら，問題なく意味も通じるだろう．では，試しに「つ」を「ま」や「ね」などといった全然音の違う文字に置き換えたとしよう．おそらく意味が通じないため，「つ」から「と」への変化と比べ，広まる可能性がはるかに低いことが想像できるだろう．

　このように，言語は時間とともに変化していくが，変化によって広まりやすさが異なる．変わると意味が通じない場合はなかなか広まらず，逆に，変わっても問題なく意味が通じる場合は広まる可能性が高くなる．もし分かれてから時間がかなり経った言語同士で似ている言葉があれば，その単語には何か変わりづらい，あるいは変わったらまずい原因があると推測できるだろう．

　やや強引なたとえになったが，これは生物の設計図を読み解く上で，非常に重要なコンセプトである．上で述べた，ヒトとチンパンジーや，ヒトとゴリラの 100 文字あたりの違いの数は，変わっても問題ない部分の違いを表している．一方で，ヒトの設計図には，動物のみならず，酵母や植物など非常に遠く離れた種と比べても，もともと同じだったと思われる程度に似ている言葉がたくさん存在する．これらは，変わったらまずい，非常に重要な言葉だと考えられる．変わらなかったのではなく，変わったものが広まることがなかったのである．

　さらに重要なことに，言語間で似ている言葉は意味も似ている可能性が高いのと同様に，さまざまな生物の設計図に見られる「言葉」も，似ていれば似ているほど，似た機能をもっている可能性が高くなる．これは，ある種や

個体で得られた知見を，他の種や個体に当てはめる上での根幹となる考え方である．例えば，ある種の設計図に，ヒトやマウスですでに機能のわかっている「言葉」に似た「言葉」があれば，その「言葉」も同じような機能をもつことが推定できる．もちろん実際には，文字の並びが少し変わっただけで機能が大きく変わったり，逆に文字の並びが大きく変わっても機能がほとんど変わらない場合もある．しかし，機能がわからない「言葉」があったとき，その「言葉」が他のどんな機能をもつ「言葉」にどの程度似ているかという情報は，非常に重要な議論の出発点となる．

　逆に，重要な意味をもつ新しい言葉が一気に広まる場合もある．コンピュータという言葉は，日本語，英語をはじめとするたくさんの言語に共通しており，いずれの言語でも発音がほぼ同じである．しかし，これらの言語が分かれる前から存在し，ずっとほぼ変わらずに維持されてきたのではない．いくら変わったらまずい言葉でも，それだけの長い時間，これだけの異なる言語で維持されてきた言葉はないだろう．むしろ，言語間でこれだけ似ているのは最近生じたからである．さらに，コンピュータが人間の生活において欠かせない非常に重要な役割をもつに至ったからこそ，短い期間でこれだけたくさんの言語に広まったといえるだろう．

　コンピュータのように，新しく重要な意味合いをもつことになった言葉は「違いをためる間もなく広まる」という痕跡を残す．これは生命の言語にも通じる概念である．同じ種のたくさんの個体の設計図を比べた際に「違いをためる間もなく広まった」パターンを示す箇所があれば，そこの部分には，それらの個体にとって最近非常に重要になった文字の並びが存在すると考えられる．この考え方をもとに，ヒトの進化において重要な役割を果たした文字の並びや，あるいは日本人にとって重要な役割を担っている文字の並びを探索することができる．

　ここまで述べたように，比較的簡単なロジックを用いて設計図の「文字の並び」を比べることで，過去の状態や出来事，その文字の重要性や意味について，かなりの情報を得られることがわかるだろう[2]．

---

　2)　ここでは「言語」を例に，DNA の進化について説明したが，実際には逆に，DNA の進化の研究のために開発された手法が，言語の進化の研究に応用されているようである．

2.3 文字と記号にしてしまえばどんな生物も一緒
——すべての生命に共通の原理・原則

前節では，すべての生命の「設計図」に共通の「言語」について，抽象的な
形で述べたが，ここでは，すべての生命に共通する原理・原則について，よ
り具体的に述べてみたい[3]．

2.3.1 すべての生命がつながっている!?

まず，現在地球上に存在するすべての生命体は親から生まれ，その親もま
たその親から生まれたものである．そして，親と子は基本的に似ている．こ
れは，姿・形などの「形質」を決める何らかの情報が，何らかの形で親から
子へと代々伝わっている，つまり「遺伝」していることを表している．

一方で，親，子，孫はそれぞれまったく同じではない．これは，親から子に
伝わる情報（いわゆる遺伝情報）が少しは変わるからだと考えられる．つま
り，遺伝情報に「変異」が生じることにより，個体間に違いが生まれる．ま
た，すべての個体が生き残って子を残すわけではなく，最終的に生き残って
子を残す個体よりはるかに多くの個体が生成される．このため，さまざまな
違いをもつ多様な個体間で，残す子の数に差が生じ，その繰り返しが生命の
多様性の移り変わりをもたらす．本章では，このプロセスを「生存競争」と
呼ぶことにする．

ここまでは比較的自明であり，異論の余地は少ないのではないだろうか．
これらの「遺伝」「変異」「生存競争」は，いずれもすべての生命に共通して
起こっているプロセスであり，これらのプロセスこそが，われわれが「進化」
と呼んでいるものである．現時点での生命の多様性は，これらの進化のプロ
セスが繰り返されている中での一断面だといえる．

しかし，このプロセスを過去のどこまで遡れるのか，遡るとどういう状態
だったのかはまったく自明ではない．そこで，すべての個体の祖先を遡って
いくと1つの共通祖先にたどり着き，その共通祖先から，これらの進化のプ

---

3) ここで述べることの多くは「基本的には」「現在知られている限りでは」というぐら
いに捉えていただきたい．何かにつけてちょっとした例外があるのも生物の面白さである．

ロセスが繰り返されてきた結果が現在の生命の多様性だというのが，かなりざっくりいうと，ダーウィンが提唱した進化論である．つまり，現在に至るまでに存在した，すべての種のすべての個体が「つながっている」というのである．

　ダーウィンは，とくに「生存競争」のプロセスを体系化し，「自然選択」と呼ばれる機構の重要性を示すのに大いに成功した．このため，同じ種や近い種同士に限れば，ダーウィンの仮説はイメージしやすく，非常に説得力がある．しかし，まったく姿・形の異なる動物や植物から，菌類やバクテリアに至るまで，すべてが同じ共通祖先に由来し，つながっているといわれてもなかなかピンとこないだろう[4]．

　ダーウィンの時代には，生物は細胞によって構成されていることなど，すべての生物に共通するものもいくつか発見されていた．一方で「遺伝」と「変異」のメカニズムはまだわかっておらず，すべての生物が「つながっている」ことを万人に納得させるだけの材料は，やや乏しかったかもしれない．

2.3.2　すべての生命に共通の遺伝の法則

　遺伝を語る上で欠かせないのが，メンデルの遺伝の法則の発見である．メンデルが遺伝の法則を発表したのは 1866 年だが，この法則が認知され，活発に議論されるようになったのは，1900 年にコレンス，フォン・チェルマク，ド・フリースが独立にメンデルの法則を「再発見」してからである．

　メンデルの法則というと，3：1 という比だけを覚えている方が多いかもしれない．しかし，3：1 はあくまでもメンデルの法則が正しかったから生じた結果であり，重要なのは，3：1 であったことによって何が示唆されたかである．それまでは，精子や卵の中に，何か液状のようなものが存在し，それらが混ざり合って次の代に伝わると考えられていたようである．一方で，メンデルの法則は，父の情報と母の情報がそれぞれ変わることなく維持され，代々

---

4)　現存の生物種は，真核生物，バクテリア，古細菌の 3 つの分類群に分けられるとするのがもっとも一般的な考え方である．真核生物とは核をもつ生物のことであり，動物，植物，菌類などを含む．核をもたないバクテリアと古細菌は，まとめて原核生物と呼ばれる．バクテリアと古細菌の分岐は，真核生物の出現よりはるかに古い．2.5.3 項で述べるように，古細菌の一種に，バクテリアの一種が共生した種が真核生物の祖先だと考えられている．

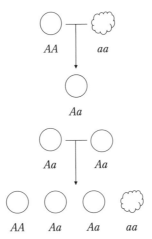

図 **2.2** メンデルの遺伝の法則. AA の「丸」と aa の「しわ」を交配すると, すべて Aa の「丸」が生じる. この Aa の「丸」同士を交配すると, 今度は AA, Aa, aa が 1 : 2 : 1 の比で生じ, AA と Aa はいずれも「丸」であるため,「丸」と「しわ」が 3 : 1 の比で生じる.

伝えられていくことを示唆している.

　メンデルのエンドウを使った実験にたとえると（図 2.2）, 最初に「丸」と「しわ」のエンドウを交配させると「丸」のエンドウが生じる. しかし, この「丸」のエンドウにも, 実は「しわ」という形を表現する遺伝情報がちゃんと残っており, そのために「丸」同士の交配で「しわ」が生まれたのである.

　ABO 式血液型にたとえると, A, B, O の組み合わせで A 型, B 型, AB 型, O 型が決まり, AA か AO なら A 型になるが, AO の場合でも「O」を表す情報がちゃんと「潜在」しており, 次代に伝えられる. また AB 型の個体は, 片方の親から A, もう片方から B を受け継いでいるが, 子に「AB」という情報を伝えるのではなく, A または B のどちらかに相当する情報を伝える. 代を重ねても, A, B, O のそれぞれを表現する情報は, 基本的には変わらずに伝わっていく.

　これらは, 丸としわ（あるいは A, B, O）を表す, 何か独立した, 不連続な, 代を経ても変わらないものの存在を示唆している. だからこそ, 丸としわを A と a などの記号の組み合わせで表現できるのである. 実際には, メン

デルは何か粒子状の物質が，マメの形（丸やしわ）や色（緑や黄）といった性質（形質）を決めていると考えたようである．

　もう一点重要なのが，各個体が2つの情報（例えばAとa）のどちらを子に伝えるかは，ほぼランダム，つまり$1/2$の確率で決まっていることである．そのため，Aa同士の交配であれば，子におけるAAとAaとaaの比は$1:2:1$となり，丸としわの交配であれば，AAとAa両方が丸となるので，丸としわの比が$3:1$となる．

　なお，エンドウのマメの形などの「形質」において，丸やしわのように，実際に現れるものを「表現型」という．また，表現型をAA, Aa, aaといった記号の組み合わせで表したものを「遺伝型」と呼び，それぞれの記号を「アリル」あるいは「対立遺伝子」と呼ぶ．そして，Aaが丸に対応するように，異なるアリルの組み合わせの場合に，優先して現れるほうのアリルを「優性」または「顕性」，現れないほうのアリルを「劣性」または「潜性」と呼ぶ．直感的には，Aがある物質を生成し，aがその物質を生成しない場合，AAもAaもその物質を生成するのに対し，aaはその物質を生成しないため，Aに対応する表現型が優先して現れるだろう．ただし実際には，2つのうちの1つが現れる，といった単純なものではないことが多い．また，優性（顕性）かどうかは生存における有利・不利とは関係がなく，劣性（潜性）のほうが生存に有利な場合も当然ある．

　メンデルの遺伝の法則の再発見と同じぐらいの時期に，染色体と呼ばれる，細胞の核の中にある，顕微鏡で観察できる物体が，遺伝情報を親から子に伝えていることが明らかになった．この染色体の親から子に伝わる機構が，メンデルの法則と一致していたことで，遺伝の仕組みの大筋が確立された．

　図2.3に示すように，ヒトなど多くの生物は，父由来と母由来の計2セットの遺伝情報をもっている．ヒトでは，この1セットが23本の染色体に相当するため，染色体を合計46本もっていることになる．すべての体細胞が，2セットの全遺伝情報（46本の染色体）をもっているが，そこから減数分裂と呼ばれるプロセスにより1セットの遺伝情報（23本の染色体）をもつ生殖細胞（精子や卵）が生成される．そして子は，双方の親から生殖細胞にある1セットの遺伝情報を受け継ぐことになる．

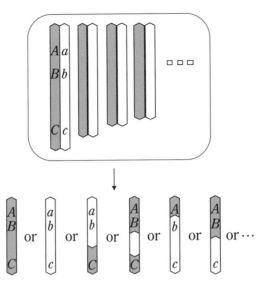

図 2.3　染色体が次世代に遺伝する仕組み．父由来の各染色体（灰色）と母由来の各染色
　　体（白）がそれぞれ対をなし，そこから各染色体対につき，父由来の染色体と母由来の染
　　色体が「組み換わって」できた 1 本の染色体が生成され（組み換わらない場合もある），
　　それが子に伝わる．各染色体上に，メンデルの法則にあるような Aa, Bb, Cc といった
　　「遺伝子」が存在し，それらの次世代での分布はメンデルの法則にしたがう．

　減数分裂によって 1 セットの遺伝情報が生成される際には，各染色体対（相
同染色体）につき，父由来の染色体と母由来の染色体が「組み換わって」でき
た，いわばキメラの染色体が伝わる場合が多い（組み換わらなかったもの
が伝わる場合もある）．この組み換えは，染色体のいろんなところで起こりう
るため，1 つの染色体対（相同染色体）だけをとっても，子に伝わる可能性
のある染色体のパターンの数は非常に多くなる．これが，同じ父と母をもつ
子でも，みな遺伝情報が異なる主な理由である．
　この各染色体上に，Aa, Bb, Cc で表されるような，さまざまな形質を司
る「遺伝子」が存在する（図 2.3）．そこで染色体上の特定の領域や遺伝子に
着目すると，メンデルの法則が示すように，父由来のものと母由来のものの
どちらかが 1/2 の確率で子に伝わることになる[5]．

---

　5)　「遺伝子」については，2.5 節でくわしく説明する．

2.3.3 すべての生命をつなぐ DNA

その後，染色体の核の中の DNA が，遺伝情報を担う物質だということが明らかになった．さらに，DNA の 2 重らせん構造の発見により，遺伝情報がアデニン，グアニン，チミン，シトシンという 4 種類の「塩基」の並びによって決まっていることがわかった．この 4 つの塩基を，それぞれの頭文字である A, G, T, C で表すことが多い．

ヒトでは，1 セット 23 本の染色体のうち，1 番目の染色体は約 2 億の塩基の並びを含み，2 番目の染色体は約 1 億 5 千万の塩基，といった具合に 23 本の染色体に含まれる塩基を足すとおよそ 31 億の塩基になる．このような，ある個体がもつ 1 セットの「設計図」（全遺伝情報）のことを「ゲノム」という．ヒトを含む多くの生物は，父由来と母由来のゲノムを 2 セットもち，そこから減数分裂によって生成された 1 セットのゲノムが子に伝わる[6]．

DNA は，遺伝情報を次代に伝えるための，いわば記録媒体のようなものである．生命活動の主役を担うのは RNA やタンパク質であり，これらは DNA の各領域の「塩基の並び」を元に生成される．1 番目の染色体の 101 番目の塩基から 400 番目の塩基が A というタンパク質を生成し，1001 番目から 1600 番目の塩基が B というタンパク質を生成し，3001 番目から 4500 番目の塩基が C というタンパク質を生成する，といった具合である．

DNA には A, G, T, C の 4 種類の塩基があるのに対し，RNA には A, G, U, C の 4 種類の塩基があり，T が U に置き換わるだけで 1 : 1 の対応関係にある．つまり，DNA の文字の並びがわかれば，対応する RNA の文字の並びも決まり，逆も同様である．一方で，タンパク質はアミノ酸の複合体であるが，3 つの塩基が 1 つのアミノ酸に対応する[7]．つまり，A というタンパク質であれば，101 番目から 103 番目の塩基が 1 つのアミノ酸に対応し，104 番目から 106 番目が次のアミノ酸に対応することになる．

---

6) ここで説明している遺伝の仕組みは，多細胞生物における有性生殖のものである．一方，とくに単細胞生物や原核生物では，生殖様式（親から子ができる仕組み）が異なる種もたくさんあるが，そういった種でも，親から子に伝わる染色体の中の DNA が遺伝情報を担う，という部分は同じである．

7) 1 つのアミノ酸に対応する 3 つの塩基の並びのことをコドンという．

ヒト　　　　　　MSGRGKGGKGLGKGGAKRHRK**V**LRDNIQGITKPAIRRLARRGGVKRISGLIYEET**RGV**LK**V**FLENVIRD**A**VTYTEHA**K**RKTVT**AMD**VVYALKRQGRTLYGFGG

ショウジョウバエ　**MT**GRGKGGKGLGKGGAKRHRK**V**LRDNIQGITKPAIRRLARRGGVKRISGLIYEET**RGV**LK**I**FLENVIRD**S**VTYTEHA**R**RKTVT**AMD**VVYALKRQGRTLYGFGG

トマト　　　　　MSGRGKGGKGLGKGGAKRHRK**V**LRDNIQGITKPAIRRLARRGGVKRISGLIYEET**RGV**LK**V**FLENVIRD**S**VTYTEHA**K**RKTVT**ALD**VVYALKRQGRTLYGFGG

ボルボックス　　MSGRGKGGKGLGKGGAKRHRK**V**LRDNIQGITKPAIRRLARRGGVKRISGLIYEET**RTV**LK**N**FLENVIRD**S**VTYTEHA**R**RKTVT**AMD**VVYALKRQGRTLYGFGG

出芽酵母　　　　MSGRGKGGKGLGKGGAKRHRK**V**LRDNIQGITKPAIRRLARRGGVKRISGLIYEE**VRAV**LKSFLES VIRD**S**VTYTEHA**K**RKTVT**SLD**VVYALKRQGRTLYGFGG

　　　　　　　　　　　*　　　　　　　　　　　　　　　　　　*　　*　*　　*　　*　　*　　　*　**

	G	R	G	K	G	G	K	G	L	G
ヒト	GGT	CGC	GGC	AAA	GGC	GGA	AAA	GGC	TTG	GGG
ショウジョウバエ	GGT	CGT	GGT	AAA	GGA	GGC	AAA	GGC	TTG	GGA
トマト	GGC	CGT	GGA	AAG	GGT	GGC	AAG	GGA	TTA	GGG
ボルボックス	GGA	CGC	GGC	AAG	GGC	GGC	AAG	GGC	CTG	GGG
出芽酵母	GGT	AGA	GGT	AAA	GGT	GGT	AAA	GGC	CTA	GGT
	*	*	*	*	*	*	*	*	*	*

図 **2.4**　5 つの異なる種の，ヒストン H4 タンパク質のアミノ酸配列と，下線部の塩基配列を並べたもの．種間で違いがある塩基やアミノ酸に ∗ の印をつけ，太字で示している．

アミノ酸は 20 種類あるため，タンパク質は 20 種類の文字の並びとして記述できる．3 塩基の組み合わせだと $4^3 = 64$ 通りあるのに対し，アミノ酸は 20 種類あることからわかるように，1 つのアミノ酸が複数の 3 塩基の組み合わせに対応する（図 2.4 参照）．このため，塩基の並びが違う場合でもアミノ酸の並びが同じ場合がある．タンパク質を生成する塩基の並びがわかれば，自動的にアミノ酸の並びが特定できるのに対し，アミノ酸の並びからは塩基の並びを特定できない．なお，これらの「塩基の並び」「アミノ酸の並び」をそれぞれ「塩基配列」「アミノ酸配列」と呼ぶ．

実は DNA だけでなく，RNA も遺伝情報を担うことができ，コロナウイルスをはじめとする一部のウイルスでは，RNA が遺伝情報を次代に伝える役割を果たしている．興味深いことに，地球上の最初の生命たちは RNA を用いて遺伝情報を伝達しており，DNA はもっと後に誕生したというのが有力な仮説である．RNA と比べ，DNA のほうが安定で壊れにくい性質をもっているため，より遺伝情報の媒介に適しているとされている．

現在では，一部のウイルスなどを除くすべての生物の，すべての個体において，DNA が遺伝情報を親から子へ伝える役割を果たしている[8]．また，DNA

---

8)　何をもって「生物」と定義するかは難しい問題であり，とくにウイルスを生物とみなすかどうかは意見が分かれるようである．ウイルスは生物のもっとも基本的な要素とされる細胞をもたないのに加え，宿主細胞なしには複製・増殖できないからである．一方で，ウイルスは DNA や RNA をもつなど，「生物」と多くの共通点をもつため，ウイルスの研究は「生物学」の研究の一部とみなされている．

の A, G, T, C の並びを元に生成された RNA やタンパク質が，生命活動を担うというのもすべての生物に共通である．どの 3 塩基の並びがどのアミノ酸に相当するかも，例外はあるが，ほぼすべての種で同じである．

「遺伝」のメカニズムがすべての生命に共通であることがわかって以来，たくさんの種や個体の塩基配列やアミノ酸配列が同定されてきた．これにより，同じ種の個体や，近い種の個体のみならず，遠く離れた種同士でも「似た」配列があることが明らかになった．図 2.4 には，染色体を構成する主要なタンパク質の 1 つであるヒストン H4 のアミノ酸配列と，その一部を生成する DNA の塩基配列を示している．ヒト（動物），トマト（植物），出芽酵母（菌類）などといった非常に遠く離れた種同士を比べても，アミノ酸配列がほとんど同じであることがわかるだろう．

このヒストン H4 は極端な例だが，他にもたくさんの「もともと同じだった」可能性が高いと考えられる程度に「似た」配列が，動物，植物，菌類，さらにはバクテリアのさまざまな種間で共有されている．ダーウィンが仮説を提唱した時点では，すべての生命が「つながっている」ことをイメージするのはやや困難であった．しかし，遺伝情報に見られる共通性を目にすると，すべての生命が，根元の部分で何らかの形で「つながっている」ことを否定することがきわめて難しくなる．

2.3.4 生命の多様性を生み出す変異

しかし，ここで述べた「遺伝」のメカニズムだけでは多様性は生まれない．遺伝情報に「表現型」を変える「変異」が生じる必要がある．実は「形を変えずに代々伝わる遺伝情報がある」というメンデルの法則は，提唱された当初，「遺伝情報が少しずつ変わる」としたダーウィンの進化論と矛盾すると考えられていた．

その後，マラーのショウジョウバエを用いた X 線照射実験などにより，遺伝情報に形質を変える変異が起こりうることが明らかになった．つまり，A から a が生じうることがわかったのである．さらに現在では，親から子に伝わるたびに変異が生じ，ダーウィンが想定した「少しずつ変わる」のもまた事実であることがわかっている．

変異にはいろんなタイプがあり，一番シンプルなのは A から G といった形で，1 つの塩基が別の塩基に変わることである（点変異）．また複数の塩基が同時に削除されたり（欠失），新しく挿入されたり，あるいは重複したり，ひっくり返る（逆位）こともある．これは 2, 3 塩基といった単位で起こることもあれば，何十万塩基といった単位で起こることもある[9]．

ヒトでは，親子の遺伝情報を比べた複数の研究により，親から子に遺伝情報が伝わるたびに，点変異や重複，欠失など合わせて 100 前後の変異が生じることが報告されている．このほとんどが点変異であり，それぞれの塩基がおよそ $1/10^8$ の確率で次の世代では別の塩基に変わっていることになる．ただし，この世代あたりに生じる変異の数は，ゲノムあたりで見ても，塩基あたりで見ても種によって異なる．

変異が個体に与える影響は，ゲノム中のどこの塩基の並びがどう変わるかによって大きく変わる．また，変異は細胞が分裂し，DNA が複製されるたびに生じるため，個体の各細胞のゲノムを比べても，変異による違いは見られる．しかし，子に伝わるのは，基本的には生殖細胞（精子や卵）で生じた変異である．

ここで述べた，すべての生物におおよそ共通する「遺伝」と「変異」のプロセスが，前節で紹介した「似ている＝もともと同じ」や「どれだけ違うか＝分かれてからの時間」のベースになっている．もともと同じだった 2 つの文字の並びの違いを K とすると，分かれてからの世代数 t に，世代あたりに生じる変異の数（変異率）r にさらに 2 をかけたもの（双方で違いが生じうるため），つまり $K = 2rt$ と記述できる．

ここで非常に重要なのが，1 世代という，進化における最小の時間単位で，状態がどう推移するかがはっきりわかっていることである．異なる種同士で似ていたとしても，もし親子で全然違うとなれば，これらのロジックが完全に破綻する．親から子に遺伝情報がどう伝わり，どう変わるかがわかっているからこそ，生命の多様性をその延長として議論できるのである．

---

9)「変異」は英語では mutation といい，「突然変異」と訳されることもある．意味は同じであるが，「変異」に統一しようという流れになっているため，本章では「変異」を使う．

2.4 文字と記号にしたら数学者がいっぱい釣れた
——生命の多様性を説明する理論

2.4.1 生命の多様性を形成する生存競争

「遺伝」と「変異」は，あくまでも1世代の間で起こる状態の推移を表すにすぎない．もし，生まれたすべての個体が生き残り，それぞれがまったく同じ数だけの子を残すのであれば「遺伝」と「変異」のプロセスを考えるだけでいい．しかし，実際には子を残さない個体が多数存在する．そして，われわれが現在見ている多様性は，子を代々残し続けてきた個体がもつ変異のみであり，子を残さなかった個体がもっていた変異を見ることはできない．このため，生命の多様性を理解するには，どの変異をもつ個体が，どの程度子を残したか，あるいは残さなかったかを考えることが不可欠である．

前節で説明した「遺伝」と「変異」のメカニズムをもとにした「生存競争」のプロセスの解明に，多大な貢献をしたのが木村資生である．進化論を提唱したのがダーウィンなら，実際の「遺伝」と「変異」のメカニズムに基づいた，分子レベル（DNAやタンパク質）での進化の理論の構築に成功したのが木村だといえるだろう．

生存競争のプロセスを理解するために，1から9番目の個体が白で，10番目の個体が白からの変異によって生じた黒という10個体の集団について考えてみよう（図2.5）．説明を簡単にするため，各個体がゲノムを1セットだけもつとする．1セットのゲノムが仮に31億塩基だとすれば，点変異だけでも31億もの箇所で起こりうるため，相当試行回数を重ねない限り，同じ箇所で変異が2回起きる確率はきわめて低い．よって多くの場合，集団中の黒の個体は，いずれも最初に白からの変異によって生じた黒の個体の子孫であり，白の個体は，いずれも変異が起こっていない個体（黒から白への変異が生じる確率はきわめて低い）だと仮定できる．

ただし近年では，同じ種の数万個体のゲノムデータを扱う場合が出てきているため，これらの仮定が当てはまらない場合が出てきており，解析をする場合には注意が必要となる．また実際には，各個体がたくさんの複雑な形質を

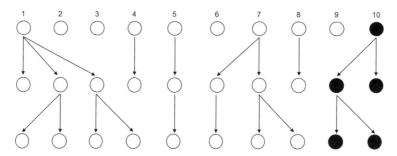

図 **2.5**　白の個体と黒の個体の頻度が世代を経て変化していくプロセス．矢印でつないだ
個体同士が親子．最初の世代の 10 番目の黒の個体は，まず，2 個体の子を残し，そのう
ちの左のほうの黒の個体は，次の世代で子を 2 個体残しているのに対し，右のほうの黒
の個体は子を残していない．

もっているが，ある特定の箇所に着目すると「生存競争」のプロセスを「白」
と「黒」，A と a といった，2 つのアリル（対立遺伝子）[10]の頻度の変化とし
て捉えることができる．

　さて，10 個体の中には，子を 1 個体残す個体，複数残す個体，あるいは
まったく残さない個体がいるだろう．この世代を重ねるプロセスを，次のよ
うなライト－フィッシャーモデルと呼ばれる形で近似するのが一般的である．
まず，個体数が一定だと仮定し，各個体が子を残す過程を，全個体から 1 個
体ランダムに選び，選んだ個体を記録する行為を個体数の分だけ繰り返すラ
ンダムサンプリングとして扱う．これによって，2 つのアリル（対立遺伝子）
の頻度の変化を，数学的に記述できるようになる．

　では，2 世代目で黒が 2 個体，白が 8 個体になっている確率はどう記述で
きるだろうか．一番シンプルなのは，白と黒を選ぶ確率が同じ，つまり，白
の個体が残す子の数の期待値と，黒の個体が残す子の数の期待値がそれぞれ
同じ場合である．すると，10 個からランダムに 1 個選ぶ行為を 10 回繰り返
した場合に，黒を 2 回選ぶ確率なので，高校の数学で習うような以下の形で
記述できる．

---

10)　以前は，アリルや遺伝型は，ある形質を表すために用いられていたが，現在では，ゲ
ノムの特定の箇所において，特定の変異をもつ個体（ゲノム）ともたない個体（ゲノム）を
表すのにも用いられる．

$$\frac{10!}{2!8!} \left(\frac{1}{10}\right)^2 \left(\frac{9}{10}\right)^8.$$

これをもっと汎用性のある形で記述してみよう。個体数を N とすると、多くの種はゲノムを2セットもつため、ゲノムの数が $2N$ となる。また、t 世代目における新しく生じた変異（黒）の頻度を p とし、元のタイプ（白）の頻度を $1-p$ とすると、$t+1$ 世代目に黒の個体数が k である確率は以下のようになる。

$$\frac{(2N)!}{k!(2N-k)!} p^k (1-p)^{2N-k}.$$

また、時間を無限にとれば、どこかの時点で、必ず全部白になるか、全部黒になると考えることができる。この場合、最終的に全部白になる（白が「固定」する）確率が 9/10 で、全部黒になる（黒が「固定」する）確率は 1/10 である。つまり、新しく生じた変異が最終的に固定する確率は $1/2N$ であり、ある時点で頻度 p である変異が最終的に固定する確率は p となる。

このライト–フィッシャーモデルなどをベースに、さまざまな条件下で、それぞれの変異の頻度がどう変化していくかを理解するのが「集団遺伝学」という分野の大きなテーマである。とくに重要なのが、変異によって子を残す確率が変わる、つまり、白と黒とで子を残す数の期待値が異なる場合である。変異によって重要な機能が失われれば、子を残せなくなるだろう。また、変異によって生き残る確率が高くなり、他の個体と比べて子をより残せるようになることもあるだろう。このように、ある環境において、黒の個体が白の個体と比べて子を残す期待値が高いがために、やがて白の個体にとってかわることが、進化の文脈でいう「環境への適応」である。これは一般の文脈で使われる、1世代のうちに起きる「環境への適応」とはまったく意味が異なるので注意したい。

ある個体が残す、繁殖年齢まで成長する子の数を「適応度」と呼ぶ。元の白の個体の相対的な適応度を1とし、変異が適応度を s だけ変え、黒の適応度が $1+s$ になるとするのが一般的である。例えば、白の 100 個体が繁殖年齢まで成長する子を合計 100 個体残す場合、$s=0.1$ であれば、黒の 100 個体は、それに対して繁殖年齢まで成長する子を合計 110 個体残すことになる。

$s > 0$ であれば，次の世代での黒の頻度の期待値が高くなり，最終的に固定する確率も上がることが容易に想像できるだろう．この「適応度」の違いによって，残す子孫の数が変わってくることこそが「自然選択」である．

2.4.2 生存競争における「運」の重要性

適応度 s が，各対立遺伝子の頻度の変化，つまり「生存競争」のプロセスに大きく影響することは直感的にわかりやすい．一方で，個体数 N も実は重要なパラメータであることも，上記の説明からわかるだろう．ダーウィンの進化論における「生存競争」は，その環境下で強いものが勝つ，つまり s の値でほとんど説明できる，という考え方である．ダーウィン以降のほとんどの研究者が，分子レベル（DNA，RNA やタンパク質）で見られる多様性に関しても同様だと考えていた．

一方で木村は，まず，各種の個体間で見られる分子レベルでの多様性は，新しい変異が生じ，その変異が最終的に除去されるか固定するか（全部白に戻るか全部黒になるか）という過程の一断面だと考えた．さらに，自然選択の強さ s だけでなく，個体数 N が非常に重要な役割を果たすことに着目した．個体数が有限である以上，その変異が子を残す確率を上げない場合でも頻度が上昇し，元のアリル（対立遺伝子）を置き換える（固定する）ことが $1/2N$ の確率で起こる．また，適応度を少しだけ下げるような変異も，一定の確率で固定する．

ここで $1/2N$ というと，確率が低いと思われるかもしれない．しかし，毎世代たくさんの（ヒトであれば 100 前後）新しい変異が生成されることを考えると，子を残す確率を変えない（あるいは少しだけ下げる）変異が固定するケースも十分生じることがわかるだろう．また，進化の過程では，個体数が著しく低下する場合がある．とくに，種分化によって新しく生じた種は，最初の段階では個体数が非常に少ない場合が多い．例えば，植物の栽培化や動物の家畜化は，野生種の中から少ない個体数を選抜することでスタートする場合がほとんどである．種分化の過程で劇的に個体数が減少したことにより，多くの有害な変異が固定したことを示す研究結果が，いろんな種で報告されている．

　進化について説明する上で，どうやって新しい「種」ができるのかにまったくふれないわけにはいかない．まず断っておきたいのが「種分化」は連続的なプロセスであるため，どの段階から別の種として扱うのかは非常に難しい問題であり，ここでは割愛する．また，種分化はたくさんの研究者がとり組んでいる非常に複雑な問題であるが，ここでは遺伝的な変異がどう種分化につながりうるかを少しだけ紹介する．

　種分化が起こる過程では，X という集団の個体同士の交配によって生じた個体や，Y という集団の個体同士の交配によって生じた個体と比べて，X の集団の個体と Y の集団の個体との交配によって生じた個体の適応度のほうが低い状況が生じる．遺伝的には，元の A と，変異によって生じた a があると仮定すると，AA と aa に対し，Aa の適応度が著しく低い状況が考えられる．

　種分化ととくに結びつけて議論されることが多い変異が，染色体の融合である．例えば，5 対の染色体をもつ種で，2 本の異なる染色体がくっついて 1 つの新しい染色体ができたとしよう．すると，新しく生じた 4 対の染色体をもつ個体同士であれば，問題なく正常な稔性のある子を残せるが，5 対の個体と 4 対の個体同士で生じた子は，染色体を 9 本もつことになり，正常に対合できない染色体が 1 本できてしまう．そのような個体は，正常な稔性のある子を残すことが難しくなると考えられる．

　有名な例では，ヒトが 23 対の染色体をもつのに対し，チンパンジー，ゴリラ，オランウータンはいずれも 24 対の染色体をもつ．ヒトの 2 番染色体が，チンパンジー，ゴリラ，オランウータンでは別の 2 本の染色体に対応しており，現在のヒトの共通祖先で，2 本の染色体の融合によって 1 本の染色体ができたと考えられている．

　また，ウマは 32 対の染色体をもつのに対し，ロバは 31 対の染色体をもつ．そして，ウマとロバの交配によって生じたラバやケッテイは，発育に問題はないものの，正常な精子や卵を残すことが難しく，基本的に不稔である．これらの染色体の融合が，実際に種分化に貢献したのか，それとも種分化した後で生じたのかは現時点ではわかっていないが，近縁種同士で染色体の本数が異なる例は非常に多い．染色体の融合以外にも，染色体の大きな領域がひっくり返って逆向きになる「逆位」と呼ばれる変異も同様に，生殖隔離や種分化に貢献することが多いといわれている．

　木村は，分子レベルで見られる多様性の移り変わりの多くが，このような確率過程によって説明できると論じた．つまり，さまざまな種や個体のゲノ

ム間で見られる違いのほとんどが「変わったことによってより子をたくさん残せたもの」ではなく，むしろ「変わっても問題ないものがたくさん生じた中で，たまたま子を残し続けることができたもの」だというのである．このように，変わっても適応度に影響しない変異を「中立な」変異と呼び，木村の理論はよく「中立説」と呼ばれる．

　木村が「中立説」を提唱して以降，生命の多様性が，どの程度「中立な」「ランダムな」プロセスによって説明できるかという議論が沸き起こり，現在に至るまで続いている[11]．「中立説」は，分子レベルでの進化における「中立な」「ランダムな」プロセスの重要性を明らかにしただけでなく，分子レベルでの進化が「中立な」「ランダムな」プロセスのみによって起こると仮定した場合の理論的な枠組みを構築したという点でも，生物学の発展に計り知れない貢献をした．これにより，さまざまな種や個体のゲノムを比較した場合に，中立なプロセスでは説明できない多様性のパターンが観測されると，そこに個体の適応度に関わるような，生物学的に重要なプロセスが関与しているのではという議論ができるのである．

　よく木村の理論について，ダーウィンの進化論と対比させて「中立説 vs. 自然選択」「運のいいものが勝つ vs. 強いものが勝つ」というように語られるが，これは誤解を招く言い方かもしれない．木村の中立説は，自然選択を否定するものではけっしてなく，DNA に生じる変異のほとんどは，適応度を下げるかあまり変えないかで，適応度を大きく上げるものは（あくまでも相対的に）まれだとしている．ほとんどの種が，すでに現在の環境にある程度適応しており，それぞれの個体が正常に子を残している状況だとすると，さらに多くの子を残すようになる変異は，そう頻繁に生じないことがイメージできるのではないだろうか．木村の理論は，むしろ「弱いものはまず脱落し，あとは同じぐらいの強さ同士の争いになることがほとんどで，その場合にはちょっとした強さの差より運の要素のほうが大きくなる」といえるかもしれない．

　この「中立な」「ランダムな」プロセスの影響を，2.3.3項で紹介したヒストンH4遺伝子を例に見てみよう（図2.4）．先に述べたように，3塩基ごとに1つの

---

11) 表現型レベルでの多様性に関しては，適応度の差，つまり自然選択の寄与がより大きくなる．

アミノ酸が生成されるが，塩基が変わってもアミノ酸が変わらない場合がたくさんある．とくに，多くのアミノ酸は，3塩基目が変わってもアミノ酸は変わらない．例えば，GGA, GGG, GGC, GGT は，いずれもグリシン（アミノ酸の表記では G）になる．この場合，3塩基目は生成されるタンパク質にまったく影響しないため，変わってもあまり問題にならないことが想像できるだろう．実際に図 2.4 を見ると，アミノ酸の並びはほぼ同じであり，1塩基目と 2塩基目もほぼ同じなのに対し，3塩基目は各種で大きく異なっていることがわかるだろう．

このような塩基配列の多様性のパターンは，次のようなプロセスで説明できる．まず，すべての塩基に（ほぼ）同じ確率で変異が生じるが，1塩基目と 2塩基目に生じる変異の多くは，生成されるタンパク質を変えてしまうため，その変異が固定する（その変異をもつ個体の子孫のみが生き残る）確率は $1/2N$ 未満となる．一方で，3塩基目に生じる変異の多くは，$1/2N$ に近い確率で固定する．この違いのために，3塩基目では，1塩基目や 2塩基目と比べ，種間でより多くの違いが見られるのである[12]．

このように，変わってもあまり問題がない塩基は，変わったら問題がある塩基と比べ，違いが多く見られることが期待される．そして多くの生物では，ゲノムのかなりの部分が，この3塩基目に見られるような，変わってもあまり問題ないと思われる多様性のパターンを示す．

2.4.3 生物学の発展における「抽象化」の役割

2.2節と 2.3節で述べたように，生命の多様性の移り変わりという非常に複雑な現象を，さまざまな形で「抽象化」できたことが，この 100–200 年の生物学の発展につながった．まず，ダーウィンらの貢献により，現存の多種多様な生物を，それぞれの共通祖先からの枝分かれのプロセスとして捉えることが可能になった．

また，メンデルが遺伝の法則を発見できた大きな要因は，エンドウの「丸」や「しわ」といったさまざまな形態的特徴を，A と a などの記号の組み合わせとして記述したことと，それらの世代を経た頻度の変化を，統計的に扱っ

---

12) 厳密には，アミノ酸が変わらない変異も，翻訳の効率や精度に影響することがあるなど，適応度に影響しうる．

たことだといえる．つまり，複雑な形質を抽象化し，統計的なアプローチをとることによって初めて「遺伝」という，人類の誕生以降誰も理解できていなかった複雑なプロセスを解明できたといえる．

　ここで述べたように，この遺伝の法則の発見のおかげで「生存競争」を含む進化のプロセスを，数学的に記述できるようになった．事実，20 世紀初めにメンデルの法則が再発見されてから，ライト，フィッシャー，ハーディーといった，たくさんの数学者や統計学者がこれらのプロセスの理解に大きく貢献した．一方で，これは数学者が生物学の発展に貢献したという一方向性のものではなく，遺伝という自然界の問題にとり組むことが，とくに統計学や応用数学の発展にもつながったといえるだろう．

　さらに，DNA やタンパク質といった化学物質を，塩基配列やアミノ酸配列というデジタルな文字列情報として「抽象化」できるようになった．なかでも，実際には非常に複雑な立体構造をとるタンパク質を，構造に関する情報をまったく無視した「文字列」として扱うことは，現在では当たり前になっているが，おそらく自然な発想ではなく，非常に画期的な「抽象化」だったといえるだろう[13]．

　このおかげで，さまざまな遠く離れた種のゲノムに「共通性」を見いだすことが可能になった．現在では，多くの生物学者が日常的に，あるタンパク質のアミノ酸配列をもとに，同じ種や近い種で似たアミノ酸配列を探索し，2.2節で述べたような「似ている度合い」をもとにさまざまな議論を行っている．

　その後「文字の並び」を決める技術が発展し，大量の塩基配列データが生成されるようになったことで，情報科学の重要性が増していった．20 世紀の終わり頃から，生物学と情報科学の融合が進み，バイオインフォマティクスと呼ばれる，双方の分野を融合した新しい分野が誕生した．そこで次節以降では，ゲノムと呼ばれる設計図の文字の並びに，どんな情報がどのようにして記さ

---

13)　タンパク質を「アミノ酸配列」として表現したことにより，アミノ酸配列が進化の過程で違いをためる速度が，種間（タンパク質間では大きく異なる）でおおよそ一定であることがわかった（いわゆる「分子時計」）．このことから木村は，確率過程のような，すべての種に同様に影響する何か普遍的なメカニズムが，生物の分子レベルでの多様性の形成に主要な役割を果たしているのではないかと考え，いわゆる「中立説」を構築したのである．くわしくは木村の著書『分子進化の中立説』[3] をぜひ読んでいただきたい．

れており，それをどのようにして読み解くことができるのかを述べてみたい．

2.5　文字の並びだけじゃつまらんって!?
——ゲノムから見た生命の多様性と不思議

　地球上は，不思議で面白い姿・形・特徴をもつさまざまな生き物であふれている．生命の多様性は，たくさんの人を魅了し，多くの驚きと興奮を与えてくれる．一方で，ゲノムから見た生命の多様性も，生命の「見た目」の多様性に勝るとも劣らない驚きに満ちている．

2.5.1　タマネギの塩基数はヒトの5倍!?

　まず1つの大きな驚きは，ゲノムの塩基数（ゲノムサイズ）が種間で非常に大きく異なること，そしてゲノムの大きさと，種の直感的な「複雑さ」「高等さ」があまり結びつかないことである（表2.1）．タマネギのゲノムは，ヒトのゲノムの5倍ほどの塩基をもち，肺魚のゲノムの塩基数は，ヒトのゲノムの数十倍である．現在確認されている中でもっとも塩基数の多い種は，キヌガサソウという日本固有の高山植物である．哺乳類は，ゲノムサイズのばらつきが非常に小さく，ほとんどの種が数十億の塩基をもつ．一方，植物，魚類，両生類は非常にばらつきが大きく，1億程度のものから1000億を超える

表 **2.1**　いくつかの生物のゲノムの推定される，おおよその塩基数（ゲノムサイズ）と遺伝子数

種	塩基数	遺伝子数
出芽酵母	0.121 億	6000
ショウジョウバエ	1.75 億	17000
フグ	3.9 億	28000
イネ	4.5 億	40000
トウモロコシ	25 億	32000
マウス	27 億	23000
ヒト	31 億	21000
タマネギ	150 億	?
バッタ	650 億	?
肺魚	1300 億	?
キヌガサソウ	1500 億	?

ものまで見られる．単細胞生物でも，ゲノムが大きい種がたくさんある．とくに渦鞭毛藻と呼ばれる多くの海洋プランクトンを含むグループは，小さい種でも数十億塩基で，1000 億を超える種も多数存在するといわれている．

2.5.2 遺伝子の構造と機能

では，生命の設計図には，どんな情報が，どのように記されているだろうか．ゲノムの中で一番大事な情報の 1 つは，どんなタンパク質を生成するかである（図 2.6）．この「文法」は比較的厳格に決まっている．まず，DNA からmRNA（メッセンジャー RNA）が生成され，mRNA からタンパク質が生成される．この mRNA が生成されるプロセスを「転写」，そこからタンパク質が生成されるプロセスを「翻訳」という．しかし，mRNA の全長がタンパク質に翻訳されるのではなく，ATG という 3 文字から翻訳が始まり，そこから 3 塩基ずつアミノ酸に翻訳されていく．

真核生物では，基本的に mRNA の最初の ATG から翻訳が始まるが，バクテリアの場合は，必ずしも最初の ATG ではない．その後，TAA，TAG，

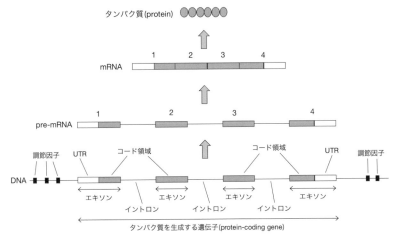

図 **2.6** DNA 上にある，タンパク質を生成する遺伝子の構造の例と，そこから mRNA やタンパク質が生成されるプロセス．

TGA があれば，そこで翻訳が終了する[14]．例外もあるが，これはほとんど
の生物の，ほとんどのタンパク質に共通する「文法」である．大半のタン
パク質は，長さにして数十から数千個のアミノ酸が連なってできている．この
ような，生体内での機能をもつタンパク質や RNA を生成する領域のことを
「遺伝子」と呼ぶ．

　このように，どんなタンパク質を生成するかという文法は，非常にわかり
やすい．しかし，生命体が正常に機能するには，各遺伝子が決まったタイミ
ングで，決まった場所で，決まった分量だけ RNA やタンパク質を生成する
必要がある．例えば，ある特定の発育段階で生成されることが必要なタンパ
ク質，ある特定のストレスやシグナルに反応して生成されることが必要なタ
ンパク質，あるいは，ある特定の器官や組織で生成されることが必要なタン
パク質などがある．

　1 つの個体のすべての細胞が，基本的に同じゲノム，つまり同じ遺伝子の
セットをもっている．このため，各遺伝子の制御に関する情報が，何らかの
方法でゲノムに記されていると考えられる．しかし，遺伝子の制御はいろん
な階層で起こっており，非常に複雑である．制御に関する文法も非常にわか
りにくく，プログラミングにたとえるなら，すでにあるものを使ってとにか
く動けば何でもいい，というイメージで書かれたコードのように見える．

　まず，転写自体が非常に制御されたプロセスである．遺伝子の近辺には「結
合タンパク質」が結合できる，調節因子や制御因子と呼ばれる短い（数塩基
から数十塩基）配列が複数存在する．5 種類の調節因子をもつ遺伝子であれ
ば，各調節因子が，タンパク質がくっついている状態とくっついていない状
態の 2 つの状態をとることができるため，2^5 通りの転写パターンが成立しう
る．また，DNA が非常に密に折り畳まり，タンパク質がアクセスしにくい
状態になっていることもあれば，緩んだ状態でタンパク質がアクセスしやす
いときもある．さらに，生成された mRNA に別の RNA がくっつくことで，
翻訳を阻害することもある．

　このように，各遺伝子の mRNA やタンパク質の生成は幾重にも制御され

14）　翻訳が開始する ATG のことをスタートコドン，翻訳が終了する TAA, TAG, TGA
のことをストップコドンという．

ている．この制御の仕組みは遺伝子や種によっても異なり，まだ解明が十分に進んでいない．さらに，あるタンパク質が別の遺伝子を制御し，その遺伝子の状態がまた別の遺伝子の転写のスイッチになるといったように，多くの遺伝子が相互作用し，複雑なネットワークを形成している．遺伝子の制御を理解するには，このようなネットワークを理解することも必要である．

なお「遺伝子」という言葉は，遺伝の仕組みがわかっていない20世紀初めから使われていた言葉であり，現在ではやや定義が曖昧である．元の意味は「遺伝する物質」ということになるが，それならゲノム全体が遺伝する．また，ヒトやマウスを含む多くの生物で，ゲノムの大部分が，微量ながら転写されていることがわかってきている．これらのほとんどが，たいした意味をもたない，恒常的に起こるプロセスだという可能性がある．このため「転写が起きている領域＝遺伝子」としてしまうと，これまた定義することの意味が薄れてしまう．

現在では「機能をもつRNAやタンパク質を生成する領域」というのが一番一般的な使われ方である．ただし「遺伝子」というと，何を指しているかはっきりしないため，分子生物学の論文では，protein-coding gene（タンパク質を生成する遺伝子），RNA gene（RNA遺伝子）のように，何を指しているか明確にして書くのが一般的である．

2.5.3 遺伝子を分断するイントロンの不思議

興味深いことに，多くの遺伝子領域では，mRNAが生成される部分が「イントロン」と呼ばれる配列によって分断されている（図2.6）．転写の際には，いったんイントロンも含めた，pre-mRNAと呼ばれる，mRNAの「前駆体」が生成される．そして，この前駆体からイントロンを切り出すこと（スプライシング）で，mRNAが生成される．ほとんどの種の，ほとんどのイントロンがGTで始まり，AGで終わる．GTの後の数塩基と，AGの前の数塩基にも規則性はあるが，この規則がどこまで厳格かは種によって異なる．このmRNA前駆体の生成と，イントロンの切り出しはほぼ同時進行で起こると考えられている．

イントロンがあることで，1つの遺伝子領域から，切り出し方の違いによって複数のmRNAを生成することができる．この機構のことを選択的スプラ

イシングという．図 2.6 でたとえると，1, 2, 3, 4 のエキソンがつながった mRNA だけでなく，2 を飛ばして 1, 3, 4 だけでできた mRNA や，3 を飛ばして 1, 2, 4 だけでできた mRNA が生成されることもある．あるいは，一部のイントロンがエキソンとして mRNA に含まれることもある．また，1 と 2 の間のイントロンが切り出されない場合や，2 のエキソンが，もう少し長くなったものや短くなったものが使われることもある．ただし，1, 2, 3, 4 の順番が入れ替わることは基本的にない．一番極端な例だと，ショウジョウバエの免疫などに関連する *DScam* 遺伝子は，1 つの遺伝子領域から，切り出し方の違いで 38016 個の異なる mRNA を生成することが報告されている．

　一方で，すべての遺伝子がイントロンを含んでいるわけではなく，遺伝子によっても，種によってもイントロンの数は大きく異なる．ヒトのタンパク質を生成する遺伝子は，平均でイントロンを 8 個もっているが，イントロンを 1 つももたない遺伝子も 2000 以上存在する．ヒトでイントロンのもっとも多い遺伝子は，約 300 のイントロンをもつ．

　イントロンがほとんどない種もある．パン酵母では，約 6000 の遺伝子のうち，283 個の遺伝子のみがイントロンをもち，ゲノム全体で 296 個のイントロンしか同定されていない．鞭毛虫の *Giardia lamblia* という種では，ゲノム全体で 11 個しか現段階で見つかっていない．一方，共生性渦鞭毛藻の褐虫藻 *Symbiodinium minutum* という種は，遺伝子あたり平均で 18.6 個のイントロンをもっていると報告されている．このように，必ずしも「複雑な」「高等な」生物がイントロンを多くもっているわけでもない．

　このイントロンの存在は，進化的に非常に面白い謎である．イントロンの中に遺伝子の制御に関係する配列がある場合や，時にはイントロンの中に別の遺伝子が存在する場合もある．また，イントロンの存在によって，mRNA の生成量が上がるとの報告もある．しかし，基本的にイントロンそのものに何かの役割（つまり全部のイントロンに共通するような役割）があるわけではない．イントロンがない遺伝子や，ほとんどない種があることから，イントロンは遺伝子にとっても，種にとっても必須ではないことがわかるだろう．むしろ，イントロンがある分転写に時間がかかるため，転写のスピードが重要な遺伝子ほどイントロンが少ない傾向にある．

それならなぜ，生物はイントロンをたくさん保持するに至ったのだろうか．興味深いことに，動物，植物，菌類などが共通してもつ（共通祖先がもっており，現在でも各種で保存されている）遺伝子を調べると，遠く離れた種の複数の遺伝子が，アミノ酸配列のまったく同じ箇所にイントロンを保持しているケースがたくさん見つかる．つまり，これらのイントロンは，各種の共通祖先の段階ですでに存在していた可能性が高い．これらの観測を元に，ほとんどの真核生物の共通祖先がもっていた遺伝子たちは，イントロンを非常にたくさんもっていたと考えられている．なお，これは同じ箇所に独立に（異なる種で）イントロンの挿入が起きる確率は低いだろうというのが前提になっているが，この前提条件を多少緩和しても，大昔の生物がイントロンをたくさんもっていたという仮説は覆らない．

　さらに，真核生物の進化の過程では，基本的にイントロンが減っていく傾向にある．例えば，近縁種のすべての遺伝子を比較し，それらの種が分かれてからのイントロンの挿入の数と，イントロンの消失の数とを比べると，ほとんどの場合，消失の数のほうが圧倒的に多い．つまり，生命が複雑になるにつれてイントロンが増え，遺伝子が複雑になっていったという，一見直感的に思えるシナリオとはまったく逆のことが起きているのである．

　真核生物とは異なり，原核生物（バクテリアや古細菌）はほとんどイントロンをもたない．真核生物は，古細菌の一種に，バクテリアの一種が共生していた生物が起源だとされている．この共生していたバクテリアが独立性を失ってミトコンドリアとなり，宿主の細胞小器官として機能するようになったのが，真核生物の起源における非常に重要なイベントである．この最初の真核生物が誕生してから，動物，植物，菌類などが分岐するまでの間に，何らかの理由でイントロンが大量に増えた可能性が高いと考えられている．

　近年の研究では，一部の原核生物や，真核生物のミトコンドリアや葉緑体がもつ「グループ II イントロン」が，イントロンの起源と深く関係していることがわかってきている．通常のイントロンが，スプライセオソームという複合体によって切り出されるのに対し，このグループ II イントロンの多くは，自らが生成したタンパク質や RNA の複合体によって切り出され，その複合体を生成するための配列をもっている．このグループ II イントロンが自らを

切り出す機構が，真核生物で起きるスプライシングと非常に似ており，また，グループIIイントロンの立体構造が，スプライセオソームの立体構造と非常に似ているのである．

　さらに興味深いことに，一部のバクテリアでは，切り出されたグループIIイントロンがゲノム中の別の領域に挿入することがある．つまり，グループIIイントロンは，これらのバクテリアでは，むしろ後に紹介する「トランスポゾン」のような性質をもっている．実際に，現在見られる多くのレトロトランスポゾン（2.5.4項参照）とグループIIイントロンは，共通の起源をもつと考えられている．

　なお，イントロンがあるおかげで，1つの遺伝子領域から複数の異なるmRNAを生成できるという側面はあるが，この選択的スプライシングのもたらすメリットが，イントロンが大量に増えた原因だと考えるのは難しい．選択的スプライシングがあまり起こらない真核生物もたくさんあるのに加え，イントロンが大量に増えたとされる多くの真核生物の共通祖先において，選択的スプライシングが重要だったとは考えづらいからである．むしろ，イントロンが大量に増えたことが，後に選択的スプライシングによる遺伝子の機能の複雑化を可能にしたといえるだろう．

　このように，イントロンの起源は，一見非合理的にも見える機構がなぜ存在するのかという問題だけでなく，真核生物の起源とも密接に関係しており，非常に面白い．

2.5.4　生命の設計図はゴミクズだらけ!?

　生物の直感的な「高等さ」「複雑さ」とゲノムの塩基数にあまり関係がないのなら，きっとヒトをはじめとする「高等な」「複雑な」生物ほど，遺伝子の数やタンパク質を生成する塩基の数が多いのだろうと思われるかもしれない．しかし，驚くべきことに，ヒトゲノム中の遺伝子の数はせいぜい22000程度で，タンパク質を生成する配列は，全ゲノムの2%にも満たない．遺伝子の数やタンパク質を生成する塩基の数は，種間で比べてもそれほど大きな差はなく（ゲノムサイズの違いと比べて），ゲノムサイズの違いとの相関もあまり強くない（表2.1）．

一方で，遺伝や進化の理論の研究者たちは，かなり昔から，ヒトゲノムにおける遺伝子の数や重要な配列の割合は非常に小さいのではないかと推測していた．例えば，マラーや木村は，ヒトの遺伝子の数は3–5万ぐらいだろうと予測している．これらの予測の1つの論拠が，1世代に生じる変異の数である．ヒトでは，新しく生まれてくる子は100前後の新しい変異をもっていると2.3.4項で述べた．しかし，生まれてくる子のほとんどが子を残せる年齢まで生き残り，正常に子を残すことができる．よって，ヒトで生じる変異の大半が適応度をほとんど下げていないといえる．このことから，ヒトゲノムの大部分は，変わってもあまり適応度に影響がなく，さほど重要ではないだろうというロジックが成り立つ．

　これらをふまえ，"So much Junk DNA in our genome"（「われわれのゲノムはガラクタ（ジャンク）DNA だらけ」）という論文を，大野乾というゲノム進化の分野でさまざまな貢献を果たした日本人研究者が発表した．この「ジャンク DNA」という言葉はインパクトがあり，それ以降，ヒトゲノムのどの程度が実際「ジャンク DNA」なのかという議論が，現在に至るまで繰り返されている．

　その後，生物のゲノムにはトランスポゾン（転移因子）と呼ばれる，ゲノム中を動き回り，ゲノムに寄生するウイルスのようなものがたくさん存在することがわかってきた．トランスポゾンには，出たり入ったりする「カット・アンド・ペースト」型の DNA トランスポゾンと，自身のコピーをばらまく「コピー・アンド・ペースト」型のレトロトランスポゾンの2種類に大別される（図2.7を参照）．多くの生物では，自身のコピーを増幅し続けるレトロトランスポゾンが，ゲノム DNA の大部分を占める．

　レトロトランスポゾンは，まず転写により自身の RNA を生成し，逆転写というプロセスによってその RNA をもとに DNA を生成する（つまり自身をコピーしたもの）．さらに，自身とは別のゲノム領域に切り込みを入れ，そこに新しく生成したコピーが入りこむことによって増幅する．そして，多くのレトロトランスポゾンが，このプロセスに必要な逆転写酵素などのタンパク質を生成する遺伝子をもっている．レトロトランスポゾンの中には，他のレトロトランスポゾンが生成したタンパク質を利用して増幅するものもある．

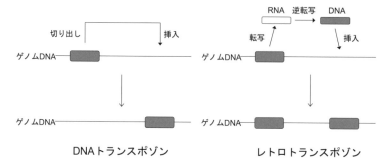

図 **2.7** DNA トランスポゾンは「カット・アンド・ペースト」によってゲノム中を「転移」するのに対し，レトロトランスポゾンは「コピー・アンド・ペースト」によってゲノム中で増殖する．

レトロトランスポゾンの多くは，レトロウイルスと似た遺伝子をもっており，過去のある段階でその種に寄生するウイルスが，ゲノムにとり込まれたものに由来すると考えられている．DNA トランスポゾンやレトロトランスポゾンの中にも，さまざまな種類のトランスポゾンが存在し，あたかもたくさんのトランスポゾンの「種」が，ゲノムを舞台に生存闘争を繰り広げているかのようである．

トランスポゾンは，ほぼすべての生物のゲノム中に存在するが，ゲノムのどれぐらいを占めるかは種によって大きく異なる．ヒトではゲノムの6割以上が，そしてトウモロコシやコムギではゲノムの8割以上が，トランスポゾンやトランスポゾンの残骸（変異を蓄積して新しい「コピー」を生成できなくなったトランスポゾン）だとされている．このように，種や個体のゲノムの大きさの違いの大部分が，トランスポゾンで説明できることが多い．

トランスポゾンは，ゲノムの機能にさまざまな影響を与える．例えば，重要なタンパク質を生成する配列の真ん中にトランスポゾンの挿入が起こってしまうと，そのタンパク質を生成することができなくなる．また，非常に似た配列がゲノム中にたくさん存在することで，違うところにある似た配列同士が間違ってくっついてしまい，その間の領域がごっそり欠失してしまうことが起こりうる．このようなメカニズムに起因するヒトの遺伝病がたくさん報告されている．

このように，トランスポゾンは基本的にゲノムの「寄生者」であり，いろんな悪影響を及ぼしうる．一方で，他の変異と同様，多様性を生み出す原動力でもある．トランスポゾンの研究でノーベル賞を受賞したバーバラ・マクリントックは，トウモロコシの1つのコブの中にいろんな色の粒が存在する現象は，粒の色素を決める遺伝子にトランスポゾンが出たり入ったりすることが原因であることを発見した．また，哺乳類の胎盤の遺伝子は，レトロトランスポゾンの一種に由来することが知られている．

　遺伝子の近くにトランスポゾンが入ると，その遺伝子の制御が変わることが多い．これはその個体にとって，メリットになることもあればデメリットになることもあるが，結果として，多くの遺伝子の制御にトランスポゾン由来の配列が関わっている．このように，トランスポゾンはゲノムの「寄生者」であり，たくさんの悪さをする一方で，生物の進化において非常に重要な役割を果たしている．

2.5.5　進化の過程で無駄なものは除かれるんじゃないの!?

　ヒトのゲノムの大半が，何の役にも立たないトランスポゾンだとかジャンクDNAだとかいうと，「進化の過程で無駄なものは除かれるんじゃないの？」「きっと何か重要な機能をもっているんじゃないの？」という議論が起こる．実際，2012年にENCODEという非常に大きな国際コンソーシアムが，研究の成果として「ヒトゲノムの約80%が機能をもっていることがわかった．よってジャンクDNAはもはや死語である！」と発表した．

　ENCODEは，ヒトゲノムの，タンパク質を生成する部分以外の機能を，しらみつぶしに実験することで調べようという目的で発足した国際コンソーシアムである．その非常に大掛かりな研究の結果として，このような発表をしたのである．それまでは，変わったらまずいパターンを示す領域は，せいぜい10%程度だとされていたことから，この発表は非常にインパクトがあり，メディアでもとり上げられた．

　ENCODEは，ヒトのさまざまな組織の細胞を用いて，転写が起こっているところや，タンパク質が結合しているところを網羅的に検出した．このプロジェクトは，世界中の研究者にたくさんの非常にありがたいデータを提供

し，同時にゲノムに関するわれわれの理解を深めるのに非常に大きな貢献を
したのは間違いない．一方で「ゲノムの80%が機能をもち，ジャンクDNA
は死語だ」という主張の論拠には飛躍があり，とくに遺伝・進化の理論の研
究者から多くの反論がでた．

　このENCODEの発表を巡る議論は，遺伝・進化の理論を理解する上で非
常に役に立つため詳細に述べてみたい．ここで「機能」という言葉の定義に
ついて考える必要がある．遺伝・進化の分野では，変わったりなくなったり
すると，生き残って子を残す確率が下がる配列を「機能」がある配列だとずっ
と定義してきたか，少なくともそういう使い方をしてきた．

　直感的には「機能」とは，変わったりなくなったりするとデメリットがあ
るものであり，いくら変わったりなくなったりしても何のデメリット（この
場合，生き残って子を残す確率が下がること）もなければ「機能をもたない」
ことになる．この定義の研究上のメリットは，塩基配列やアミノ酸配列を比
べることができれば，どんな種であっても，同じ方法で機能の有無や強さを
定量的に議論できることである．

　一方で，ENCODEは，転写によってRNAを生成している領域や，タン
パク質の結合が確認された領域など「生化学的な活性」が認められた部分す
べてを「機能」があるといってしまった．しかし，転写されるからといって，
その転写産物が重要な役割を担っているとは限らない．また，タンパク質が，
ある領域に結合したからといって，それによって転写や転写の制御が起きる
とは限らない．

　ゲノム中には，偽遺伝子と呼ばれる，変異によってアミノ酸の途中に翻訳
を終了させるTAA, TAG, TGAといったストップコドンが生じ，本来生成
するはずのタンパク質を生成できなくなっている配列がたくさん存在する．
しかし，偽遺伝子になった瞬間から，転写や翻訳が起こらなくなるわけでは
ない．いくら転写されているとはいえ，これらの偽遺伝子は，本来担ってい
た「機能」が失われている配列だと呼ぶのが一番自然であり，意味のある議
論だろう．ところがENCODEの論拠だと，これらの偽遺伝子も，転写され
ている以上は「機能」をもつ配列になる．このため「今までそんな使い方誰
もしてないよね，そんな使い方しだすと議論がおかしくなるよね」という指

摘が複数の遺伝・進化の研究者によってなされた.

　もちろん，いま「機能」をもっていない，適応度に寄与しない配列が，将来的に機能をもつ可能性はある．また「機能」があるパターンを示す部分がゲノムのせいぜい10%だという研究結果は，検出方法や定義の仕方に問題があることもおそらく事実である．これは実際，非常に難しい問題である．例えば「変わっても問題ない」けど「ごっそりなくなっちゃうのはまずい」場合や「Aがなくなっても，Bがその代わりを果たせるから大丈夫だが，AとBが両方なくなるとまずい」場合など，非常に定量化が難しいさまざまな状況がある．とはいえ「生化学的な活性」を示す領域の一部が表現型に影響を及ぼし，そのさらに一部が適応度に影響する，というのがおそらく正しい流れであり，「生化学的な活性」を示すことは，適応度に影響を与えることの必要条件であったとしても，十分条件ではない．このため「生化学的な活性」と「機能」は分けて議論するほうがいいだろう.

　ここで「進化の過程で無駄なものは除かれるはず!」という主張と「ゲノム中に無駄なものがたくさん存在する」という状態は，けっして相反するものではないことに注意したい．まず，変異によって役に立たない，あるいは有害なものが生成されることは，当然起こりうる.

　次に，いったん固定された無駄な配列が除かれるには，これらの配列を除去する変異が起きなければならない．しかし，その配列だけを除去する変異が起きる確率は非常に低く，無駄な配列の除去は段階的なプロセスであることが多い．例えば，偽遺伝子は，偽遺伝子になってすぐに完全に除かれるわけではなく，少しずつ変異がたまり，部分的に欠失が起こることによって，やがて失われる.

　このように，ある特定の無駄な配列に着目すれば，時間が十分に経てば，その配列はやがて除かれるだろう．もちろん，除かれる前に何かの機能を獲得することで，ゲノム中に維持されることもある．しかし，無駄な配列の生成がつねに起こっている以上，ある時点で，ゲノムが無駄な配列をどの程度保持しているかは，生成される速度，固定する確率や速度，そして除去される速度によって決まる．そして，これら次第では「ゲノムのほとんどが無駄な配列」という状況も十分に生じうるだろう.

また，トランスポゾンは，いわば「寄生者」のような存在であり，ゲノム中のトランスポゾンの存在を，その種にとって重要か無駄かという観点だけで議論するのは，そもそも間違いだといえるだろう．むしろ，「宿主」のゲノム中でなるべく生き残って増殖し続けようとするトランスポゾンと，トランスポゾンによるダメージを最小限に抑え，さらにはトランスポゾンを利用しようとする「宿主」とのせめぎ合いと捉えるほうが正しいかもしれない．そして，このトランスポゾンと「宿主」の攻防こそが，生物の進化における非常に重要な原動力だと提唱されている．

　もう1つここで強調したいのが，生物学の研究における「いろんな種」を見ることの重要性である．タマネギのゲノムの塩基数は，ヒトの約5倍だと2.5.1項で述べた．タマネギのゲノムの組成はまだ十分にわかっていないが，おそらくほとんどがトランスポゾンだろう．さらに面白いことに，同じタマネギ属の別の種には，ゲノムの塩基数がタマネギの半分ぐらいのものから，倍ぐらいのものまで存在する．タマネギに限らず，植物では，近縁種や同じ種の個体間で，ゲノムの塩基数が大きく異なる現象が頻繁に見られる．つまり，これらの種のゲノムは，一気に半分ぐらいなくなったり増えたりしても，ほとんど問題ないのである．

　ヒトだから「ゲノムの大半が無駄なものだ」といわれて大騒ぎするわけで，タマネギや，同様にゲノムの大半がトランスポゾンであるトウモロコシやコムギの研究者で，それらのゲノムの大半が，実は重要な機能をもっていると考えている研究者はほとんどいないだろう．ゲノムサイズのばらつきが非常に大きい植物や魚類，あるいはヒトよりゲノムサイズの大きい単細胞生物に精通している研究者なら，ゲノムの大半が，その種にとって何の役にも立たないトランスポゾンだというのは，まあそういうものだ，という程度のものではないだろうか．つまり，ヒトや哺乳類だけ特別である可能性はもちろんあるものの，ゲノムの大半が無駄なものという状況は，理論上は起こりうるものであり，実際にいろんな種で頻繁に起こっているというのが自然な解釈だろう．その一方で，現在「ジャンクDNA」と考えられている配列の中に，未知の機能をもつ配列がまだまだたくさん存在することも間違いなく，今後のさらなる解明が期待されている．

コラム 2 ● 面白いゲノムをもつ生き物——繊毛虫の例

　プロティスト（原生生物）とは「動物・植物・菌類のいずれでもない真核生物」という，まったくちゃんとした分類群ではない，いかにも余り物かのような扱いをされている生き物たちである．しかし，ゲノムを調べると非常に面白い生き物が多く，多様性の宝庫である．とくに面白いのが，ゾウリムシやテトラヒメナを含む，繊毛虫と呼ばれるグループの種である．これらの種は単細胞生物であるが，多細胞生物の生殖細胞に似た役割を果たす「小核」と，体細胞に似た役割を果たす「大核」の 2 つの核をもち，それぞれが異なるゲノムをもつ．

　これらの生物は，基本的に細胞分裂による無性生殖で増殖し，その際には，親個体と同じ小核と大核のゲノムをもつ個体が生じる．しかし，まれに（例えば枯渇状態になったときに）有性生殖を行い，その際には，2 個体がそれぞれの小核ゲノムを組み換えのような形で「交換」することで，新しい小核ゲノムがつくられる．そして，そこから「必要な」配列だけを集めて編集した大核のゲノムが作製される．小核では，基本的に転写は起こらず，大核で，転写や翻訳によって生命活動に必要な分子が生成される．

　なかでも極端なのが，*Oxytricha* と呼ばれる属の種であり，これらの種の小核は，数十本の染色体，そして 5 億以上の塩基からなるゲノムを 2 セットもっている．そして，そこから 9 割以上の塩基が切り落とされ，約 5000 万塩基の大核ゲノムがつくられる．この大核ゲノムは，約 16000 の染色体で構成されており，ほとんどの染色体が遺伝子を 1 つしかもっておらず，各染色体が平均で 3000 塩基ほどの長さである（「ナノ染色体」と呼ぶことがある）．小核がゲノムを 2 セット（各染色体を 2 対）もっているのに対し，大核では，各染色体を数十から数百コピーもっているとされる．

　さらに面白いことに，小核ゲノムの，まったく別々のところに散在しているたくさんの断片をつなぎ合わせて編集することで，大核ゲノムの各染色体（つまり各遺伝子）がつくられる．多いものだと，小核ゲノムでは 200 カ所以上に散在しているバラバラの断片が，大核ゲノムの一染色体に対応している．この小核ゲノムから大核ゲノムを構築するプロセスがどのように決まっており，どのようにして次世代に正確に伝わっているのかは，非常に興味深い問題であり，今後の解明が待たれる．

　このように，これらの種は，遺伝や生命活動に関するかなり根幹となる部分において，進化の過程で，動物や植物とはまったく別の解決策にたどり着いたという点で非常に面白いのではないだろうか．われわれの遺伝・進化や分子生物学に関する理解は，動物，植物やごく限られた一部の菌類，バクテリアにかなり依存している．しかし，実際には，動物や植物といった分類群と同程度の

長い時間，独立に進化してきたたくさんの分類群が，地球上には存在する．これらの種のゲノムレベルでの解析は，ほとんど進んでおらず，種がほとんど見つかっていない分類群もたくさんある．しかし，これらには繊毛虫のように，われわれの常識が通じず，さまざまな驚きを与えてくれる生き物がまだたくさん存在すると考えられ，今後の発見と解明が期待される．

コラム 3 ● ゲノムの解読

ここでは，どのようにゲノムのすべての文字の並びを決めるのかを，簡単に説明したい．ものすごく簡単にいうと，まずはゲノムを決定したい個体の，ある組織（血液や葉など）から DNA を抽出し，さまざまな化学反応を駆使してその DNA の塩基配列を決定する．ただし残念なことに，1 つの染色体の全塩基の並びを，最初から最後まで一度に順に決定することはできない．一度に決定できる塩基配列の長さは，現在では数十から数百塩基である．そのため，ほとんどの場合，まずは抽出した DNA を制限酵素と呼ばれる「ハサミ」で切断することで，大量の DNA 断片を生成する．それから各断片の塩基配列を決定し，最終的に各断片をつなぎ合わせる作業を行う．

この断片をつなぎ合わせる作業（アセンブリという）が，非常に難易度が高い．というのも，どの断片がどの染色体のどの領域に由来するかはわからないからである（実験的に一部調べることも可能ではある）．例えば，ある 200 塩基の断片の後半の 100 塩基と，別の 200 塩基の断片の前半の 100 塩基がまったく同じであれば，これら 2 つの断片をつなぎ合わせることで，300 塩基の断片を得ることができる．

このように，端の配列が同じ断片をつなぎ合わせていくことで，どんどん断片を長くしていくのが基本的な考え方である．しかし，これにはいくつかの問題がある．まず，ゲノム中には，トランスポゾンをはじめとする似た配列がたくさんある．複数箇所にまったく同じ 100 塩基の配列があれば，間違って違う断片をつなぎ合わせてしまいやすくなる．実際，公開されている「ゲノム」に複数のつなぎ間違いがあることは何も珍しいことではない．とくに，ゲノムには似た配列が集中して存在する領域が複数あり，こういった領域は解読が非常に困難である．それに加え，塩基配列決定の際には多少のエラーがつきものである．さらに，DNA の切断が困難で，断片を得るのが難しい領域もある．

より長くてより正確な塩基配列の断片を，より大量に生成できれば，そのぶんだけ正確なアセンブリが得られる．ただし，そのぶんだけお金と労力はかかる．この 10–15 年で塩基配列決定（シーケンシング）の技術は飛躍的に進歩し，現在でも，たくさんの企業が競って開発にとり組んでいる．

また，アセンブリの方法もどんどん開発されている．このため，近年では個々の研究室単位で，研究対象とする生物の「全ゲノム」の塩基配列を決定することが可能になっている．しかし「全ゲノム」といっても，本当にすべての塩基の並びを決定できているケースは稀である．ヒトでも，正確に配列が決定できていない領域が複数存在する．また近年では，ほとんどの場合，ゲノムの塩基配列の決定はあくまでも研究目的を達成するための手段（例えば有用な形質と関係している変異や領域を検出するための）であり，そこまで精度の高いアセンブリを必要としない．

　研究対象とする種の，複数の個体のゲノムを扱った研究を行いたい場合，すべての個体でアセンブリを作成することは稀である．通常は，ある1個体だけアセンブリを作成し，残りの個体に関しては，各塩基配列の断片をつなぎ合わせをすることなく，その1個体のアセンブリに「貼り付ける」（対応する領域を探す）．そして，たくさんの個体の塩基配列の断片をアセンブリに「貼り付けた」データから，個体間で違う部分を見つけだし，さまざまな解析を行う．そうすることで，塩基配列を決定するDNAの量をより少なく抑えることができ，コストも労力も節約できる．

2.6　文字の並びだけじゃわからんって!?
——ゲノムデータから知識を抽出するには

　それでは，ゲノムのどこにどんな情報が記されているかを，どうやって知ることができるのだろうか．現在では，ゲノムの塩基配列を決めるのは比較的容易になっている．しかし「文字の並び」だけでは，どこにどんな遺伝子があるかはまったくわからない．これだけだと，文字通りただの「文字列データ」である．大量に生成される塩基配列データを，意味のあるデータに変換するには，ゲノムのさまざまな領域に「注釈付け」（英語でアノテーションという）を行う必要がある．

　ゲノムに「注釈」を付けていくための一番直接的な方法は，もちろん実験を行うことである．しかし，当然ながら，すべての種のすべての個体で実験を行うわけにはいかない．そこで，ゲノムデータやさまざまな実験データから知識を抽出し，そこから予測を立てることが必要になってくる．これはまさに4章で扱う情報科学の得意分野であり，実際にこれまで情報科学の知見が

ゲノム科学に広く応用されてきた．それに加え，これまでに述べた進化の理論が，知識を抽出する上で非常に力を発揮する．

2.6.1 遺伝子を見つけるには

ゲノムの塩基配列を決定した際にまず知りたいのは，どこにどんな遺伝子が存在するかである．そこで，まずは遺伝子を見つけるための実験的な手法について，簡単に説明する．先に述べたように，遺伝子はタンパク質やRNAを生成している．RNAの配列や，タンパク質のアミノ酸配列がわかれば，それらがゲノムのどこで生成されたかが推定できる．すると，そこのゲノム領域に，そのRNAやタンパク質を生成している遺伝子があることがわかる．

ある個体が生成している，すべてのRNAやタンパク質を単離し，それぞれの配列を決定できれば，理論上は，その個体のすべての遺伝子を同定できることになる．タンパク質の単離と配列決定は難易度が高く，ある個体のたくさんのタンパク質を，網羅的に単離して配列決定を行うことは現実的ではない．一方で，RNAの単離と配列決定は，比較的容易でかつ安価である．このため，ゲノムの塩基配列を決定した種の，いくつかの組織や器官からRNA（とくにmRNA）を抽出して配列を決定し，それらを生成したゲノム領域を探索することがよく行われる．

ただし，mRNAはイントロンを含まないのに対し，mRNAを生成するゲノム領域はイントロンを含んでいることが多い．また，いつもmRNAの全長をとれるわけではなく，さらに，似たmRNAを生成する領域がゲノム中に複数箇所存在する場合も多い．このため，そのmRNAがどこで生成されたかを，必ず特定できるわけではない．その上，すべてのRNAがタンパク質に翻訳されるわけではなく，RNAとして機能をもつものもあれば，機能をもたないと考えられるものもある．

RNAの抽出と配列決定は，さほど困難ではないとはいえ，それでも一定の時間と労力とお金は必要である．また，すべての組織・器官・条件をカバーすることは難しく，ゲノム中のすべての遺伝子に対応するRNAを抽出することはほぼ無理である．そこで，非常に重要な情報源となるのが，他の種ですでに配列がわかっている遺伝子である．

2.2節で述べたように，「似ている」遺伝子はもともと同じな上，機能も似ていることが多い．また，重要な機能をもつ配列ほど，変わると問題があるため，異なる種間でも似ている．とくに，タンパク質を生成する遺伝子のアミノ酸配列は，変わると問題があることが多く，ある程度離れた種同士でも似ているものが多い．例えば，ある種の全ゲノム配列を新しく決定したとすると，図 2.4 の種のアミノ酸配列を元に，その種のゲノム中のヒストン H4 遺伝子を同定できることが想像できるだろう．同様のことが他の遺伝子についても可能である．

　ある種が，他のどの近縁種にも似た配列がない遺伝子をたくさんもっていることはまずない．例えば，ヒトのタンパク質を生成する遺伝子の 9 割以上について，マウスのゲノム中に配列の似た遺伝子を見つけることができる．このため，ある哺乳類の種のゲノム配列を新しく決定したとすると，ヒトやマウスでわかっているすべての遺伝子のアミノ酸配列に対して，それらに対応すると思われるゲノム領域を探索することで，その種の大部分の遺伝子の位置を突き止めることができる．さらに，ヒトやマウスでの研究結果をもとに，それぞれの遺伝子の機能についても，ある程度推測することができる．

　ただし，似ているといってもそれなりに違う場合が多く，アミノ酸配列から塩基配列を完全に特定できない上，ゲノム DNA ではイントロンによって分断されていることが多い．このため，これらの遺伝子の大まかな位置を同定することは比較的容易だが，各エキソンとイントロンがどこから始まりどこで終わるのかといった，厳密な構造を正確に予測するとなるとハードルが上がる．

　実験的に同定した mRNA や，近縁種の遺伝子の配列に加え，遺伝子やタンパク質を生成する領域を規定する「文法」も，重要な情報として活用できる．例えば，タンパク質を生成する配列に，1 塩基や 2 塩基の挿入や欠失が生じると，その後のアミノ酸配列が完全に変わってしまう．このため，タンパク質を生成する領域では，1 塩基や 2 塩基の挿入・欠失や，翻訳を終了させてしまう TAA, TAG, TGA（ストップコドン）の頻度が，非常に低い．

　また，ほとんどの種で，タンパク質を生成する配列としない配列とで，塩基の組成が大きく異なる．例えば，タンパク質を生成する配列のほうが，生

成しない配列と比べ，G と C の割合（A と T の割合と比較して）が高いことが多い．さらに，イントロンの始まりの GT や終わりの AG と，イントロンと関係のない GT や AG を比較すると，GT や AG の前後数塩基の組成が統計的に異なる．

このため，全ゲノムにつき，各塩基がタンパク質を生成する配列かそれ以外の配列のどちらに属するかを，確率的に表すことができる．同様に，すべての GT と AG についても，それぞれがイントロンの開始・終了を表す GT や AG であるかを，確率的に表すことができる．

また，すでに実験的に同定されている遺伝子を「学習データ」として利用し，機械学習によって，これらの確率やパラメータを推定することも 2000 年ごろから行われている．近年では，ヒトにおいて，イントロンの開始・終了を表すことがわかっている GT や AG と，そうでない GT や AG を深層学習によってより正確に区別することで，新しいエキソンとイントロンの境界を多数同定することに成功したという報告がある．

このように，ある種の全ゲノム配列を決定すると，実験的に得られた mRNA の配列，他の種ですでに同定されている遺伝子のアミノ酸配列，さらに遺伝子を検出するための確率モデルなどを組み合わせた「遺伝子予測」をまず最初に行う．現在では，たくさんの種の遺伝子配列データが蓄積しているため，あまり研究されていない分類群の種でなければ，大半の遺伝子を比較的容易に同定することが可能になっている．

現在，遺伝子予測を行う上で一番問題になっているのが，2.5 節で紹介したトランスポゾンである．なぜなら，トランスポゾンの多くは，自身の増幅を可能にするためのタンパク質を生成する配列（遺伝子）をもっているからである．そして，これらの遺伝子は「通常の」遺伝子配列と同じ文法で成り立っている．さらにタチの悪いことに，もともとトランスポゾンの遺伝子に由来する，その生物において重要な機能をもつ「通常の」遺伝子も存在する．このため，トランスポゾンの遺伝子と通常の遺伝子を網羅的に区別することは非常に困難である．実際に，現在さまざまな種において「遺伝子」として公開されているデータには，よく見ると，おそらくその種の生命活動にはまったく寄与していない，ただのトランスポゾンだと思われる配列がたくさん存在する．

このため，種の遺伝子数として報告されている数は，実はあまり信用できるものではない．表2.1の種はかなり研究されている種であり，大幅な変更がある可能性は低いが，それほど研究が進んでいない種の遺伝子数は，トランスポゾンを大量に含んでいることが多く，数万のオーダーで多く見積もられていることもザラにある．これはさまざまな解析の妨げとなっており，このためにも，2.5節で述べたトランスポゾンに関するさらなる研究が重要になってくる．

2.6.2　形質の違いと関連する変異を見つけるには

ゲノムの塩基配列を決定する1つの重要な目的は，さまざまな形質の違いと関連する変異を見つけることである．作物を例にすると，ある特定の箇所の塩基がGである個体のほうが，Aである個体より期待される収量が上がることがわかれば，その塩基を調べ，Gの個体を優先的に選抜交配すればいい．あるいはヒトであれば，ある病気へのかかりやすさや，薬の効きやすさと関係している変異がわかれば，治療法の開発につながることが期待できるだろう．

多くの生物種では，個体間でゲノムを比較するとたくさんの変異が見られるが，そのほとんどが形質の違いとは関係がない．つまり，たくさんの意味のない変異の中から，形質と関連する重要な変異を抽出する必要があり，そのためにさまざまな手法が開発されている．

まず一番直感的な方法は，形質の違いと強い相関を示す変異を見つけることだろう．ゲノムワイド関連解析と呼ばれる方法である．図2.8のように，個体1-4が，ある遺伝病を患っているのに対し，個体5-10がその遺伝病を患っていないとしよう．例えば，12番目の箇所では，個体1-4がいずれもAをもっているのに対し，個体5-10はいずれもAをもっていない．つまり，Aの頻度が，その遺伝病と100%相関していることになる．同様に，四角で囲んだ10, 11, 13, 14番目の箇所でも，変異の頻度と遺伝病を患っているかどうかが100%相関している．

このように，個体間で塩基に違いが見られる箇所すべてについて，変異の頻度と形質の違いとの相関を計算すればいい．すると，もしその形質の違いの原因となっている変異があれば，その変異の頻度と形質の違いに強い相関が見られることが期待できる．

	1	2	3	4	5	6	7	8	9	10	11	12	13	14	15	16	17	18	19	20
個体1	A/G	G/G	C/T	T/T	C/C	G/G	G/A	T/T	G/G	G/A	T/C	A/G	A/C	G/T	G/G	A/A	G/A	T/T	G/G	A/A
個体2	G/G	G/G	C/C	T/T	G/C	G/G	A/A	T/T	G/G	G/A	T/C	A/G	A/C	G/T	G/G	A/A	A/A	C/T	G/G	A/A
個体3	G/G	A/G	T/T	T/T	C/C	G/G	G/A	T/T	G/G	G/A	T/C	A/G	A/C	G/T	G/G	A/A	A/A	T/T	G/G	G/A
個体4	G/G	A/G	T/T	T/T	C/C	A/G	A/A	T/T	G/G	G/A	T/C	A/G	A/C	G/T	G/G	A/A	G/A	T/T	G/G	A/A
個体5	G/G	A/G	T/T	T/T	C/C	G/G	A/A	T/T	G/G	A/A	C/C	G/G	C/C	T/T	G/G	A/A	G/A	T/T	G/G	A/A
個体6	G/G	G/G	C/T	T/T	C/C	G/G	G/A	T/T	G/G	A/A	C/C	G/G	C/C	T/T	G/G	A/A	G/A	T/T	G/G	A/A
個体7	G/G	G/G	C/T	T/T	C/C	G/G	C/T	A/A	G/A	C/C	G/G	C/C	C/C	T/T	G/G	A/A	A/A	T/T	G/G	A/A
個体8	G/G	G/G	C/T	T/T	A/T	G/G	G/A	T/T	G/G	A/A	C/C	G/G	C/C	T/T	G/G	A/A	G/A	T/T	G/G	A/A
個体9	G/G	A/G	C/T	T/T	C/C	G/G	A/A	C/T	A/G	A/A	C/C	G/G	C/C	T/T	G/G	A/A	G/A	T/T	G/G	G/G
個体10	G/G	G/G	C/T	T/T	C/C	G/G	A/A	C/T	A/G	A/A	C/C	G/G	C/C	T/T	G/G	A/A	G/A	T/T	G/G	A/A

図 **2.8** ゲノムワイド関連解析と呼ばれる手法. 個体 1–10 の間で, 塩基に違いが見られる, 同じ染色体の 20 の箇所を並べて示したもの. ある形質につき, 個体 1–4 がある表現型を示し, 個体 5–10 がその表現型を示さない場合, 10–14 番目の箇所は, いずれも変異の頻度がその形質と 100%相関する.

　ここで問題になるのが, ゲノム中には個体間で違いのある箇所が非常にたくさんあるため「偽陽性」がたくさん生じることである. 図 2.8 のように, 10 個体程度だと, その遺伝病とは無関係なのにもかかわらず, 個体 1–4 はもつが, 個体 5–10 はもたない変異が, ある程度存在するだろう.

　そこで非常に役に立つのが「連鎖」という概念である. 2.3 節にある図 2.3 のように, 同じ染色体の近くに存在する, Aa と Bb で表す領域や遺伝子があるとしよう. この Aa と Bb をもつ個体の子は, Aa に関しては A と a のどちらか, Bb に関しては B と b のどちらかを, それぞれ 1/2 の確率で受け継ぐ. しかし, Aa と Bb は染色体上の近くに存在するため, ほとんどの子は A と B, あるいは a と b をもち, A と b や, a と B をもつ個体は, Aa と Bb の間で組み換えが起こらない限り出現しない. このため, ある程度世代を重ねても, $A:a$ の比と $B:b$ の比は非常に強い相関を示す. そこで, もし A と a の違いが, ある形質の違いの原因なら, B と b の比も, その形質の違いの比と強い相関を示すことが予想できるだろう.

　このように, 形質の違いと真に相関のある変異なら, 図 2.8 の四角で囲んだ領域のように, 1 カ所のみならず, 近傍の箇所も強い相関を示すことが期待できる. 逆に, 近傍の変異がまったく相関を示さない場合は, 偽陽性の疑いが高くなる. この連鎖のおかげで, 原因となる変異を突き止めることが困難だとしても, その変異を含む領域の同定が容易になる.

　もう 1 つ問題になるのが, 個体間の遺伝的な近縁度によるバイアスである.

例えば，個体 1–4 がいずれも日本人で，個体 5–10 がいずれも欧米人であれば，遺伝病とはまったく関係ないにもかかわらず，強い相関を示す変異がたくさん出現してしまう．そこで，個体間の遺伝的な近縁度を補正するさまざまな方法が，現在では開発されている．また，メンデルが用いたエンドウの丸としわのように，1 つの遺伝子で説明できる形質であれば，簡単に関連する領域を同定できるが，そのような形質はそれほど多くない．逆に多数の変異の組み合わせによって違いが現れる形質は，関連する領域の同定が非常に困難である．

このゲノムワイド関連解析は非常によく使われる方法であり，医療や育種の発展に非常に大きく貢献してきた．このように，遺伝的な多様性を確率的・統計的に扱うことは，現在では当たり前のようになっている．しかし，これは 20 世紀前半に，遺伝のメカニズムが確立されたことで初めて可能になったのである．

2.6.3 子孫を多く残すのに貢献した変異を見つけるには

形質と関連する重要な領域を見つけるのに，もう 1 つの有効なアプローチは，ゲノム中の変異のパターンから，子孫をよりたくさん残すのに貢献したであろう変異を探すことである．図 2.9 で示すように，ある特定の変異をもつ個体が，他の個体よりも子をたくさん残し続けた場合，その変異を含む領域は，他の領域と比べてさまざまな特徴を示す．直感的には，2.2.4 項であげた「コンピュータ」という単語のように，その変異を含む「文字の並び」が，他の「文字の並び」よりも早く広まったと考えればいい．早く広まったということは，そのぶん違いが生じる時間がなかったと考えられるため，他の領域と比べ，違いが極端に少ないことが予想される．

図 2.9 にたとえると，星印で示す重要な変異を含む灰色の領域は，他の領域と比べ，集団内における頻度が早く上昇している．また，ある世代における灰色同士や，黒同士の違いは，いずれも図 2.9 の最初の親個体からの間に生じた違いのみであるため，異なる色同士を比べたときよりも違いが極端に少ないことが予想される．

このような領域を探すのに一番シンプルな方法は，各ゲノム領域において，

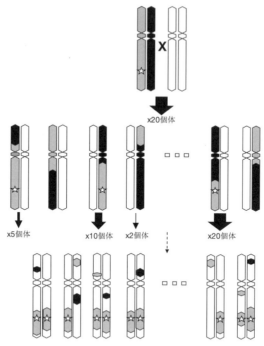

図 2.9　個体の適応度を上げる変異をもつゲノム領域の頻度が，世代を経て上昇するプロセス．灰色のゲノムにある，星印で示す変異をもつ個体のほうが，もたない個体より子を多く残す可能性が高い．世代を重ねるに連れ，組み換えにより，灰色や黒に由来する領域は減少していく．

各個体（ゲノム）間の平均の違い（塩基多様度）を計算することである．図2.10のように，塩基多様度が極端に低い領域があれば，そこに個体をより多く残すのに貢献した変異が含まれている可能性が高い．

　なお，周りの領域においても変異が少なくなるのは，先に述べた「連鎖」が関係している．また，その重要な変異がどの程度過去に生じたのか，あるいはどの程度広まったのかによって，最適な検出方法は異なってくる．このように，ある種のたくさんの個体のゲノムデータをもとに，個体をより多く残すのに貢献した変異を検出したり，ある特定の変異の頻度が，その変異が個体を多く残すことに貢献したかを検定したりすることは，遺伝学における大きなテーマである．近年では，複数の変異の組み合わせによって影響が異な

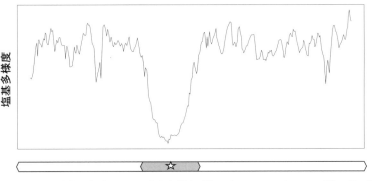

図 **2.10** ある染色体の領域ごとに，塩基多様度（集団中の 2 つのゲノムの平均の違い）を計算したもの．図 2.9 のように，灰色で示した，子をより多く残す原因となった変異をもつ領域では，塩基多様度が低下する．

る場合をどう評価するかが一つの大きな課題となっている．

　先に述べたゲノムワイド関連解析は，その形質が，個体を多く残すかどうかとまったく関係ない場合でも使えるというメリットがある．それに対して，この手法は，形質が出発点になっておらず，各個体の形質に関する情報がない場合でも使えるというメリットがある．

　例えば，現在われわれが栽培しているイネは，その昔，野生イネのうち人間が好む特徴をもっていた個体が，優先的に選抜交配され続けることによって成立したものである．つまり，現在のイネ（栽培イネ）のゲノムには「人間に選抜されやすくなる」さまざまな形質と関連する変異があると考えられる[15]．そこで，たくさんの栽培イネや野生イネのゲノムをそれぞれ調べると，栽培イネにおいてのみ著しく多様性が減少している領域が複数検出される．これらの領域には，人間に選抜される可能性を高めるような変異があったと考えられる．

　イネをはじめ，多くの作物にとって，栽培化の過程で重要な「人間に選抜

---

15)　イネに限らず，多くの栽培植物や家畜が，その祖先種や近縁野生種と比べ，さまざまな異なる特徴をもつ．さらに，イヌなど多くの種が，たくさんの多様な「品種」（チワワやゴールデンレトリバーなど）に分かれている．このような野生種との違いや品種の多様性は，疑いようもなく，人類による選抜交配の繰り返しによって生じたものである．ダーウィンは『種の起源』の中で，このプロセスを「人為選択」と呼んで最初に紹介し，自然界に見られる多様性も，「自然選択」と呼ぶ同様なプロセスで説明できるのではないかと議論を展開した．

されやすい」代表的な特徴は，種子の非脱粒性，つまり種の落ちにくさである．野生イネをはじめとする多くの野生の植物では，成熟してからわりとすぐに種が地面に落ちる個体がほとんどである．ところが，その中に種が落ちにくくなっている個体が混じっていることもある．人間が植物から種を採集する際には，まだ種がついている個体から種をとるため，種が落ちにくくなっている個体を優先的に選抜していることになる．そこで，栽培イネにおいてとくに多様性の減少が顕著な領域を調べると，種子の非脱粒性の原因であることが実験的に示されている変異が見つかるのである．

　あるいは寒冷地など，特殊な環境で生育可能な品種でのみ多様性の低下が見られる領域には，その環境での生育を可能にする変異があることが予想できる．そのような領域が同定できれば，その品種と，その環境で生育できない品種とを交配させた個体の中から，その環境で生育できる個体をより効率よく選抜することが可能になる．

　この節で述べたような手法だけで，形質の違いの原因となっている変異を完全に同定することは難しく，究極的には実験による証明が必要となる．しかし，ある変異が高確率で，ある遺伝病や作物の収量の増加と相関していることがわかれば，それだけでも医療や育種の現場にとっては重要な情報である．

　また，重要な変異をもつであろう領域をある程度まで絞り込めれば，その結果を受けてさらに実験によって絞り込み，原因となる変異を同定することが可能になる．現在では，ここで述べたような手法を用いて理論的に特徴的なパターンをもつ領域を探索し，その結果を受けて実験を行うという研究の流れが頻繁になってきている．

　このように，たくさんの個体の「設計図」の「文字の並び」から，比較的簡単なロジックを組み合わせることで，さまざまな有用な情報を抽出できるのである．

2.7 文字数多いけどよく見たらコピペばっかり
――DNA の重複と生物の進化

2.7.1 DNA の重複が生み出す多様性

ヒトとチンパンジーに共通する塩基の並びを比較すると，おおよそ100塩基に1つほどの違いが見られる．このことから「ヒトとチンパンジーのDNAは99%同じ」といった表現が一人歩きするようになり，耳にされた方も多いかもしれない．しかし，これは共通祖先に存在し，変わっても問題ない（生存競争に影響しない）と思われる配列に，点変異による違いがどの程度蓄積していることが期待できるかを表す数字である．

この「変わっても問題ない塩基の並びがどの程度変わっているか」は，その2つの配列が，分かれてからどれぐらい時間が経っているかの目安になる．また，別の任意の配列がどの程度変わったらまずいか（つまり重要な機能をもっている可能性が高いか）を議論する上での有効な比較対象にもなるため，これはこれで重要な指標である．一方で，ヒトとチンパンジーのゲノムを比較すると，どちらかのゲノムで生じた重複や欠失により，片方の種にしか存在しない領域が数万箇所存在する．また，ヒトの個体間でも，同様にたくさんの重複や欠失による違いが見られる．

世代あたりに生じる変異の数としては，点変異のほうがはるかに大きいが，ゲノム領域の重複や欠失は，一度の変異でたくさんの塩基が影響を受けるため，点変異より表現型や適応度への影響が大きい．例えば，重要な遺伝子を含む領域の欠失が生じると，その個体にとって非常にまずいことが想像できるだろう．一方で，重複した領域に遺伝子が含まれていると，まったく同じ遺伝子が2つできることになる．この遺伝子の重複は，生物の進化の過程で非常に重要な役割を果たしてきた．

2.7.2 新しいものをつくるにはコピペ！――遺伝子重複と生物の進化

ヒトゲノムでは，約22000の遺伝子のうちの9割以上が，ゲノム中に最低もう1つの，配列が「似ている」遺伝子をもつ．「似ている」ということは，

もともと同じだった可能性が高く，同じゲノムにある以上は，重複によって1つが2つになったと考えられる．重複した時点では，2つの遺伝子の配列は同じであり，その後双方で変異が起こることで，違いが蓄積されていく．つまり，重複によって生じた2つの遺伝子の配列の違いは，重複からの時間に比例する．

　生物のゲノム中には「少しだけ似ている」大昔に重複したものから，「非常に似ている」もっと最近重複したものまで，さまざまな時期に重複したものが存在する．ヒトに限らず，ほとんどの生物が，ゲノム中に重複した遺伝子をたくさんもっている．つまり，現存の多くの遺伝子は，すでに存在する別の遺伝子の重複によってできたといえる．

　似ている遺伝子を他に1つだけ（一対の重複遺伝子ペア）もつ遺伝子もあれば，似ている遺伝子が数百あるような「遺伝子群」も存在する．例えば，ヒトでは正常な嗅覚受容体を生成する遺伝子が，396個見つかっている．さらに，425個の偽遺伝子化した（正常なタンパク質を生成できない）嗅覚受容体遺伝子が同定されている．つまり，この遺伝子群では，遺伝子の重複と偽遺伝子化が非常に早いペースで起こっている．

　すべての生物の共通祖先がどんな遺伝子セットをもっていたのかはさておき，現存の各生物の遺伝子セットは，比較的少数の遺伝子セットから，それぞれの遺伝子が重複し，それによってできた遺伝子がさらに重複するというプロセスを繰り返すことによって成立しているようである．これらの観測からも，遺伝子重複の進化における重要性は明らかである．遺伝子重複の重要性について，おそらく最初に体系的に主張し，議論を展開したのが大野乾である．大野が1970年に発表した "Evolution by Gene Duplication" という著書は，遺伝子重複に関する研究の先駆けとなり，現在でも非常に多くの論文に引用されている．

　遺伝子の重複は，その個体にいろんな影響を及ぼしうる．一番単純な例は，1つあったものが2つになったことにより，同じタンパク質がよりたくさん生成されることである．これはその個体の適応度を上げる場合もあれば，下げる場合もある．とくに，他の複数のタンパク質と相互作用しているタンパク質ほど，1つのタンパク質だけが急に倍生成されると，他の遺伝子に影響

が及ぶため，不利な影響を及ぼすことが多いとされている．

ゲノム中のほとんどの遺伝子が重複によって生じたものであり，ほとんどの遺伝子が異なる機能をもっているということは，遺伝子重複が新しい機能の獲得や機能の多様化に重要な役割を果たしていることを表している．重複によって2つになった遺伝子が，どのようにして異なる機能をもつに至るかについては，多くの議論がなされており，さまざまな例が報告されている．片方の遺伝子が元の機能を維持したまま，もう片方の遺伝子が新しい機能を獲得する場合もあれば，元の機能を2つの遺伝子で分担する場合もある．あるいは，新しく生じた遺伝子が，ゲノムの別の箇所に入ることにより，元の遺伝子とは異なる調節因子の制御を受け，重複した時点ですでに別の組織や器官でタンパク質を生成するようになっている場合もある．

ある重要な遺伝子が1つしかなければ，その機能を変えてしまうような変異は，その個体にとって非常にまずい．それに対し，その遺伝子の「コピー」ができることによってさまざまな「進化的な実験」が可能になることが，遺伝子重複が生物の進化に重要な役割を果たしてきた大きな要因だといえるだろう．

2.7.3　全部コピペしてまえ！——全ゲノム重複と生物の進化

これまでは，個々の遺伝子の重複について述べてきたが，ゲノム全体の重複というのも，進化の過程で非常に大きな役割を果たしてきた．通常は，両方の親からゲノムを1セットずつ受け継ぐのに対し，まれに2セットずつ受け継いだ4セットのゲノムをもつ受精卵が生じる．ヒトを含むほとんどの哺乳類では，こういった個体は発生段階で異常をきたし，4セットのゲノムをもつ正常な個体が産まれることはほぼない．一方で，植物や一部の魚類・両生類では，頻繁に4セット，6セット，8セットのゲノムをもつ個体が産まれる．身近な例だと，パンコムギは6セットのゲノムをもち，ジャガイモは4セットのゲノムをもっている．

興味深いことに，現存するたくさんの生物が，ゲノムを4セットや6セットもつ個体を祖先にもつ．言い換えれば，過去にゲノム全体の重複が生じたという痕跡をゲノム中に残している．同じゲノム中に配列の似た遺伝子対が

あれば，その遺伝子対は，重複によって1つの遺伝子が2つになったと考えられる．同じように，図 2.11 の種 A や種 B のように，2つの領域の複数の遺伝子がそれぞれ対をなし（種 A の遺伝子対 2, 3, 5 や，種 B の遺伝子対 1, 3, 5），遺伝子の並びも保存されていれば，領域ごとの重複が生じたと考えられる．ゲノム中にたくさんの重複した領域があり，それぞれに含まれるほとんどの遺伝子対が同じぐらいの時期に重複していれば，その時期にゲノム全体が重複したと推測できる．つまり，その種が，ゲノムを4セットもっていた個体を祖先にもつということである．

　1つしかない遺伝子と比べ，重複によって2つになった遺伝子は，その後どちらかの遺伝子が失われる確率が高くなる．このため，図 2.11 の種 A や種 B のように，1つのゲノムだけで解析を行うより，重複が生じていない種 C と比較したほうが，重複した領域を見つけやすくなる．さらに，2.2 節で述べた「分子時計」と「最節約の原理」を組み合わせることで，ゲノム重複の時期をより詳細に推定することができる．

　図 2.11 のように，種 A と種 B で同様の重複が見られ，種 C でその重複が見られなければ，種 C と種 A/B の共通祖先が分かれた後，種 A と種 B の共

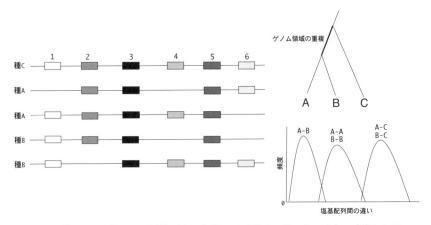

図 **2.11**　種 A/B と種 C の分岐後，種 A と種 B が分岐する前のある時点で重複したゲノム領域の遺伝子 1–6 の並びと，種 A と種 B が分岐する時点で同じだった各遺伝子 (A-B)，種 A と種 B に存在する重複によって生じた遺伝子 (A-A, B-B)，種 A/B と種 C が分岐する時点で同じだった各遺伝子 (A-C, B-C) のそれぞれの塩基配列間の違いの頻度分布．

通祖先で，この全ゲノム重複が起きたと推定できる．また，種Aや種Bが
もつ重複遺伝子対の配列の違いは，種Aと種Bが分かれた時点で同じだっ
た遺伝子対の配列の違いより大きく，種A/Bと種Cが分かれた時点で同じ
だった遺伝子対の配列の違いより小さいことが予想できる．ここで種Aと種
Bや，種A/Bと種Cのおおよその分岐年代が，化石情報や他の研究からわ
かっていれば，それらとの比較から，種Aと種Bがもつ重複遺伝子対の配列
の違いが，どれぐらいの時間（年）に相当するかが推定できる．なお実際に
は，配列が違いを蓄積する速度は，種ごとで異なることが多く，また，gene
conversion（遺伝子変換）と呼ばれる重複配列遺伝子対の配列を同じに保つ
機構も存在するため，より複雑な解析が必要となる．

　このような手法を用いたさまざまな研究により，全ゲノム重複が，進化の
過程で重要な役割を果たしてきたことが明らかになっている．例えば，すべ
ての脊椎動物が，ゲノムが4倍（8セット）になった共通祖先に起源するよ
うである．これはかなり昔から，大野をはじめとする研究者によって提唱さ
れていたが，2008年に，脊椎動物より前に分岐したナメクジウオのゲノムが
解読されたことで，大野らの仮説が正しいことがわかった．

　ナメクジウオのゲノムと，ヒトをはじめとするさまざまな脊椎動物のゲノ
ムの遺伝子の並びを比較すると，多くのナメクジウオの1つのゲノム領域が，
他の脊椎動物の4つのゲノム領域に対応する．これは，ナメクジウオの共通
祖先と，脊椎動物の共通祖先が分岐した後，各脊椎動物の共通祖先でゲノム
全体が4倍になったことを示唆している．

　似たようなケースは，被子植物で頻繁に見られる．すべての真性双子葉植
物の共通祖先は，ゲノムを6セット保持していたと推測されている．また面
白いことに，約6500万年前の，環境が劇的に変動し，恐竜などたくさんの生
物の大絶滅が起きたのと同じぐらいの時期に，多くの被子植物がゲノムを倍
にしていた痕跡をゲノム中に残している．例えば，ほとんどのマメ科植物の
共通祖先が，この時期にゲノムが重複した個体であり，同様に，多くのナス
科植物（トマトなど）の共通祖先，アブラナ科植物の共通祖先，アオイ科植物
の共通祖先が，それぞれこの時期にゲノムが重複した個体であった可能性が
高い．これは著者を含むグループが最初に発表した研究結果だが，それ以降，

数多くの植物の分類群において，似た結果が報告されている．全ゲノム重複の時期の推定には不確実性がつきまとい，また，これらの全ゲノム重複と生物の大絶滅や環境の変動との因果関係は推測の域を出ない．しかし，6500万年前を含む数百万年の間に多くの植物で生じた全ゲノム重複が，現在の植物の多様性を形づくる上で非常に重要な役割を果たしたことは間違いなさそうである．

　通常の2セットのゲノムをもつ個体や種と比較して，4セット以上のゲノムをもつ個体や種がどういった一般的な特性をもつかは，非常に難しい問題であり，はっきりとした共通認識はまだ構築されていない．基本的にこういったゲノムの重複は，一種の特殊な変異である．よって，他の変異と同様に，大体の場合はゲノムを2セットもつ個体より適応度が低く，まれに，より適応度の高い個体が出現すると考えて問題ないだろう．ただし，ゲノムを4セットもつ個体のほうがとりうる表現型の振れ幅が広い．このため，生育困難な環境になったときには，4セットもつ個体の集団のほうが，その環境に適応した個体が出現しやすくなることで，集団や種として生き延びる可能性が高いと考えている研究者が多い．

　これらの大昔にゲノムが倍になった個体が，どういった理由で生き残り，子孫が繁栄するに至ったかは推測の域を出ない．しかし，おそらくすべての脊椎動物と，すべての被子植物が，いずれもゲノムが倍になった個体の子孫であり，全ゲノム重複によって新しく生じたたくさんの重複遺伝子が，現在のそれぞれの種のゲノムの中で重要な機能を担っていることは事実である．

2.8　おわりに——実際には生物はもっともっともっと複雑で・・・

　最後に，ゲノム・遺伝・進化に関する研究の今後の展望と，数理科学との関わりについて述べてみたい．ここ10–20年における一番重要な変化は，おそらく塩基配列決定（シーケンシング）技術の劇的な進歩だろう．これによって，大量のゲノム関連データが生成されるようになり，生物学もまさに「ビッグデータ」時代に突入した．このため，生物学と情報科学の融合がさらに必

要になってきている．

　これまでのわれわれの遺伝，ゲノム，さらには分子生物学に関する知識は「モデル生物」と呼ばれる非常に限られた種に依存してきた．近年のシーケンシング技術の革新により，われわれはようやく多種多様な生物のゲノム情報を手に入れることができるようになった．このおかげで，今後さらに，生命の分子レベルでの多様性の理解が進むことが期待できる．そして，そのためには本章で述べたような，生命の共通性と多様性を説明する遺伝・進化の理論がより重要になってくるのではないだろうか．

　本章では，ゲノムが1次元の「配列」情報であるかのように議論を進めてきた．複雑な生命の形を，1次元の配列情報という，数学にそれほど強くない生物学者でも扱える，シンプルな形に落とし込めたことが，分野の発展に大きく貢献したことは間違いないだろう．さらに，配列情報として扱うことで，すべての生命に「共通性」を見いだすことができ，すべての生命の多様性を共通の1つの枠組みで記述することが可能になった．このため，少なくとも生命の塩基配列レベルでの多様性に関しては，すべてを説明することはまだできないにしても，説明するための理論はある程度構築されているといえるだろう．

　しかし，実際には生き物はそんな単純ではない．例えば，ゲノム中の遺伝子はいずれも独立に機能するのではなく，さまざまな相互作用を伴う複雑なネットワークを形成している．このように，生命現象，とくに細胞レベルでの現象を，ネットワークや「システム」として捉えて理解しようとする分野を「システム生物学」という．これは2000年代半ば頃から一気にはやりだした分野であり，生物学とネットワーク理論を扱う物理学・情報科学との境界分野として発展を遂げている．

　また，遺伝子の機能は，生成されるRNAやタンパク質の高次構造によって大きく変わってくる．そして，これらの高次構造と，遺伝子の塩基レベルでの多様性は密接に関係している．タンパク質の立体構造を変えないようなアミノ酸の変異は，立体構造を変える変異と比べて許容される可能性がはるかに高く，種間で比べても違いが見られることが多い．これは，木村資生が中立説を提唱するに至った重要な根拠となった．しかし，タンパク質の構造を

実験的に決定することは容易ではなく，理論的に予測することも非常に困難である．このため，さまざまな生物が生成するタンパク質のほとんどは，まだ構造がわかっていない．

さらに，染色体は核内で複雑に折り畳まって収まっており，その上「じっと」しているわけではない．遺伝子の転写（mRNA を生成するプロセス）は，転写を行うタンパク質の複合体（RNA ポリメラーゼ）が遺伝子のあるところに行くのではなく，むしろ遺伝子のほうから転写をしてもらえるところに移動する，という理解のほうが実態に近いようである．つまり，遺伝子の機能は，遺伝子の細胞内の空間的な位置情報や，染色体の物理的な動きとも深く関係している．これらに加え，複雑な形をした多細胞生物が 1 つの細胞からスタートし，どのようにして組織や器官を形成していくのかとなるとさらに難しい問題となる．

このように，単純な 1 次元の文字列情報から離れるとまだまだ問題は山積みであり，複雑な形や構造を記述するための数理科学の発展がさらに必要になってくるだろう．実際に，すでにたくさんの数学者・物理学者がこういった問題にとり組んでいる．しかし，生物の「理論」「モデル」「体系的な理解」は，究極的には現時点でのある特定の種限定のものではなく「他の種ではどうなのか」「過去から現在に至るまでにどう変化してきたのか」という問いにも答えられるべきだというのが個人的な見解である．そこで 1 次元の配列情報が，より高次元の複雑な形・構造とどう結びつくか（あるいは結びつかないか）の理解を深め，これら複雑な形・構造に関する「進化のプロセス」を組み込んだ理論を構築していくことが今後の大きな課題といえるのではないだろうか．

参考文献

[1] 太田朋子『分子進化のほぼ中立説——偶然と淘汰の進化モデル』講談社，2009.
　　木村資生が構築した分子進化の理論をさらに発展させるのに成功した太田朋子が，自身の研究成果を含む分子進化の理論について，一般向けにわかりやすく解説している．「ブルーバックス」として出版されているため，さほど長くなく，軽く読んでみたいという方にはちょうどいいかもしれない．

[2] 長田直樹『進化で読み解く——バイオインフォマティクス入門』森北出版，2019.

ゲノム関連データの蓄積とともに重要性を増しつつある「バイオインフォマティクス」について，「進化」をキーワードに体系立てて解説している．

[3] 木村資生『分子進化の中立説』紀伊國屋書店，1986.

20世紀以降，進化の分野の発展にもっとも影響を与えたといっていい木村資生の集大成．自身が提唱した理論を含め，分子進化について幅広く解説している．非常に密度が濃く，数理科学寄りの方にとっても読み応え十分だろう．数理科学が得意でなくても，流し読みするだけで十分価値がある．

[4] 斎藤成也『ゲノム進化を考える——系統樹の数理から脳神経系の進化まで』サイエンス社，2007.

21世紀に入り，飛躍的に発展を遂げた「ゲノム進化」という分野を幅広くわかりやすく解説している．

[5] 田口善弘『生命はデジタルでできている——情報から見た新しい生命像』講談社，2020.

物理学者であり，機械学習やバイオインフォマティクスを研究している著者が，ゲノムを「デジタル情報処理系」に見立て，最新のゲノム科学について解説している．

[6] 根井正利『突然変異主導進化論——進化論の歴史と新たな枠組み』丸善出版，2019.

木村資生以降，分子進化の分野を牽引した根井正利が，「進化における突然変異の役割」を軸に，進化論の発展から最新の話題まで幅広く解説している．

第 **3** 章

スパコンで解き明かす 物質の究極構造

素粒子理論と計算科学

▼

土井琢身

3.1 物質の謎を追い求めて

　この世の物質はいったい何からできているのだろうか？ そして，物質の振る舞いはどのように理解できるのだろうか？ これは人類が知性をもって外界と関わるとき，ごく自然に湧き起こってくる問いの 1 つだろう．そもそもこの問いをどう捉え，どう答えようとするか，そのこと自体も大きな問いであり，それは人類の自然観の変遷と共に大きく変わってきた．古くは宗教や哲学などを通した説明がされてきたが，現代の自然認識にもっとも大きな影響を及ぼしているのは，16–17 世紀にコペルニクス，ガリレオ，ニュートンらが起こした科学革命だろう．これ以降，実験・観測に基づくデータと，数理の言葉で書き表された理論法則を定量的に結びつけるという考え方が確立し，近代科学の大きな成功につながった．

　現代では，物質の究極的構造である素粒子とそれを支配する基本法則について，非常に精緻な数理法則が確立している．この世界がなんらかの法則で理解できるということはそもそもまったく保証されていないことを考えると，これは驚くべきことだろう．このように科学がその適用領域を広げ，より根源的・普遍的な基本法則を明らかにしていく過程では，数理の力は決定的な役割を果たしてきた．ニュートンは地球上の物質の運動と天空での惑星の運

動を統一的に扱うことに成功し，アインシュタインは宇宙の時空そのものの進化を基本法則の対象とする時代を切り拓いたが，これらはまさに数理の発展と一体となって初めて達成されたことである．

　一方，自然科学が対象とする現象が多様化し，また実験・観測との比較が精密化していくにつれ，法則の理論的扱いにおける「計算」の重要性が増すことになった．とくに，過去70年間で1000兆倍というコンピュータの驚異的な高速化により，「計算科学」は，理論・実験と並ぶ科学における第3の柱として，なくてはならない存在となっている．実は計算科学の発展そのものにも数理の果たす役割は大きく，計算は数理を支え，数理は計算を支えているといってもよいだろう．

　数理の法則と計算は，この物質世界をどこまで解明できるだろうか？　本章ではまず，物質の究極的構造とその基本法則の発見の歴史において数理の果たした役割を解説する．また，ややもするとブラックボックスになりがちなコンピュータの構造と数理アルゴリズムを解説し，「計算」の実際について紹介したい．数理と計算の飛躍的発展により，いまや素粒子がどのように物質を構成しているのか，そして物質の基礎となる元素が宇宙の歴史の中でどのように生成され進化していくのか，その創世史の全貌解明が可能になりつつある．本章を通じてその研究の最前線の息吹にもふれていただければと思う．

3.2　極微の世界の秘密——原子の構造と量子力学

3.2.1　原子の構造を探る

　物質をどんどん分割していくと，究極的には何から成り立っているのだろうか？　よく知られているように，この世の物質はまず分子から成り立っており，分子は原子からできている．その名前，原子＝アトム＝"（ギリシャ語で）分割できないもの"の通り，かつては原子こそが究極的な最小単位だと考えられており，元素とも呼ばれる．しかし，19世紀にはすでに何十種類もの原子が見つかっており，原子が究極的な単位であるのは不自然と考えられるようになっ

た[1]．またメンデレーエフの周期表により，原子の性質にある種の規則性が見いだされたことは，原子はむしろより基礎的な何かから成り立っていることを示唆している．20世紀の初めまでには原子の中に電子が含まれていることが知られるようになり，原子構造についていくつかの理論模型が考案された．

　原子の真の姿を明らかにしたのが，1910年前後のラザフォードの実験である．これは，放射線の一種でα線と呼ばれる，プラス電荷の重い粒子（α粒子）の高速度ビームを，ごく薄い金箔に照射した実験である．α粒子がどのように散乱されるかを調べると，ごくまれに照射方向の逆方向に跳ね返ってくることを発見した．ラザフォードはこの実験結果の驚きを，「ティッシュペーパーに砲弾を撃ち込んだら，それが跳ね返ってきたくらいに信じられないことだった」と述べている．このような信じがたい跳ね返りが起きるのは，α粒子が原子の中で何か重くて固い標的にぶつかったときだけである．逆にいえば，この実験結果から，原子の中心部にごく小さく，また（原子の質量のほとんどに相当するほど）質量の大きい，プラス電荷をもつ粒子があることが明らかになり，その粒子は原子核と名付けられた[2]．一方，電子はマイナス電荷をもって土星の輪のように原子核の周りを回っていることになり，これは長岡半太郎によって提唱されていた原子の土星模型と本質的には同じである（図3.1）．

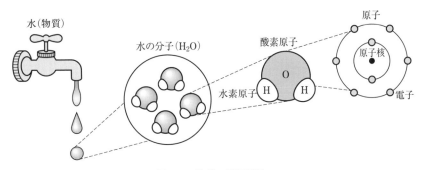

図 **3.1**　物質の階層構造．

---

1)　新たな元素の探索はいまでも続けられている．2004–12年には理化学研究所の森田浩介らによりアジアで初めて新元素が生成・発見され，その後「ニホニウム ($_{113}$Nh)」と名付けられた．
2)　α粒子の正体も実はヘリウム原子核である．

後にわかったことであるが，原子の大きさはおよそ 10^{-10} m 程度であるのに対し，原子核の大きさはわずか 10^{-15}–10^{-14} m である．もし原子核の大きさを豆粒の大きさにたとえると，原子は東京ドーム程度の大きさとなり，原子はいかにスカスカかがわかるだろう．また，原子核は電子の個数と同じだけのプラス電荷をもっており（その個数を原子番号という），これにより原子は全体で中性になっている．そして，化学反応は基本的に（一番外側を回っている）電子が関わって起きているので，原子内の電子の個数とその軌道が，原子の化学的性質を決めているのである．

3.2.2 量子力学の発見

それでは，原子核と電子はどういう力と法則で結合して原子となっているのだろうか？ 原子核はプラス，電子はマイナスの電荷をもつので，電磁気力で結びつくと考えるのが自然である．しかし，この説明だと原子が安定に存在できないことがわかり，大きな謎を呼んだ．いったい何が問題となったのだろうか？ 実は，電磁気力が関わる現象は実験的に観察しやすいこともあり，19世紀にはマクスウェル方程式という基本法則が確立していた．この法則では，電子が加速度をもって運動していると電磁波（光・電波など）を放射することが知られている．アンテナで電波の送受信ができるのも同じ原理で，アンテナ内で電子に行ったり来たりの加減速運動をさせているのである．この法則を原子に適応すると，電子が原子核の周りをぐるぐる回っているということは中心方向に加速度をもつ運動であるから，回転に応じて電磁波を放射しなければならない．電磁波を放射すると電子は徐々にエネルギーを失っていくから，原子が安定した状態で存在できないはずなのである．この問題は1910–20年代にかけて多くの物理学者の頭を悩ませてきたが，最終的には量子力学という新しい物理法則を導入することで説明された．

量子力学では，それ以前の力学（古典力学）とはまったく異なる考え方が必要で，常識ではとても理解できない奇妙な現象がさまざまに起きる．古典力学はわれわれが日常で関係するような大きさの世界の（マクロなスケールの）物理現象で有効なので，ある程度は経験に基づく直感的理解も可能なのだが，量子力学は非常に小さな世界の（ミクロなスケールの）現象でその効

果を現すので，日常での知見が通用する保証がないのである．量子力学の解説は本章の範囲を超えるが，ここではその大きな特徴として，粒子と波動の二重性について紹介しよう．すなわち，量子力学では，（古典的な）粒子は波としての性質もあわせもち，（古典的な）波も粒子としての性質をあわせもつのである．この，あたかも粒子でもあり波でもあるようなものは，「量子」と呼ばれる（量子力学については，第1章も参照）．

　原子の安定性の謎は量子力学ではどのように説明されるのだろうか？　原子核の周りにいる電子は波としての性質ももつことに着目しよう．波が安定した状態として存在するには，原子核の周りを1周したときに波の振動（波の位相）が元に戻るような条件，すなわち定在波になっている必要があることが直感的に理解できるだろう（図3.2）．逆に，このような条件を満たしている特殊な（とびとびの）軌道だけが電子の状態として許されるので，中途半端に電磁波を放出することができず，原子が安定して存在できるのである．なお，軌道がとびとびであることから，1番目，2番目と数えることができ，対応するエネルギーも連続的でなくある最小単位の整数倍となる．このようにとびとびに数えられる最小単位を量子ということから，対応する「粒子と波の性質をあわせもつ状態」も量子と呼ばれるようになった．また，量子の性質の二重性を反映して，粒子性を特徴付ける運動量 p と，波動性を特徴付ける波長 λ の間には，$\lambda = 2\pi\hbar/p$ というド・ブロイの関係式が成り立つことが知られている．ここで $\hbar$ は換算プランク定数と呼ばれ，量子の軌道やエネルギーのとびとび具合を決定する定数である．

　量子の軌道に関する条件は「量子条件」と呼ばれ，もとはボーアによって

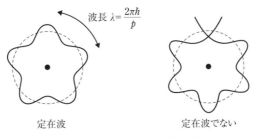

波長 $\lambda = \dfrac{2\pi\hbar}{p}$

定在波　　　　　　　　　　　　定在波でない

図 **3.2**　原子の安定性と電子の波.

提唱された．その後ハイゼンベルクやシュレーディンガーらによって数理法則の形として整備され，最終的には式 (3.1) のようなシュレーディンガー方程式に結実した．この方程式の大きな特徴は，古典力学のように粒子の位置や運動量を決める方程式になっていないことである．その代わりに，量子についての情報は（複素数の）波動関数 $\psi(\boldsymbol{r}, t)$ で記述されると考え，それに対する波動方程式となっている：

$$-\frac{\hbar^2}{2m_r}\nabla^2\psi(\boldsymbol{r}, t) + V(\boldsymbol{r})\psi(\boldsymbol{r}, t) = i\hbar\frac{\partial}{\partial t}\psi(\boldsymbol{r}, t). \tag{3.1}$$

ここで m_r は考えている系の換算質量であり，原子の構造を考える際はほぼ電子の質量と等しい．∇^2（ラプラシアン）は座標 $\boldsymbol{r} = (x, y, z)$ についての微分演算子

$$\nabla^2 = \frac{\partial^2}{\partial x^2} + \frac{\partial^2}{\partial y^2} + \frac{\partial^2}{\partial z^2} \tag{3.2}$$

で，i は虚数単位，$V(\boldsymbol{r})$ は量子が感じるポテンシャルエネルギーである．

　この一見摩訶不思議な式は，古典力学から論理的に導出できる式ではなく，まったく新しい式と考えるべきだが，古典力学との関係も実は見え隠れしている．それを見るために例として 1 次元の平面波 $e^{2\pi ix/\lambda}$ を考えてみよう．ド・ブロイの関係式を使うと $p \cdot (e^{2\pi ix/\lambda}) = p \cdot (e^{ipx/\hbar}) = -i\hbar\frac{\partial}{\partial x}(e^{ipx/\hbar})$ なので，運動量と空間微分の間に $p \Leftrightarrow -i\hbar\frac{\partial}{\partial x}$ という関係があることがわかる．3 次元で考えれば $\boldsymbol{p} = (p_x, p_y, p_z) \Leftrightarrow -i\hbar\frac{\partial}{\partial \boldsymbol{r}} = -i\hbar(\frac{\partial}{\partial x}, \frac{\partial}{\partial y}, \frac{\partial}{\partial z})$ となり，これは量子力学における一般的な対応関係として知られている．同様に，エネルギー E と時間微分の間には $E \Leftrightarrow i\hbar\frac{\partial}{\partial t}$ という対応関係がある．これらを使うと，シュレーディンガー方程式は（$\psi(\boldsymbol{r}, t)$ のことを忘れれば）$|\boldsymbol{p}|^2/2m_r + V = E$ という，古典力学におけるエネルギーについての馴染み深い式と対応することになる．

　それでは，量子の情報を担うとされた波動関数 $\psi(\boldsymbol{r}, t)$ の意味は，いったいなんだろうか？　量子がどこにいるか観測してみると，どこか空間の 1 点で 1 つの粒子として観測され，その意味で量子は粒子的である．しかし，どの空間点で観測されるかは，同じ実験を繰り返してもそのつどばらばらである．ただし，空間点によって観測される確率が高いところ，低いところが存在する．その意味で，観測前の量子はあたかも空間的に広がって分布しているか

のようであり，これが量子の波動性に対応する．$\psi(\boldsymbol{r}, t)$ はこの粒子と波という 2 つの側面をつなぐものであり，ある時刻 t で量子を観測したときに，空間点 $\boldsymbol{r}$ では $|\psi(\boldsymbol{r}, t)|^2$ に比例した確率で粒子が観測される，そういう情報を担う関数なのである．観測されるときは粒子だが，観測される確率は波動方程式で表されるので，波としての性質もあわせもつことになる．ただし，観測者が実験で知ることができるのは，$\psi(\boldsymbol{r}, t)$ そのものではなく，同じ観測実験を多数回繰り返した結果として現れる観測確率の分布 $|\psi(\boldsymbol{r}, t)|^2$ だけである．理論においても，観測確率の分布は予言できるが，あくまで確率なので，1 回 1 回の観測で実際にどこの位置で観測されるかは事前に知ることができない．理論や観測の出来不出来の問題ではなく，知ることができないということそのものが法則の中に含まれているのである．古典力学では，粒子の運動は不確定性はなくすべて決定されるものであったが，量子力学では本質的に不確定性が導入されており，いかに不思議な理論かがわかるだろう．

3.2.3 量子の世界は不確定

　量子力学の不思議な性質を実感してもらうために，2 重スリット実験といわれる具体例で説明しよう．図 3.3 の実験装置では，上側の電子銃から電子を 1 個ずつ発射する仕組みになっている．観測は下側の感光板で行い，電子の到達が観測された部分が光るようになっている．そしてこの実験のミソは，電子銃と感光板の間に，スリット（隙間）が A, B の 2 カ所入った板を置いている点にある．

　もし電子が古典的な粒子のとき，結果はどうなるだろうか．図 3.3（左）のように，1 個 1 個の電子はスリット A, B のどちらか一方だけを通るはずであり，感光板ではその経路に対応する部分で 1 回 1 回光る．何度も電子の発射を繰り返した後の光り方は，電子が A を通った場合の光り方と B を通った場合の光り方の和に対応するはずである．一方，もし電子が古典的な波の場合はどうなるだろう．図 3.3（中）のように，波は 2 つのスリットを通り抜け，その後回折することで，スリット A, B を通った波が重ね合わさって干渉を起こし，感光板上には干渉縞が光って観測されるはずである．

　では実際の実験結果はどうなっただろうか？　図 3.3（右）の写真を見てみ

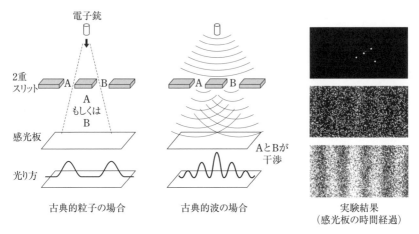

図 **3.3** 2 重スリット実験. 右写真：A. Tonomura *et al.*, *American Journal of Physics*, **57** (1989), 117 より転載.

よう. 電子を 1 個発射するごとに, 感光板では 1 つの点が光るだけであり, これは電子の粒子性を表している（写真（上））. また, どこが光るかはあたかもランダムに見える. しかし, 電子の発射を続けていくと, 徐々に感光板上の場所に応じてよく光るところ, あまり光らないところが出てくるようになり（写真（中）），最終的には「光る確率」が干渉縞として現れているのがわかる（写真（下）). これは電子の波動性を表しており, 干渉縞は $|\psi|^2$ と対応している. 干渉を起こしているということは, 1 個 1 個の電子は, スリットのどちらか一方だけを通ったわけではなく, スリット A, B の経路を「あたかも 1 個で両方通り」, 波動関数はその重ね合わせの情報をもっていることになる.

また, 電子が両方のスリットを通っている, すなわち経路が 1 つに決定できないということは, 途中段階での電子の位置 x や運動量 p に不確定性があることを意味している. しかもそれぞれの不確定性 Δx, Δp の間には, 一方が小さいときはもう一方が大きくなるという関係がある. なぜなら, ド・ブロイの関係式により運動量と空間微分の間には $p \Leftrightarrow -i\hbar \frac{\partial}{\partial x}$ という対応があるから, $\Delta p \Leftrightarrow |-i\hbar| \frac{1}{\Delta x}$ となり, これは量子力学の不確定性原理と呼ばれる[3].

3) 〜というのは, おおよそ等しいという意味の記号である. なお, 数学的にきちんと不確定性を定義すれば, $\Delta x \Delta p \geq \hbar/2$ と示すことができる.

$$\Delta x \Delta p \sim \hbar. \tag{3.3}$$

原子の中での電子の振る舞いについても，本当は特定の決まった軌道上をぐるぐる回っているのではなく，不確定性をもちながら原子核の周りに雲のように存在しているといったほうが正しい．このような不確定性は量子力学において本質的に存在するものであり，位置と運動量の間の不確定性以外にも，例えばエネルギー E と時間 t の間にも不確定性が存在する．

$$\Delta E \Delta t \sim \hbar. \tag{3.4}$$

　一方で，仮想的に $\hbar \to 0$ の極限を考えると，上記のような不確定性なく粒子の振る舞いを決定できることになるが，これは古典力学のケースに対応する．別の言葉でいえば，$\hbar$ の大きさが，古典力学が十分よく成り立つマクロなスケールと，量子力学の影響が出てくるミクロなスケールの境目を決めていることになる．実際の値としては $\hbar = 1.1 \times 10^{-34}\,\mathrm{m}^2\,\mathrm{kg/s}$ と知られており，この値は日常生活における典型的な単位スケール (m, kg, s) と比べると非常に小さい．これが，われわれが通常目にする物質の運動法則はほぼ古典力学に則っており，量子力学の効果は無視できる理由である．

3.2.4　量子力学から場の量子論へ

　量子力学は，相対性理論と共に，現代物理学において根幹的な役割を果たしている．ただし現在では，確率解釈とセットになった波動関数に基づく理論ではなく，それを拡張した「場の量子論」と呼ばれる理論的枠組みが用いられる．ここでは電磁気学を例にとって，そのごくさわりだけを述べよう．まず，場の量子論の「場」の部分について説明しよう．電磁気学において，距離 r だけ離れて静止している電荷 Q の荷電粒子間に働く相互作用は，いわゆるクーロン力 Q^2/r^2 である．この力は距離を隔てて直接働いているとみなせるが，こういう考え方を遠隔相互作用という．ところがこの考え方では粒子が動いているときに問題が起きる．というのは，一方の粒子が動くとその影響はどれだけ距離が離れていても相手方の粒子に瞬時に伝わることになってしまう．しかし，相対性理論（第 1 章参照）によればどんな情報も光速以下

の速度でしか伝わらないはずなので，矛盾が生じるのである．

この問題を解決するには，遠隔相互作用的な考え方を近接相互作用的な考え方に変更する必要がある．すなわち，時空の各点が「場」という名前の性質をもつと考え，ある荷電粒子は，そのすぐ近くの「場」に影響を及ぼし，その「場」はまたそのすぐ隣の「場」に影響を及ぼし，…，最終的に相手粒子近傍の「場」が，相手粒子に力を及ぼすと考えるのである．電磁気学の場合は，電磁場がまさにこの「場」に対応しており，その「場」の影響は電磁場の波である電磁波により光速で伝わっていくので，相対性理論との矛盾はない．これが古典電磁気学における「場」と近接相互作用の考え方である．

場の量子論ではさらに一歩進めて，このように時空の各点で定義された場そのものを物理的実体とみなして「量子化」する．これにより，場に（1つ，2つととびとびに数えることのできる）粒子としての側面が与えられることになる．例えば電磁場を量子化したものは光子と呼ばれ，その法則は量子電磁気学と呼ばれる[4]．逆に，古典力学における粒子については，量子力学では波動関数で観測確率が表される粒子とみなされていたが，場の量子論ではこれも時空各点で定義された対応する場こそが物理的実体であると考え，その場を量子化することであらためて粒子的な側面を与える．

さらに場の量子論では，量子化された粒子それぞれに対して，質量などはまったく同じ・電荷などは正負だけが逆の粒子，「反粒子」が存在することが知られている．粒子と反粒子のペア（対）はぶつかるとその質量分のエネルギーを（光などの形で）放出して「対消滅」し，逆に何もないところにエネルギーを与えると，粒子と反粒子が「対生成」される．さらに，たとえエネルギーの放出・吸収がなくとも，エネルギーと時間の不確定性 $\Delta E \Delta t \sim \hbar$ から，ある短い時間 Δt の間では一時的に $\Delta E \sim \hbar/\Delta t$ だけエネルギーが異なる状態をとることができ，粒子・反粒子は対生成・対消滅を行うことができる．つまりわれわれの世界では，一見安定に存在している粒子だけでなく，さまざまな粒子・反粒子がつねに対生成・対消滅を繰り返しているのである．

---

4) 光子はもともとアインシュタインの光量子仮説によって導入されたものであり，実はアインシュタインへのノーベル賞は相対性理論ではなく光量子仮説に対して与えられている．

3.2.5 相互作用は量子のキャッチボール

さて最後に，量子力学あるいは場の量子論の別の定式化として，ファインマンが考案した経路積分法を紹介しよう．これは量子力学における 2 重スリット実験の拡張で考えるとわかりやすい．2 重スリット実験では，電子の存在確率を示す波動関数は，2 つのスリットを通ってくる経路の重ね合わせになっていた．これを一般化して，図 3.4 のように一般に $X \rightarrow Y$ へ電子が運動する確率を考えよう．この場合，仮想的なスリットがあちこちに無限個空いているとみなせばよい．対応して，$X \rightarrow Y$ へ移る経路は無限にあるが，電子が運動する確率は，そのすべての経路の重ね合わせになると考えられるだろう．ただし，ある経路は通る確率が高く，別の経路は滅多に通らなかったりするので，その重みを込みで足し合わせる必要がある．そしてこの重みは，古典力学におけるこの経路の作用 S を用いて，

$$\exp\left[\frac{i}{\hbar}S\right] \tag{3.5}$$

としてやれば，シュレーディンガー方程式による量子力学と等価になることが示されている．この重みはいったいどこから出てきたのか不思議になるだろうが，実はこの表式で $\hbar \rightarrow 0$ の極限を考えると，S が最小となる経路のみが選択されることになり，これは古典力学における最小作用の原理（＝ニュートンの運動法則）と対応することが知られている．

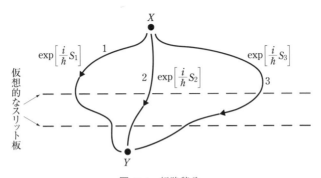

図 **3.4** 経路積分．

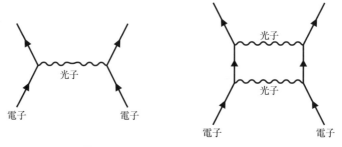

図 **3.5** ファインマン・ダイアグラム.

わざわざこのような経路積分の定式化にするありがたみはなんだろうか？　1つには，粒子の間にどのように相互作用が働くかを図を用いて見通しよく調べられるという点がある．これがいわゆるファインマン・ダイアグラム（図3.5）で，例えば相互作用は粒子の間で何らかの量子をやりとりすることで働くということがわかる．図3.5の場合は，電子と電子が，電磁場を量子化した光子をキャッチボールすることで電磁相互作用している様子である．

なぜ量子をキャッチボールすると相互作用が働くのだろうか？　ごく簡単にいってしまえば，量子のキャッチボールにより粒子の間で互いに情報のやりとりができるからである．面倒な数学を忘れて，思い切って人間関係のイメージで考えてみよう．送る情報に「好きだ」という情報を載せて送ると引力が生まれそうではないだろうか？　「嫌いだ」という情報を載せると斥力になるだろう（中にはそれでも引力を感じるツンデレの人もいるかもしれないが）．いずれにせよ，情報が伝わるからこそ相互作用が起きる，ということがポイントである．

ファインマン・ダイアグラムを用いると，経路積分を実際に解析的に（紙と鉛筆で）計算可能となる．とくに相互作用が弱いときは，量子をキャッチボールする確率が小さい場合に対応するから，図3.5のように，相互作用のキャッチボールの回数について1回，2回，⋯と展開して順番に計算していけば精度よく計算できる．これを摂動計算という[5]．一方，相互作用が強い場

---

5)　量子電磁気学の場合では，何と12桁（1兆分の1）の精度で理論と実験が一致している！　さすがにこのレベルになると（実験はもちろん）理論計算も非常に大変であり，木下東一郎は共同研究者の青山，仁尾，早川とともにスパコンを用いた摂動計算を行うことで，この驚異的な精度を達成した．

合はこのような展開は有効ではないが，その場合でも経路積分をコンピュータを用いて数値的に計算できる．とくに物質の構造を現代の素粒子理論から調べる場合には，経路積分を用いた数値計算は非常に大きな役割を果たしている．これについてはまた後の3.8節でふれることにしよう．

さて，ここまでで原子の構造とその法則について明らかになった．それでは原子核には構造はあるのだろうか？　あるならそれはどのようなものだろうか？　これが次の問題である．

3.3　原子核の謎——湯川理論の誕生

3.3.1　大胆な発想と新粒子の予言

原子が数十種類以上あり，原子番号が原子核の電荷の大きさに対応しているということは，原子核も数十種類以上あるということであり，これらもより基礎的な粒子からできていると考えるのが自然である．実際，1930年代初頭の実験により，陽子と中性子（まとめて核子と呼ぶ）という基礎粒子が存在し，原子核はいくつもの核子が強く結び付き合った複合粒子であることが明らかになった．陽子はプラスの電荷（電子の電荷と同じ大きさで逆符号）をもち，原子番号は陽子の個数に対応する一方，中性子は電荷をもたない．陽子と中性子はほとんど同じ質量で，電子の質量の約2000倍である．それでは核子はどういう法則によって互いに結合しているのだろうか？　この大きな謎を解明したのが湯川秀樹の中間子論であり，その理論を創る上で道標となったのが，量子力学と相対論の数理法則である．

湯川はまず，量子力学と電磁気力の本質を徹底的に考えた．当時のノートには「原子核，量子電気力学ノコトヲ　一刻モ忘レルナ」と書き込まれており，その意気込みがうかがわれる．なかでも，電磁気力は電磁場を量子化した光子のキャッチボールと考えられることに着目した．しかし，この考えをそのまま原子核に適用しても，核子間に働く電磁気力はそもそも働かないか斥力になるかのどちらかで，結合には役立たない．また，仮に電磁気力と同様の力がなんらかの理由で引力に働いているとしても，理屈に合わない．という

のは，電磁気力は超長距離まで働く力として知られている（クーロンポテンシャルは距離 r に反比例して $\propto 1/r$ であり，対応する電気力線を考えると，その総数は無限遠までずっと変わらない）．しかし，原子核のサイズが非常に小さいことを考えると，そのような長距離力が原因と考えるのはかなり不自然である．また，核子が互いに強く結び付き合っているということは，相互作用が強いことを意味するが，そんな強い長距離力がこれまで実験で観測されていないのはおかしい．

　そこで湯川は発想をまったく逆転させ，核子間に働く力（核力）として，原子核のサイズ程度の距離で働く強い力が何かあるはずで，その力を対応する場とセットで新しく導入することを提唱した．1935 年のことである．場は量子化すると粒子としての側面をもつから，これは，「新しい力＝新粒子」の存在をセットで予言することになる．当時は，核子・電子・光子しか粒子は見つかっておらず，その範囲内でいかに理論を構築するかというのが物理学者のテーマであったから，これは革命的な考え方であった．その斬新さゆえに，量子力学の創始者であるボーアですら，湯川に対して「君はそんなに新粒子が好きなのかね」と皮肉ったという逸話が残っている．

3.3.2　量子論・相対論の融合と湯川ポテンシャル

　しかし，湯川の理論は単なるアイデアにとどまるものではなかった．量子力学と相対論という，2 つの基本法則の数理的な融合という裏付けももっていたのである．数式としては高校程度の知識で理解できるので，ここで紹介しよう．出発点は，量子力学におけるシュレーディンガー方程式 (3.1) $-\frac{\hbar^2}{2m}\nabla^2\psi(\boldsymbol{r},t) = i\hbar\frac{\partial}{\partial t}\psi(\boldsymbol{r},t)$ である（式 (3.1) と比べ，いまは自由に運動する場合を考えるので $V(\boldsymbol{r}) = 0$ とし，m_r として場を量子化した粒子（＝量子）の質量 m をとった）．しかしこの式は相対論の観点からは不満がある．相対論の考え方では，時間と空間は本質的に同じものなのだが，シュレーディンガー方程式は空間については 2 階微分，時間については 1 階微分という形になっていて，不平等だからである．実際，$\boldsymbol{p} \Leftrightarrow -i\hbar\frac{\partial}{\partial \boldsymbol{r}}$，$E \Leftrightarrow i\hbar\frac{\partial}{\partial t}$ という量子力学における対応関係を使うと，このシュレーディンガー方程式は $|\boldsymbol{p}|^2/2m = E$ という式と対応するが，これは非相対論的な場合のエネルギーの式である．

それではこの方程式を相対論的にも満足な形にするにはどうすればよいだろうか？　アインシュタインのエネルギーと質量の関係式 $E = mc^2$（c は光速）を思い出そう．これは運動量 $\boldsymbol{p} = \boldsymbol{0}$ のときの式だが，$\boldsymbol{p} \neq \boldsymbol{0}$ のときは，$E^2 = (mc^2)^2 + (pc)^2$ となることが知られている[6]．この式を変形した $-E^2/(\hbar c)^2 + \boldsymbol{p}^2/\hbar^2 + (mc/\hbar)^2 = 0$ に，量子力学における対応関係 $\boldsymbol{p} \Leftrightarrow -i\hbar\frac{\partial}{\partial \boldsymbol{r}}, E \Leftrightarrow i\hbar\frac{\partial}{\partial t}$ を考慮し，さらにシュレーディンガー方程式にならって新しい場 $\phi(\boldsymbol{r}, t)$ を導入することにすると，次の式が得られる：

$$\left[\frac{1}{c^2}\frac{\partial^2}{\partial t^2} - \nabla^2 + \left(\frac{mc}{\hbar}\right)^2\right]\phi(\boldsymbol{r}, t) = 0. \tag{3.6}$$

時間と空間両方とも，平等に 2 階微分の方程式になっていることに注目してほしい．これをクライン–ゴルドン方程式という[7]．

それではこの場がどのような解をもつかを調べよう．簡単のため，場が静的（＝時間依存性がない）で，角度依存性もない場合を考える．ラプラシアンの極座標表示を用いると，

$$\nabla^2 = \frac{1}{r}\frac{\partial^2}{\partial r^2}r + \frac{1}{r^2\sin\theta}\frac{\partial}{\partial\theta}\sin\theta\frac{\partial}{\partial\theta} + \frac{1}{r^2\sin^2\theta}\frac{\partial^2}{\partial\varphi^2} \tag{3.7}$$

であるが，いまは動径 $(r \equiv |\boldsymbol{r}|)$ 依存性だけを考えればよいので，

$$\left[-\frac{1}{r}\frac{\partial^2}{\partial r^2}(r\phi(r)) + \left(\frac{mc}{\hbar}\right)^2\phi(r)\right] = 0 \tag{3.8}$$

となる．この式は簡単に解くことができて，

$$\phi(r) = A \cdot \frac{1}{r} \cdot \exp\left[-\frac{mc}{\hbar}r\right] \quad (A：積分定数) \tag{3.9}$$

となる．湯川はこれを場 ϕ（を量子化した粒子）に起因するポテンシャルと考えた．現在は湯川ポテンシャルと呼ばれている．電磁気学におけるクーロン

---

6) この式と非相対論でのエネルギーの対応を見るには，c が十分大きいとしてテイラー展開してやればよい．$E \simeq mc^2 + |\boldsymbol{p}|^2/2m$ となり，非相対論でのエネルギー $|\boldsymbol{p}|^2/2m$ は，静止質量 mc^2 ぶんを基準として測ったものだとわかる．

7) 電子のような（スピンをもつ）粒子については，ディラック方程式と呼ばれる別の式が相対論的量子力学の方程式となるが，ここでは省略する．

ポテンシャル $\propto 1/r$ は，実は湯川ポテンシャルの特殊なケースに対応しており，電磁場を量子化した粒子（＝光子）の質量が $m = 0$ であることと対応する．しかし，一般のケース $m \neq 0$ では，湯川ポテンシャルには $\exp\left[-\frac{mc}{\hbar}r\right]$ という因子が余分に掛かっており，ポテンシャルが働く距離は $r \lesssim \hbar/(mc)$ 程度までである[8]．これは，相互作用を伝える粒子の質量 m が大きいほど，より短距離力となることを意味している．

なぜ m が大きいと短距離力になるのだろうか？　これは量子力学の不確定性原理から理解できる．まず，エネルギーと時間の間の不確定性原理として $\Delta E \Delta t \sim \hbar$ という関係式があることを思い出そう．その上で，核子2個を考え，その間に相互作用を伝える粒子のキャッチボールを考えよう．そのためには，まず1つの核子が粒子を放出する必要があるが，このとき，粒子の質量 mc^2 ぶんエネルギーの保存則が破れてしまうようにみえる．しかし，本当はエネルギーの保存則は破らずとも，エネルギーの不確定性のために一時的に $\Delta E \sim mc^2$ ぶんエネルギーが高い状態をとることができる．ただし，そのような不確定性が許されるのは，時間にして $\Delta t \sim \hbar/\Delta E$ 程度である．もう1つの核子が粒子を受けとるまでの時間がこの Δt だから，粒子が光速で動いたとしても到達距離はせいぜい $c\Delta t \sim \hbar/(mc)$ となり，湯川ポテンシャルの直感的説明を与える．

湯川はこのようなポテンシャルの形と，原子核に関するいくつかの実験データを用いることで，新粒子の質量 m は電子の200倍程度と予言した．電子よりも重く，核子（電子の2000倍）よりも軽いという，中間的な質量をもつので，この粒子は中間子（メソン）と呼ばれることになる．予言から12年後の1947年，実験でほぼ湯川の予言に近い，電子の270倍の質量をもつ新粒子・パイ（π）中間子が見つかることで，湯川理論の正しさが証明され，その2年後にノーベル賞が授与された．湯川が量子力学と相対論の数理の普遍性を信じ，大胆な発想の転換を行った成果の賜物といえるだろう．

---

8)　$A \lesssim B$ とは，A は B と比べて小さいか同程度という意味である．$\gtrsim$ は大きいか同程度という意味．

コラム 4 ● 湯川秀樹と朝永振一郎
──手紙のキャッチボールによる 2 人の相互作用

　湯川秀樹は中間子論で 1949 年に，朝永振一郎は繰り込み理論で 1965 年に，それぞれノーベル物理学賞を受賞しているが，2 人は若い頃より同級生として机を並べた間柄であり，互いに強いライバル意識をもちつつも，共に物理を議論し切磋琢磨し合う関係でもあった．

　湯川の中間子論の提唱については当時の講演・論文草稿（図 3.6）などさまざまな資料が残っており，その中には湯川と朝永がやりとりした手紙もある．それを見ると，朝永も湯川と同様核力の謎に興味をもっており，実は湯川の中間子論にも朝永の大きな貢献があったことがわかる．例えば，中間子論発表の 1 年ほど前に朝永が湯川に送った手紙では，なんと湯川ポテンシャル $A\dfrac{1}{r}\exp[-\lambda r]$（式 (3.9)）の形が用いられており，当時の原子核に関する実験値から，「$\lambda = 7 \times 10^{12}$ 位にすればよからう」（単位は $(\mathrm{cm})^{-1}$）と書いてある．この値は湯川が予言した中間子の質量とだいたい対応しており，湯川が朝永の計算値を参考にした形跡も残っている．

　朝永はこの手紙の中で，ポテンシャルの関数形として他にも数種類仮定した計算を行っており，湯川ポテンシャルの形もおそらく現象論的に仮定したようだ．その意味では，核力を説明する新たな相互作用と，対応する場＝新粒子の導入をセットで創案し，さらにクライン–ゴルドン方程式（式 (3.6)）との関係を議論した湯川こそがやはり決定的な一歩を記したといえる．ただ，湯川も朝永の貢献を強く意識していたようで，その論文には朝永の計算への謝辞が記されている．

　なお，湯川と朝永の間には他にもいろいろ興味深い逸話がある．例えば湯川が大阪大学の講師として勤務していた頃，成果が出ない湯川に対し当時の主任教授が「本来なら朝永君に来て貰うことにしていたのに，……やむなく君を採用したのだから，朝永君に負けぬよう，しっかり勉強してくれなければ困る」と叱責した話は有名である（しかも，この頃行っていた研究こそが後に中間子論として

図 3.6　中間子論論文の湯川秀樹直筆草稿「素粒子の相互作用について I」．©YHAL, YITP, Kyoto University. 京都大学基礎物理学研究所湯川記念館史料室所蔵．湯川ポテンシャルとクライン–ゴルドン方程式が見てとれる（矢印）．

結実したというおまけつきである）．一方，朝永は朝永で，湯川の研究の進展を横目で眺めながら，「自分は何とふがいないことだろう．……劣等感はますますつのるばかり」とか「湯川理論……の成功に一種の羨望の念を禁じ得なかった」などと書いている．2人の相互作用は，人間くさい悩みも抱えつつ，しかし互いに高め合うことで歴史的業績を生み出したのだろう[9]．

3.4　対称性と保存則──数理の力で法則を探る

　ここまで，原子・原子核の構造がどうなっているか，またそれを探る上で量子論や相対論の数理が大きな役割を果たしたことを見てきた．
　それでは，原子核を構成する陽子・中性子の構造はどうなっているのだろう？　その理論を明らかにする上で重要な役割を果たしたのが，「対称性」をキーワードとした数理の力である．そこでここでいったん寄り道をして，対称性と物理法則の関係について述べることにしよう．

3.4.1　対称性と物理法則

　自然科学において法則を明らかにするとはどういうことだろうか．それは，一見ばらばらに見えるさまざまな現象の背後に，何か普遍的なものを見いだすことといえるだろう．例えばニュートンの万有引力の法則は，それまでまったく別の現象と思われていた，地球上でリンゴが落ちるという現象と，天体の動きという現象を，万有引力とニュートンの運動方程式という普遍的なもので統一したといえる．それではさまざまな現象から背後にある普遍性をあぶり出すにはどうしたらよいだろうか？　そこで重要な役割を果たすのが，対称性である．
　例えば図3.7のような図形に対し，回転という変換を考えてみよう．左側の図では，回転させても図形は同一のままである．こういう場合，図形は回

9)　京都大学基礎物理学研究所湯川記念館史料室
https://www2.yukawa.kyoto-u.ac.jp/˜yhal.oj/index.html
大阪大学総合学術博物館湯川記念室
https://www-yukawa.phys.sci.osaka-u.ac.jp/

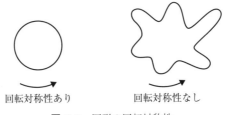

回転対称性あり　　　　回転対称性なし

図 **3.7**　図形の回転対称性.

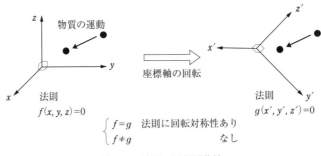

物質の運動

座標軸の回転

法則
$f(x, y, z) = 0$

法則
$g(x', y', z') = 0$

$$\begin{cases} f = g & \text{法則に回転対称性あり} \\ f \neq g & \text{なし} \end{cases}$$

図 **3.8**　法則の回転対称性.

転対称性をもつという. 一方, 右側の図では, 回転させると図形が変わってしまうので, 回転対称性をもたない. これは図形に対する対称性だが, 法則そのものについても同様に対称性を考えることができる. 例えば, 法則が回転対称性をもつとはどういうことだろう? いま, ある人が図 3.8 (左) のような座標系で法則を書き表したとしよう. しかし, 別の人は図 3.8 (右) のような座標系を用いて法則を書き表すかもしれない. この 2 つの法則が一致するとき, 法則が回転対称性をもつという. 逆にこの 2 つの法則が一致しないとき, 法則は, それを記述するときにどのような座標系をとったかという情報とセットで初めて意味をもつことになる.

　回転対称性をもつ法則ともたない法則では, 前者のほうがより普遍的なことは明らかだが, 実際の自然法則がどのような対称性をもつのかは一般にはわからないし, 法則の適応範囲にもよるだろう. 例えば古代人が, 地球上で天体の動きや, 磁石の運動に関する法則を素朴に調べると, 東西南北という座標軸の影響を受けた,「回転対称性をもたない法則」を見つけるだろう. し

かし，時代が下り，より知識を身につけた人が現れると，東西南北という座標軸の影響は地球の自転や地磁気の存在によるものだと見抜き，自転や地磁気そのものも法則の対象にすることで，全体として「回転対称性をもつ法則」を発見するかもしれない．もしそうなら，回転対称性をもつ法則のほうがより深い理解・より広い普遍性を達成しているといえるだろう．

　実は，対称性があると，それに対応して，時間と共に変わらない不変量（保存量）が存在することを数学的に示すことができ，ネーターの定理といわれている．例えば法則に回転対称性がある場合は，角運動量が保存することが知られている．その証明は省略するが，角運動量はコマのようにぐるぐる回る度合いを示す量だから，回転対称性と関係するのはなんとなく想像がつくだろう．他にも，法則が時間と共に変化せずいつでも同じ，つまり時間方向にずらした（並進させた）ときの対称性がある場合には，エネルギーが保存する．また，法則がどの空間の場所でも同じ，つまり空間方向に並進させたときの対称性がある場合には，運動量が保存する[10]．逆にいえば，なんらかの保存量を見つけることは物理法則の普遍性を明らかにする上で非常に有用である．不変性 ⇔ 普遍性といってもよいかもしれない．

　歴史的には，天体の運動に関するケプラーの第2法則（面積速度一定の法則）は，今日の言葉での角運動量保存の法則そのものであり，（回転対称性をもつ）ニュートン力学・万有引力の法則の確立に大きな役割を果たした．さらに，対称性に基づいた保存量は，物質間の運動や反応の法則を特徴付けるだけでなく，各物質の性質そのものも特徴付けることができる．例えば現代の素粒子物理学においても回転対称性は成り立っており，素粒子はそれぞれ固有の角運動量（自転とのアナロジーでスピンと呼ばれる）をもつことが知られている．

　さて，ここで対称性と物理法則の関係について，発想を逆転させてみよう．この世界を記述する物理法則があるかどうかは本来わからないが，もしそう

---

10) 量子力学の説明で，運動量が空間微分，エネルギーが時間微分に対応していると述べたが，運動量保存の法則，エネルギー保存の法則がそれぞれ空間，時間の並進対称性と関係するのも同じ理由である．実際，$x \to x + \epsilon$ という並進の影響について，テイラー展開 $(f(x+\epsilon) = f(x) + \epsilon \frac{d}{dx}f(x) + \cdots)$ を考えると，微分と並進が本質的に対応することがわかる．

いうものがあったならば，それはおそらく普遍的なものだろう．つまり，その法則はさまざまな対称性をもっているのではないだろうか．この予想（あるいは希望）がもし正しいのならば，対称性は物理法則を探る上で重要な道標になるのではないだろうか．さらに踏み込めば，対称性をもつこと自体を物理法則として捉えることができないだろうか？　実際，後で述べるように，現代の物理法則の確立において，対称性に基づく数理的アプローチは非常に大きな役割を果たしたのである．

　ただし先にも述べたが，物理法則がある対称性を本当にもっているかどうかはわからないため，最終的には実験で検証する必要がある．例えば，物理法則が時間と共に変わらないというのは自然な「期待」であり，実際の実験結果でも確かめられている．しかし，過去にはあたかもエネルギーが保存していないように見える実験データがあり，時間並進の対称性が破れている可能性が真剣に考えられた．結局このときは，理論・実験の進展により最終的にはエネルギーは保存していることが明らかになった．空間並進や，空間回転についても，これまでのところ法則は対称性をもっている．一方逆に，物理法則がもつと誰もが信じていたある種の対称性が，研究の進展により実は破れていることが判明したという例もある[11]．

　ここから先は，素粒子の相互作用を明らかにする上で，対称性を通した数理アプローチがどのような役割を果たしてきたか，その具体例を紹介しよう．

3.4.2　回転対称性と電荷の保存——数理による一般化

　対称性といってもさまざまあるが，ここでは出発点として回転対称性を考えよう．もっとも基本となるのは空間についての回転対称性である．これまでのところ，物理法則はこの対称性をもっていることがわかっている．これ

---

11)　有名なものでは，リー，ヤンによる P（空間反転）対称性の破れの予言がある．また，CP（粒子・反粒子変換および空間反転）対称性の破れについて，小林誠，益川敏英は，クォークと呼ばれる素粒子（3.5.2 項参照）には 6 種類のフレーバーがあることを予言して説明した．さらに，法則が対称性をもっていても，物理現象は対称性が破れているかのように振る舞うことがあり，南部陽一郎はこれを「対称性の自発的破れ」という理論で統一的に説明した．リー，ヤンは 1957 年，南部，小林，益川は 2008 年にノーベル賞を受賞している．

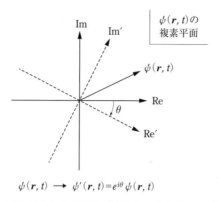

図 **3.9** 波動関数と複素平面の回転（Re は実軸，Im は虚軸）.

を数理の力で一般化できるだろうか？

　舞台は再び量子力学の世界である．先に述べたように，量子力学では波動関数 $\psi(\boldsymbol{r}, t)$ が基礎となるが，$\psi(\boldsymbol{r}, t)$ 自体は観測できず，直接観測できるのは粒子の観測確率としての，$|\psi(\boldsymbol{r}, t)|^2$ である．見方を変えれば，物理法則は波動関数の位相に影響を受けないことを意味している．ここで波動関数を複素平面で考えてみると，複素数の位相は複素平面上の角度に相当することを思い出そう（図 3.9）．つまり，波動関数の位相を変えても物理に影響がないということは，物理法則が「複素平面の回転」に対して対称性をもつということに他ならず，ある意味空間回転対称性の拡張になっている．ただし，空間回転対称性は，この世に実際に存在する空間に関する対称性であったのに対し，新しく出てきた対称性は，波動関数に対する複素平面という，仮想的な空間における回転対称性である．このような仮想的な空間（自由度）での対称性を，内部自由度に関する対称性という．

　ネーターの定理によれば「対称性あるところ保存量あり」である．空間の回転対称性と対応するのが角運動量の保存則だったが，複素平面の回転に対応する保存則はなんだろうか？　それは，電荷の保存則であることを数学的に示すことができる．すなわち，粒子がもつ電荷は，複素平面における角運動量のようなものである．また，さまざまな種類の粒子がある場合は，複素平面の回転角 θ は各粒子の電荷 Q に比例した形となる．Q は各粒子が電磁場に

影響を与える強さの指標であるが，それに対応して複素平面での回転角の大きさにも影響を与えていることになる．

　本来は，実際の空間についての話と仮想空間の話は全然関係ないはずなのだが，このように異なる概念を普遍的に捉えることができるのが数理の力といってよいだろう．しかも仮想空間をさらに拡張すれば，電磁気における「電荷」とは別に，拡張された「電荷」を考えることができるが，それはまた先で説明しよう．

3.5　物質の根本理論——クォーク・グルーオンと量子色力学

3.5.1　ハドロンの発見

　湯川理論により，なぜ核子が互いに結び付きあって原子核が構成されるか，その一端が明らかになった．どうやら陽子・中性子・電子（とその相互作用を伝達する光子・パイ中間子 (π)）こそが物質の究極的な姿，素粒子なのだろう … と思いきや，自然界はそんなに単純ではなかった．実験が進展するにつれ，核子 (N)（陽子 (p)・中性子 (n)）の仲間の粒子として，ラムダ粒子 (Λ)，シグマ粒子 (Σ)，グザイ粒子 (Ξ) など，ハイペロンと総称される粒子が続々見つかったのである．さらに，パイ中間子の仲間の粒子についても，ケー中間子 (K) と呼ばれる粒子など，たくさんの種類が見つかった．核子やハイペロンの仲間はバリオン（重粒子），パイ，ケー中間子の仲間はメソン（中間子）と呼ばれ，バリオンとメソンはまとめてハドロンと呼ばれる．

　過去の歴史を振り返ると，たくさんの種類の原子が見つかったということは，原子が素粒子ではなく，構造をもった複合粒子であることを意味していた．同様に，たくさんの種類のハドロンが見つかったということは，ハドロンも何か構造をもっており，より基礎的な粒子が結合した複合粒子であることを示唆している．原子の場合，構造解明の肝となったのがメンデレーエフによる周期表の作成である．同様に，「ハドロンの周期表」はつくれるだろうか？　またどのような指針にしたがって周期表をつくればよいだろうか？　こ

こで重要な役割を果たすのが，前節で述べた「対称性」に基づく数理なのである．

3.5.2 ハドロンの周期表とクォーク

粒子の間にどのような対称性を考えればよいだろうか？ ハイゼンベルクは，陽子と中性子は質量などの性質が非常によく似ていることから，互いに対称なものとしてひとまとめで核子として扱うのがよいと考えた．この場合，陽子・中性子について互いに数学的な変換をしても物理法則が変わらないという対称性を考えることができる．これは，先に出てきた空間の回転対称性の一般化となっている（空間の回転対称性は，回転により x, y, z 軸を互いに変換しても物理法則が変わらないとみなすことができる）．ネーターの定理において，陽子・中性子間の対称性に対応する保存量はアイソスピン (I, I_z) と呼ばれ，陽子は $(I, I_z) = (1/2, 1/2)$，中性子は $(I, I_z) = (1/2, -1/2)$ をもつ．

　この考え方をさらに拡張し，さまざまなハドロン全体における対称性を見いだしたのが，中野–西島–ゲルマンの法則（1953 年）である．彼らは，粒子がもつ保存量として新たに「超電荷」（ハイパーチャージ）Y があると仮定した．その上で，Y と I_z，（普通の電磁気における）電荷 Q との関係を調べることで，$Q = I_z + Y/2$ という法則を見いだした．これを用いてそれぞれの粒子を (I_z, Y) を軸として図示してみると，図 3.10 のようになる．バリオンもメソンも，それぞれ性質が似通った 8 つの粒子がセットで規則的に分類できることがわかり，これがまさに「ハドロンの周期表」というべきものである．そしてこの規則性は，数学の群論における SU(3) 対称性で扱うことができる．

　SU(3) 対称性の数学的説明はさておき，ここで真に重要なのは次のような疑問である：このような規則性は単なる偶然なのだろうか？ それとも現象の背後にある物理法則と対応するのだろうか？ その答えを知る上で重要となるのが，既知の粒子の分類だけでなく，理論から何か未知の粒子について予言を行い，実験で検証することである．実際，メンデレーエフの周期表については，当時知られていた元素だけでは埋めきれない空白の欄があり，周期表に基づいて予言された新元素が実験によって発見されることで，その正しさ

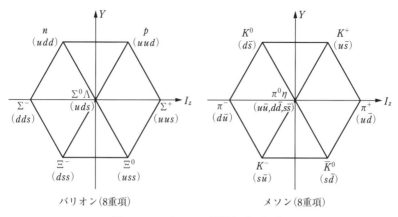

図 **3.10** ハドロンの周期表（8 重項）.

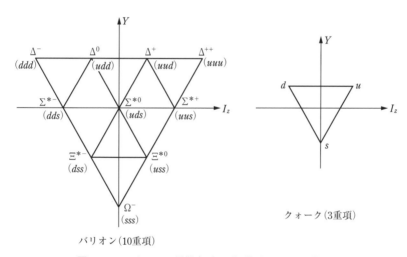

図 **3.11** ハドロンの周期表（10 重項）とクォーク模型.

が裏付けられた．SU(3) 対称性に基づくハドロンの周期表においても，同様の歴史が繰り返された．実はバリオンについては 8 個セット（数学では 8 重項と呼ばれる）のもの以外にも，10 個セット（10 重項）もあることが予言される（図 3.11（左））．このうち，図の一番下に位置する部分，オメガ (Ω) 粒子は，この理論の提唱時には見つかっていなかった．しかし，1964 年に実験

でΩ粒子がほぼ理論の予言通りに発見されるにおよび，ハドロンの周期表が確立したのである．

さて，ハドロンの分類に SU(3) 対称性に対応する規則性があるということは，ハドロンは SU(3) と関係する基本的な粒子の組み合わせでできているのではないか．こう考えたのが，ゲルマンとツワイクで，Ω粒子発見直後の1964年のことである．ゲルマンはこの基本粒子を「クォーク (quark)」と名付け[12]，その理論はクォーク模型と呼ばれる．具体的に見てみよう．図 3.11 (右) にあるように，クォークとしては 3 重項，すなわちアップクォーク (u)，ダウンクォーク (d)，ストレンジクォーク (s) の 3 種類 (このような「種類」のことをフレーバーと呼ぶ) を考え，それぞれ $(I_z, Y) = (1/2, 1/3), (-1/2, 1/3), (0, -2/3)$ (電荷 $Q = I_z + Y/2$ はそれぞれ 2/3, $-1/3$, $-1/3$) をもつとする．

その上で，バリオンというのはクォーク 3 個からできていると考えると，(図 3.10 (左)，図 3.11 (左) 参照)，バリオンの (I_z, Y) がちょうど説明できる．例えば，陽子 (p) はアップクォーク 2 個，ダウンクォーク 1 個 (uud) からできている．一方，$\Lambda, \Sigma, \Xi, \Omega$ 粒子はストレンジクォークを含んでおり (とくに Ω粒子は (sss) とストレンジクォークのみからできている)，実はハイペロンとはストレンジクォークを含んでいるバリオンのことだったのだ．

一方メソンについては，クォーク 1 個と反クォーク 1 個からできていると考えると，同様に分類できる．ここで，反クォークとはクォークの反粒子のことであり，質量はクォークと同じであるが電荷などは正負が逆，つまり反アップクォーク ($\bar{u}$)，反ダウンクォーク ($\bar{d}$)，反ストレンジクォーク ($\bar{s}$) は $(I_z, Y) = (-1/2, -1/3), (1/2, -1/3), (0, 2/3)$ (電荷 Q はそれぞれ $-2/3$, 1/3, 1/3) であることを使うと，図 3.10 (右) がぴったり説明できることがわかるだろう．

実は，アップ・ダウン・ストレンジクォークの質量はおおよそ等しく，この 3 つのフレーバーのクォークを互いにぐるぐる変換しても物理法則はほと

---

12) この名前は，ジェイムズ・ジョイスの小説『Finnegans Wake (フィネガンズ・ウェイク)』の一節「Three quarks for Muster Mark! (マーク 大将（たいしょう）のために 三唱（さんしょう）せよ，くっくっクオーク！)」(訳：柳瀬尚紀) から採られたとされる．

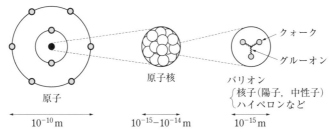

図 **3.12** 原子から素粒子（クォーク・グルーオン）までの階層構造.

んど変わらない[13]．この対称性がハドロンの周期表における（フレーバー）SU(3) 対称性の起源なのであった．

　クォーク模型が提唱された当時は，その理論としての魅力の一方，クォークの電荷（2/3 や −1/3）のような分数電荷をもつ粒子は見つかっていないことから，クォークの実在が疑われていた時期もあった．しかし，他のさまざまな現象の説明に大きな成功を収めたこと，また，後述するようにそもそもクォークは単独では観測できないという理解が進んできたことから，現在はハドロンを構成する素粒子としてのクォークの存在は，十分確立しているといってよい[14]（図 3.12）．

3.5.3　ゲージ対称性とグルーオン

　クォークはいったいどのように結合してハドロンをつくっているのだろうか？　量子電磁気学では光子のキャッチボールが，湯川理論ではパイ中間子のキャッチボールが，粒子間の相互作用を生み出していた．自然に拡張するな

---

13)　実際には，フレーバーによって質量が少し異なる（アップ $\lesssim$ ダウン＜ストレンジ）ことが実験から明らかになっており，これは近似的な対称性である．ただし，群論を用いればその近似からのずれについても予言でき，その結果は実験とよく一致する．また，ストレンジクォークの質量が少し大きいため，ストレンジクォーク（を含むハドロン）は自然界には通常存在せず，高エネルギー実験で初めて生成される．発見された当初は奇妙な振る舞いを示すように見えたため，ストレンジ（strange＝奇妙な）という名前が付けられてしまった．
14)　クォークのフレーバーとしては，アップ (u)，ダウン (d)，ストレンジ (s) 以外に，チャーム (c)，ボトム (b)，トップ (t) という種類があることがわかっている．ただし後者 3 つについては，前者 3 つよりはるかに質量が大きいので，フレーバー SU(3) 対称性（の拡張）とは異なる扱いが必要で，例えば重クォーク対称性に基づく理論模型が有効である．

ら，クォーク間の相互作用もなんらかの量子のキャッチボールによるものだろう．では，どういう量子のキャッチボールをどのような法則の基に考えればよいのだろう？

　ここでも重要になるのが，法則の背後にある数理構造の抽出とその一般化である．そこで量子電磁気学から出発し，さらなる一般化を考えよう．先に述べたように，量子電磁気学では荷電粒子場の複素平面について回転対称性があるが，ワイルやヤン，ミルズらは，次のような考察を行った．電荷の保存と対応する位相の回転では，時空間の全点で一斉に同じだけ回転した場合を考えている（図 3.13（上））．しかし相対性理論に基づくと，情報の伝達速度は光速を超えないという制限があるから，全時空で一斉に同じという変換しか考えないのは不自然ではないだろうか？　そこで，時空の各点でそれぞれ独立に複素平面を回転するという拡張を考え，これをゲージ変換と名付けた．ゲージとは目盛りのことだが，複素平面で位相を測るときの回転ダイヤルの目盛り（ゲージ）をぐるぐる回して変換するイメージである（図 3.13（下））．

　しかし，回転ダイヤルの目盛りを各点で自由に回すことには副作用がある．荷電粒子間の相互作用は，光子のキャッチボールを通した情報の伝達が担っていることを思い出そう．もともとの対称性のように，全時空で共通に目盛りの回転をした場合，その影響は荷電粒子間では相対的にキャンセルするので，情報の伝達には支障がない．しかし，各点でばらばらに目盛りを回すと，互いの情報伝達がうまくいかなくなってしまう．日常的な例でいうと，通信をする際に，互いにチャンネルを合わせないと通信ができないのと同じである．互いのチャンネルがずれているときでも通信をするには，図のように通信する途中でチャンネルを上手に変換する必要がある．実は量子電磁気学においては，粒子場の位相目盛りを各点でばらばらに回したときは，粒子間の通信を担う光子が目盛りの調整も引き受けることで，全体として通信ができるようになるという数学的構造をしており，これをゲージ対称性という．

　ゲージ対称性の存在は，古典的な電磁気学においても昔から知られていたが，それは偶然の産物とみなされていた．すなわち，電磁気に関する実験事実を説明できるように法則をつくったら，その法則が偶然ゲージ対称性をもっていたというのが従来の常識的考えだった．しかし，ここでワイルが物事の見

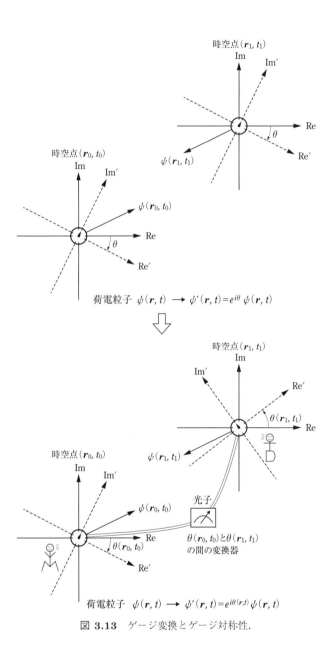

時空点$(\boldsymbol{r}_1, t_1)$

時空点$(\boldsymbol{r}_0, t_0)$

荷電粒子 $\psi(\boldsymbol{r}, t) \longrightarrow \psi'(\boldsymbol{r}, t) = e^{i\theta}\psi(\boldsymbol{r}, t)$

時空点$(\boldsymbol{r}_1, t_1)$

時空点$(\boldsymbol{r}_0, t_0)$

光子

$\theta(\boldsymbol{r}_0, t_0)$と$\theta(\boldsymbol{r}_1, t_1)$
の間の変換器

荷電粒子 $\psi(\boldsymbol{r}, t) \longrightarrow \psi'(\boldsymbol{r}, t) = e^{i\theta(\boldsymbol{r},t)}\psi(\boldsymbol{r}, t)$

図 **3.13** ゲージ変換とゲージ対称性.

方を逆転させた大胆な提案を行った．すなわち，ゲージ対称性をもつことを条件として荷電粒子に関する法則をつくり，光子の存在は（目盛りの調整役が必要になるので）「法則の帰結」として導くという考え方を提案したのである．

　一見，どちらでも最終的には同じ法則になるので言葉遊びをしているように聞こえるかもしれない．しかしその後の研究の進展により，ゲージ対称性を原理に据えたほうがより普遍性をもつことが徐々に明らかになった．すなわち，目盛りの回転の仕方について数学的にさまざまな拡張ができるのだが，素粒子の相互作用は，すべてゲージ対称性を基盤とした拡張で表せることがわかったのである．1954 年，その理論を初めて提唱したのがヤンとミルズ，そして，より普遍化された理論も内山龍雄により独立に構築され，通常ヤン–ミルズ理論，あるいは（拡張前の理論もまとめて）ゲージ理論と呼ばれている．

　クォークの理論について，具体的にどうなっているかを調べてみよう．クォークは（前項で出てきた，フレーバーという個性の他に），ある 3 つの個性をもっていることが知られている．そして，この 3 つの個性についてぐるぐる回して互いに変換することができ，その変換度合を示す回転ダイヤルの目盛りが存在するのである[15]．ゲージ変換として，この新しい目盛りを時空の各点で自由に回転することを考えよう．このときも，この世にクォークしかないとすると，互いの目盛りがバラバラなので，クォークの間で通信ができない．そこで，目盛りのずれを上手に調整してくれる，変換器の機能をもった通信ケーブルが必要であり，この要請からクォークの間で情報のキャッチボールを担う場の存在が帰結される．電磁気とは目盛りの種類が異なるので，この場は電磁場とは異なる新たな場であり，グルーオン場と名付けられた．グルーオン場を量子化したものがグルーオンと呼ばれる粒子である[16]．そしてハドロンとは，クォークがグルーオンのやりとりを通して複数個結合した粒子であり，バリオンはクォーク 3 個，メソンはクォーク 2 個（正確にはクォーク 1 個と反クォーク 1 個）が結合した状態である．

---

15)　その数学的構造は，群論の SU(3) 対称性である．フレーバー SU(3) 対称性とは数学的構造はたまたま同じであるが，背後の物理はまったく別物である．

16)　グルー (glue) とは糊のことであり，クォーク同士をくっつけるというイメージから名付けられた．

3.5.4 量子色力学——クォーク・グルーオンの基本法則

　ゲージ対称性に基づいて構築されたクォークとグルーオンの物理法則は，1966 年に南部陽一郎によって初めてその原型が提唱され，現在は量子色力学 (quantum chromodynamics, QCD) と呼ばれている．これまで見てきたように，原子核は究極的にはクォーク・グルーオンから構成されるから，その性質は根本的には量子色力学によって支配されていることになる．

　量子「色」力学と呼ばれる理由は，先に述べたクォークの相互作用に関わる 3 つの個性が「色電荷」と呼ばれており，「赤」「緑」「青」という名前が付けられていることに由来する．色電荷は電磁気の電荷の概念を拡張したものだが，「色」はあくまで比喩的な名前であり，日常生活における「色」や「三原色の赤・緑・青」とはまったく関係がない．ただ，量子色力学において実際に観測できる粒子は，複数個のクォークの「色」が特定の重ね合わせ方で白色になったものだけである，という性質があるため，これを日常の色において特定の重ね合わせ方をすると白色になることのアナロジーとして，名前だけ借りてきて名付けられたのである．

　バリオンは 3 個のクォークから構成されるが，色電荷については，赤，緑，青がそれぞれ 1 個ずつ重ね合わさって白色になっている必要がある．メソンは，ある色をもったクォーク 1 個と，その「補色」をもった反クォーク 1 個がくっつき，白色になっている．ちなみにグルーオンは，色についてクォーク 3 種類とクォーク 3 種類をつなぐ色付きケーブルのようなものである．つなぎ方を考えると，$3 \times 3 = 9$ 種類ありそうだが，そのうち 1 つは白色に対応していてクォークとクォークをつながないので，$9 - 1 = 8$ 種類存在する．

　また，クォークやグルーオンの 1 つ 1 つは，上で述べたように白色ではないため，直接観測できないことになる．その存在は，クォーク模型の成功や，あるいは高エネルギー実験でハドロンの内部にクォークやグルーオンが隠れていることを確かめることによって確立された[17]．

---

17) 現在のところ，クォーク・グルーオンはそれ以上分割できない，真の素粒子だと考えられている．しかし，将来はこれらもさらに基礎的な素粒子から成り立っていることがわかるかもしれない．そのような方向性の研究として，例えば超弦理論が挙げられる．

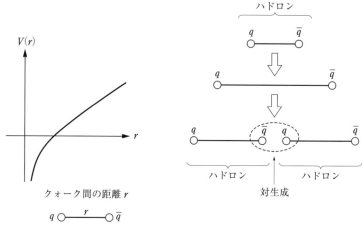

図 **3.14** クォーク間のポテンシャル（左）と色の閉じ込め（右）.

　それでは，なぜこの世で観測される粒子は白色のものだけなのだろうか？例えばハドロンの中にある1個のクォークを，どんどん引き離していくことを考えよう．それに必要なエネルギーを知るにはクォークが感じるポテンシャルを調べればよいが，量子色力学の計算結果によれば，図3.14（左）にあるように，距離が遠い領域ではポテンシャルが線形に増加していくことが知られており，あたかもクォークが（張力がずっと一定というちょっと変わった）紐で引っ張られているような振る舞いである．つまり，ハドロンの中のクォークを引っ張って分離しようとしても，それに必要なエネルギーがどんどん無限に大きくなってしまうので分離できないのである．実際にはエネルギーが十分大きくなった段階で「紐」がちぎれてしまうが，その場合は解放されたエネルギーによってちぎれた部分にクォーク・反クォークが対生成される．つまり，1個のハドロンが2個のハドロンになってしまい，結局クォーク単独では分離できない（図3.14（右））．イメージとしては，棒磁石を半分に切っても切り口に新たにN，S極ができて2つの磁石になってしまい，N，S単極が分離できない様子に似ている．グルーオンについても同様で，このように単独のクォーク・グルーオン（あるいは一般に「白色」でない状態）が観測されないことは「色の閉じ込め」と呼ばれている.

「色の閉じ込め」が起こるのは，量子色力学における相互作用は長距離（低エネルギー領域）[18]では「強い」からで，その相互作用は「強い相互作用」とも呼ばれる[19]．なお，短距離（高エネルギー領域）になると逆に相互作用がどんどん弱くなる．この性質は漸近的自由性と呼ばれ，グロス，ウィルチェック，ポリツァーによって1973年に証明された．3.2.5項で述べたように，相互作用が弱いときは摂動計算と呼ばれる解析的計算ができ，その結果が実験の結果と一致することで量子色力学の正しさが裏付けられた．一方，相互作用が強いときは解析的計算は困難であり，通常スーパーコンピュータを用いた数値計算が用いられる．「閉じ込め」についても，現在は数値計算により結果が得られている状況で，その数学的証明はまだなされていない．これは数学においてもとくに重要かつ証明困難な「ミレニアム問題」として，1億円の懸賞金がかけられているほどである．

さて，本章ではこれまで原子核の物理は核子・中間子に基づく湯川理論をベースに説明してきた．しかし，核子・中間子はすべてクォーク・グルーオンといった素粒子からできていることがわかり，量子色力学が真の基礎理論として確立するに至り，物理学者はさらに大きな夢を抱くようになった——原子核の性質をすべて量子色力学から予言できないだろうか？　これは相互作用が強い領域での大難問であり，解析的な理論研究に加えて，スーパーコンピュータを用いた大規模数値計算が必須となる．そこで次節以降では，まずスーパーコンピュータによる計算とその数理について解説しよう．

3.6　数理を支える計算の世界——スパコンはなぜ速いのか

これまでは，物質世界の法則の解明において，数理の力がいかに大きな役割を果たしたかを紹介してきた．しかし，その法則に基づいて物質の振る舞

---

18)　ド・ブロイの関係式 $\lambda = 2\pi\hbar/p$ により，長距離/短距離領域 ⇔ 低エネルギー/高エネルギー領域という対応関係がある．
19)　一見そのままの呼び方だが，「強い相互作用」は固有名詞として用いられる．現代の素粒子理論では自然界の力は4種類あることがわかっており，それらは「重力」「電磁気力」「強い相互作用」「弱い相互作用」である．

いを明らかにし，またその結果を実験と比べて法則そのものを確立させるためには，「計算」が必要である．もちろん，紙と鉛筆での解析的計算で解ける場合はそれでよいが，往々にして方程式は複雑すぎて解析的に解くことは不可能である．また逆に，（実験などの）データはあるが背後の数理モデルがわからないときは，何らかのデータ処理を通じた情報抽出を行う必要がある．

　そこで重要な役割を果たすのが，（コンピュータを用いた）計算であり，現在では計算科学は，理論・実験に次ぐ第3の科学と呼ばれる[20]．この分野は，ハードウェアとしてスーパーコンピュータ（スパコン）と呼ばれる大規模計算機，それを支えるシステムソフトウェア，そして実際の計算を行う上でのアプリケーションソフトウェアやアルゴリズム開発などが密接に関わっており，High Performance Computing（HPC, 高性能計算）とも呼ばれる．ここでは計算機の仕組みとその利用の実例を挙げながら「計算」の世界を紹介したい．

3.6.1　計算機の基本構造

　「計算機」は，もっとも原始的には手動計算機としての算盤が数千年前には用いられ，17世紀には歯車を用いた機械式計算機が現れるなど，さまざまなタイプのものが発明されてきたが，現代につながる電子計算機（電子コンピュータ）[21]の開発が始まったのは第2次世界大戦前後の頃である．何を最初の（汎用）電子計算機とみなすかについては諸説あるが，アメリカ・ペンシルベニア大学で1946年に完成したENIACが挙げられることが多い（図3.15（左上））．これは，真空管18000個を用いた重さ30トンもの計算機で，加算は5000回/秒，乗算は400回弱/秒実行でき，水爆開発や大砲の射撃表の計算

20）近年は，さらに第4の科学としてデータ科学が提唱されている．これと密接に関係する深層学習のテーマについては，第4章を参照されたい．
21）コンピュータ (computer) という言葉は，"compute"（計算する）＋ "-er"（人）という単語からなっており，もともとは計算を実行する「人」のことであった．大がかりな計算が必要な場合，多くの人を雇って計算させたり，計算の「超人」を雇っていたようだ．スイスにある素粒子・原子核物理の世界的研究所，欧州原子核研究機構 (CERN) では，「CERN の最初のコンピュータ」は（ユーモアも込めて?）ウィム・クレインという人だとされている．彼は独特の計算能力をもっていたようで，500桁の数の73乗根を2分43秒で計算するというギネス記録を打ち立てている．

図 **3.15**　（左上）ENIAC (1946)，（右上）Cray-1 (1976) ©Mark Richards，（左下）Blue Gene/L (2004)，（右下）スーパーコンピュータ「富岳」(2021) 提供：理化学研究所.

などに使われたようである．ENIAC ではプログラムは配線レベルで設定するものであったが，数年後にはプログラム自体も記憶装置に置かれる，プログラム内蔵型計算機が開発され，ノイマン型と呼ばれる，現代のコンピュータにつながる基本的な構成が実現した．

　ノイマン型コンピュータは，中央処理装置 (CPU) と呼ばれる，動作の制御および実際の演算を行う部分と，計算データやプログラムを保持する記憶装置（メモリ），そして外部との入出力を行う部分から成り立っており，これら各部分がバスと呼ばれる線でつながっている．その特徴は，次のようなものである．(1) メモリ上に命令とデータの両方が置かれる（プログラム内蔵型），(2) 演算は命令によって実行される．実行すべき命令がメモリのどこに格納されているかを示す命令カウンタというものがあり，それにしたがって命令を読み込み，演算を実行する（命令駆動），(3) 命令が終わると命令カウンタを進めて次の命令のメモリ格納場所を指すようにし，(2) に戻ることで逐次実行を行う．

数値計算の世界におけるもっとも重要な箴言とは何か？ それは「計算結果を信じるな！」である.

コンピュータを使った計算を行うと，つねに何らかの結果が出る．しかしその結果は，必ず科学の眼をもって検証しなければいけない．計算が間違っている可能性はごまんとある．人間がつくる限り，バグ（誤り）のない計算プログラムはないし，システム側のソフトウェア（コンパイラや OS）にもバグは隠れている．ソフトウェアだけでなく，ハードウェア側にも設計にバグがあったり，単に物理的に故障していることもある．これらの可能性は空論ではなく，大規模な計算をすればするほど，実際に遭遇する問題である.

また，科学の観点からも間違いが入り込む．例えば，ある法則の振る舞いを計算しているとして，いま解きたい問題はそもそも法則の適用範囲外のケースだったりしていないだろうか？ 計算にはなんらかの仮定をおくことがしばしばだが，その仮定の正しさは本当に保証されているだろうか?

さらに厄介なことに，人間には認知バイアスがつきまとう．計算結果を検証しているつもりでも，後付けの理屈を付けてしまったり，ついつい「都合のよい部分だけを見る」ことになりがちである.

計算結果の正しさを保証する，魔法のような解決策は存在しない．しかし，過度の悲観論に陥る必要もない．人間の能力の限界を意識し，計算とはしばしば間違うものだという前提に立ちつつ地道に検証することで，必ず科学的に意味のある計算結果に辿り着く．そのことは信じてもよい.

これら計算機についての数学的基礎を与えるのが計算理論である．ここで「計算」とは，単なる四則計算だけではなく，どういうプログラム・アルゴリズムで実行するのかという論理演算も含めた概念である．1936 年にチューリングは，「計算機で計算できる問題とは何か」を数学的に定義し，そのすべてを 1 台で計算可能な理想的計算機（万能チューリングマシン）が存在することを証明した[22]．そしてノイマン型コンピュータは，（メモリが無限大であれば）万能チューリングマシンに対応するものとなっている．今日のコンピュータはほぼすべてがノイマン型となっているが，これとはまったく別の

---

22) 逆に，計算機で原理的に計算不能な問題というのも考察可能で，チューリングはそのような問題が実際に存在することも証明した．これは，数学におけるゲーデルの不完全性定理（ある数学体系において，「証明も反証もできない命題が存在する」という定理）と対応している.

原理に基づいたコンピュータも考えることができ，とくに近年は量子力学における不確定性原理を利用することで高速化を狙う，量子コンピュータの研究が急速に進展している．

計算は計算機の中でどう実現されているのだろうか？　1930 年代後半，中嶋–榛澤やシャノンは，スイッチのオン/オフを 1/0 に対応させたスイッチング回路の理論を考察し，任意の論理演算が回路で実行可能なことを示した．これは 1/0 の代数と真/偽の論理学を結びつける「ブール代数」で記述できる．また任意の算術演算も論理演算の形で実行できる．つまり，計算機ではすべての命令・データを 0, 1 からなる 2 進数で表し，デジタル回路で論理演算を行えばよいことになる[23]．0, 1 の 1 つ 1 つをビット (bit)，8 ビットを集めたものをバイト (byte) と呼ぶ．さらに複数のバイトを集めて数や命令を表すが，その具体的な取り扱い方は，データの内部表現と呼ばれる．コンピュータによって内部表現がばらばらだと不便なので，よく使われるデータについては世界的な共通規格が作成されている．例えば，実数を扱うために科学技術計算でもっともよく使われる表現は，計 8 バイトを用いる倍精度浮動小数点数であり，典型的な場合では，絶対値について 616 桁 (10^{-308}–10^{308}) にわたる実数を，相対精度 16 桁程度で表すことができる．なお，あくまで実数の近似的な表現であるから，実際の数値計算ではその誤差について注意する必要がある．

命令についても通常数バイトのサイズであり，命令コードと複数のオペランドからなる．命令コードとは，具体的にどのような命令をするか（掛け算せよ，など）を示すものであり，オペランドには，その命令に関係するデータについての情報（掛け算する数値データそのものや，数値データが格納されているメモリの番地など）が入っている．命令の表現は命令セットアーキテクチャとも呼ばれ，通常のパソコンで用いられている x86 アーキテクチャや，携帯電話などで用いられている ARM アーキテクチャなどがある．同じ

---

[23] 0, 1 が物理的にどう実現されているのかは装置によってさまざまである．例えば，現代の電子回路では電圧の高低によって 2 進数を表現する．一方，メモリに用いられる DRAM という半導体メモリは極小コンデンサーの集まりになっており，各コンデンサーの電荷の有無で 2 進数を表現する．また，ハードディスクは極小磁石の集まりになっており，磁石の向きによって表現する．

アーキテクチャ間では命令セットに互換性があるが，異なるアーキテクチャ間では互換性はない．

なお，プログラミングにおいては，古くは命令セットに直接対応する記述が用いられていたが，煩雑で使いにくく，また異なるアーキテクチャごとに書かないといけないという問題がある．そこで通常は，高級言語と呼ばれる，人間にとってわかりやすい汎用的なプログラミング言語が用いられる．スパコンの世界では Fortran/C/C++ が主に使われ，それ以外のコンピュータではさらに多種多様な言語が用いられる．ただし，計算機は高級言語それ自体の実行はできないので，コンパイラと呼ばれる変換ソフトウェアを用いて，各計算機に対応した命令セットの記述に変換した後に計算を実行する．

3.6.2 スーパーコンピュータ

さて，これまではコンピュータの非常に基礎的な話をしてきたが，実際には大規模な計算が必要なことも多く，往々にしてスーパーコンピュータ（スパコン）が使われる．スパコンとは主に科学技術計算を目的とした大規模計算機のことであり，高速化のためにさまざまな技術的工夫がこらされている．ただしその性能に何か絶対的な定義があるわけではなく，同時代の普通の計算機と比べて十分速いかどうかで区別される．スパコンの高速性は，通常，倍精度浮動小数点演算を 1 秒間に何回計算できるか (Flops) で比較される．世界のスパコン性能ランキング・トップ 500 が半年に 1 回公開されているが，最新の 2020 年 11 月 16 日付リストで第 1 位に輝いているのは，日本のフラグシップ・スパコン「富岳」である（図 3.15（右下））．実効性能 440 PFlops（1 秒間に 4.4×10^{17} 回の計算）を達成し[24]，2021 年から本格稼働を開始した．また，第 500 番のスパコンは約 1 PFlops（1×10^{15} 回/秒）の性能となっている．現在の普通のパソコンはおよそ 1 CPU・数百 GFlops（$\sim 10^{11}$ 回/秒）程度なので，スパコンは 1 万–100 万倍ほど速い勘定になる．もっともコ

---

24) 一般に，単位に接頭語として k（キロ），M（メガ），G（ギガ），T（テラ），P（ペタ），E（エクサ）を付けると，それぞれ 10^3, 10^6, 10^9, 10^{12}, 10^{15}, 10^{18} 倍の意味になる．なお，m（ミリ），μ（マイクロ），n（ナノ），p（ピコ），f（フェムト），a（アト）を付けると，10^{-3}, 10^{-6}, 10^{-9}, 10^{-12}, 10^{-15}, 10^{-18} 倍の意味になる．

ンピュータは時代と共にどんどん高速化していくので，スパコンの性能も時代と共に変わっていく．1976年に登場したCray-1（図 3.15（右上））は圧倒的性能でスパコンの代名詞ともなったが，その理論性能160 MFlopsは2000年代半ばの携帯電話程度，1993年以降何度もトップに立った日本発の革新的スパコン「数値風洞」は実効性能120–230 GFlopsで現在のパソコン程度であり，2004–08年にかけて世界最速に君臨したBlue Gene/L（図 3.15（左下））は70–480 TFlopsの実効性能であった．

また，スパコンの計算能力があがるにつれ，消費電力も莫大なものとなり，省エネ性能についても激しい競争が行われている．例えば「富岳」では，30 MW（一般家庭約8万世帯分）もの電力が必要となるが，電力効率としては豆電球1個分の電力（1 W）で150億回/秒の計算が可能であり，これは世界トップクラスの省エネ性能である．

ここでは，コンピュータの高速化のためにどのような工夫が行われているのか，そのいくつかを紹介したい．なお，スパコンとパソコンの間には明確な境界があるわけではなく，双方向に技術移転があるので，その高速化手法には共通な部分も多い．

3.6.3 微細化

コンピュータの高速化を牽引してきた最大の要因は，半導体プロセスの微細化であり，過去半世紀以上にわたりコンピュータは指数関数的な高速化（18 ヵ月ごとに2倍！）を達成してきた．演算の中核部分を担うCPU[25]は，シリコンウェハーと呼ばれるシリコンの円盤上に集積回路を形成して製造されるが，プロセスが微細化=1回路あたりのサイズが小さくなるということは，同じコスト（ウェハー上の同じ面積）あたりに詰め込むことのできる回路の数が増大し，その増大した回路を使った高速化が可能になる．いわゆるムーアの法則とは，集積回路に含まれる回路の個数は2年ごとに倍になるという経験則であるが，これによりCPU内の回路の個数は年月と共に指数関数的に

---

25) 近年のスパコンではCPUに加えてGPUなどの演算加速装置を搭載し，主にそちらで演算を行うことも多い．本章の高速化についての解説の範囲内ではその違いはあまり意識する必要はなく，詳細は省略する．

増大する.

　さらに，CPU に用いられている CMOS という半導体回路では，電圧の高低のスイッチ（0, 1 の反転）時にしか電力を消費しないという優れた特性があり，消費電力は $f \times C \times V^2$ に比例する．ここで f はクロック周波数で，CPU の動作速度に対応する．例えば $f = 1\,\mathrm{GHz}$（$= 10^9\,\mathrm{Hz}$）のときは 1 クロック $= 1\,\mathrm{ns}$（$= 10^{-9}$ 秒）ごとに回路が動作する．C は回路に充放電される静電容量，V は電源電圧である．微細化の度合いは，1 回路あたりの典型的な長さで表されるが，これを 1/2 に微細化したとしよう．すると，同じ CPU 面積あたり 4 倍の回路を詰め込むことができる．また，回路が小さくなるので C は 1/2 になり，V も 1/2 にできる．このとき回路の抵抗 R はいくつかの効果が相殺して変化しないが，回路の遅延時間 RC が 1/2 になるので f は 2 倍に高速化でき，デナード則と呼ばれる．つまり CPU 全体で考えると，消費電力は一定，CPU の各回路の動作速度は 2 倍，しかも回路数は 4 倍のものが，同じ値段で製造できるという仕掛けである．

　ただし，2000 年代半ば頃からデナード則による高速化は頭打ちになった．微細化するにつれ，これまでは無視できていた（スイッチ時とは関係のない）定常的な漏れ電流による電力消費が急増したり，配線の遅延時間の影響などにより，V を小さくしたり f を大きくすることが難しくなったのだ．実際，近年の CPU は，もっとも速いものでも f は 3–5 GHz 程度で頭打ちである．ただし，微細化による回路数の増大はまだ継続しているので，増えた回路をどう有効活用するかがよりいっそう重要になっている．

　また将来を見通すと，そもそも微細化が困難になっていくだろう．現在の最先端プロセスでは 1 回路の典型的長さはおよそ 10 nm（$= 10^{-8}\,\mathrm{m}$）のオーダーであるが，原子 1 個のサイズが約 0.1 nm であることを考えると，いずれ技術的限界もくるだろう．また，近年は微細化によるコストの上昇も大きな問題となっており（最先端の半導体工場をつくるには数千億円から 1 兆円を超える投資が必要になっている），経済的側面からの限界も考えられる．今後は微細化に頼らない高速化の重要性が増していくだろう．

3.6.4 パイプライン化

　ここからはハードウェアでどのような高速化技法が用いられているかを紹介しよう．比較するよい例として，車の生産工場を考えてみよう．車1台を生産するにはさまざまな工程が必要である．例えば，(1) 作業員 A が鋼板をプレスする，(2) 作業員 B が溶接する，(3) 作業員 C が塗装をする，(4) 作業員 D がエンジンを取り付ける，といった案配である．もっとも単純な生産方式では，1台における上記の工程をいったんすべて終わらせ，そして次の1台に取りかかるというもので，(1)–(4) の工程それぞれに1時間かかるとすると，4時間あたり1台の生産ができることになる．

　これに対し，流れ作業を導入すると生産は大幅に効率化できる．つまり，A がプレスした後，B が溶接している間は，A は次の1台のプレス作業に取りかかればよい．この流れ作業を最大限効率化し，A–D 全員がつねに働き続けているようにすると，「平均として」車は1時間あたり1台のペースで生産できることになる（これをスループットという）．ただし，特定の1台の生産については4時間待つ（これをレイテンシという）必要があるのは同じである．

　CPU においても同様の効率化を達成することができ，これをパイプライン化と呼ぶ（図 3.16）．例えば，「命令」について考えると，1つの命令の中での作業は次のように分割できる．(1) 命令カウンタが指すメモリから CPU に命令を読み込む（フェッチ），(2) 命令の中身を読み取り，命令コードの解釈や，オペランドの処理など，必要な前処理を行う（デコード），(3) 演算を

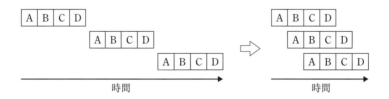

命令パイプライン：命令 = フェッチ(A) → デコード(B) → 演算実行(C) → ライトバック(D)
演算パイプライン：演算 = 桁比較(A) → 桁合わせ(B) → 計算(C) → 桁修正(D)

図 3.16　パイプライン化による高速化．

実行する，(4) 演算結果をメモリに保存する（ライトバック）．仮にそれぞれのステップに CPU 1 クロック分の時間がかかるとすると，単純な方式だと 4 クロックごとに 1 命令実行できることになるが，パイプライン化により，スループットとしては 1 クロックごとに 1 命令実行が可能となる．これを命令パイプラインという．ただし，レイテンシは 4 クロックのままで変わらない．

この考え方は，単に命令についてだけでなく，命令の中に含まれる演算実行部分についても適用できる．先の例では実行も 1 クロックでできると仮定したが，実際の数値計算の実行ではさまざまな処理が必要で，かなりの時間がかかる．例えば浮動小数点数の加算を考えると，まずそれぞれの数の桁を比較し，桁合わせをし，それから加算処理をし，場合によっては繰り上げ・繰り下げに関わる桁の修正を行う，などが必要だろう．これらのステップについても，先と同様にパイプライン化することができ，これを演算パイプラインという．

もちろん，流れ作業により効率が上がるのは，車でいうと大量生産するときであって，1 台しか生産しない場合は何も変わらない．同様に，パイプライン化で効率が上がるのは，大量のデータを連続的に処理するときであるが，科学技術計算では大規模なサイズの配列やベクトルを扱うことが多く，演算パイプラインが有効に働く．さらに，配列やベクトルの各要素について同一演算を繰り返すケースが多く，この特性を利用して同一演算を演算パイプラインで大量のデータに適用することをベクトル処理という．さまざまなハードウェア機構でベクトル処理を効率的に行えるようにした計算機をベクトル計算機といい，一時はスパコンの世界を席巻した．現在は伝統的なベクトルスパコンはほぼ姿を消したものの，パイプライン化・ベクトル処理など，その技術は現在のコンピュータでも重要な役割を果たしている．

3.6.5　データの階層構造

戦争において真に重要なのはロジスティック（兵站）だそうである．自動車産業で有名なジャストインタイム生産システムも，一種の兵站の合理化であろう．コンピュータについても，これまでは演算側について述べてきたが，同様に重要なのが（演算に必要な）データの供給である．実際，現代のコン

ピュータにおいて性能頭打ちの大きな要因となっているのがデータ供給能力の不足であり，この問題を解決すべくさまざまな工夫がこらされてきた．

再び車の生産を例に考えてみよう．効率的な生産には，原料となる鋼板，塗料，エンジンが，それぞれ必要なタイミングで必要な分量が供給されないといけない．ここでもスループットとレイテンシという概念を導入すると，特定の部品を発注してから工場に届くまでの時間がレイテンシである．一方，つねに部品を発注し続けた場合に時間あたり最大いくつの部品が届くかがスループットに対応する．典型的には，部品倉庫から工場までの道路の距離に応じてレイテンシの大小が決まるだろう．一方スループットは，部品倉庫から工場までの道路が何車線になっているかで左右される．

コンピュータでも，演算に必要なデータをメモリから CPU までもってくる必要があるため，レイテンシとスループットという概念が重要になる．もっともよいのが，レイテンシが短くてスループットが大きく，かつ容量の大きいメモリであるが，これらの特性が優れているものほど，技術的に作製困難かつ高価になる．そこで現実のコンピュータではこれらの妥協点として，データの保持に階層性をもたせている．具体的な構造として，図3.17 を見てみよう．CPU とメモリの間にキャッシュと呼ばれるものがあるが，これがデータの中間保存倉庫のような役割を果たす．キャッシュは，メモリと比べてレイテンシやスループットの性能が1桁程度よいが，容量はメモリより数桁小さい．

どういうデータをキャッシュに保存するかについては通常ハードウェア側で自動制御される．制御のアルゴリズムにはいくつかあるが，データの「局所性」を利用したアルゴリズムがほとんどである．すなわち，最近使ったデータを優先して保持したり，使ったデータと隣接するデータを保持したりする．前者については，最近使ったデータはもう一度使うことが多いという時間的局所性を利用したものであり，後者については，例えばベクトル x についての演算をする場合，x_i 成分を演算した後は x_{i+1} 成分を演算することが多いという空間的局所性を利用したものである．

現実のコンピュータでは，さらなる高速化を目指してキャッシュ自体も L1（レベル1）キャッシュ，L2 キャッシュ，$\cdots$ と多段化したものが使われるこ

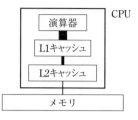

CPU

演算器

L1キャッシュ

L2キャッシュ

メモリ

図 3.17 データ保持の階層構造.

とが多い．すなわち，図 3.17 で，図の上にい けばいくほど性能（レイテンシやスループッ ト）が上がる一方，容量は小さくなる．高速 計算を実現する上では，この階層性を意識し たプログラミングを行うことが重要である． 例えば，大規模データを対象に単純なプログ ラミングを行うと，キャッシュに収まりきら ない（メモリにある）データを頻繁にアクセスしてしまうため，キャッシュ の性能が活かされない．そこで，計算アルゴリズムを工夫して，先に述べた 「局所性」を意識しつつキャッシュ内データをできるだけ再利用しながら計算 すると，高い効率を達成できる．

3.6.6 並列化

コンピュータにおける高速化で重要なもう 1 つの概念が並列化である．考え 方としては単純で，もし独立に行える複数の演算がある場合は，ハードウェア 側も演算装置を複数用意しておけば，並列実行により高速化が達成される[26]． 小さい単位での並列化としてよく用いられているのが SIMD（シムディー， シムド）である．CPU 内部に演算器を複数用意しておき，共通の演算を複数 のデータに並列に行う手法である．典型的には，ベクトル同士の加算で各要 素を並列に加算するケースなどがある．ただし，SIMD が効率的に動くには， 演算器の個数が増えたぶんだけ，よりいっそうメモリからのデータ供給を増 やしたハードウェア設計になっている必要がある．

SIMD は，微細化で利用可能になった大量の回路を演算器の増強に割り振っ たとみなせるが，同様のことを，さらに上位のレベルの並列化として実装し たのが，マルチコアによる並列化である（図 3.18（左上））．この場合，複数 の CPU を 1 つにまとめたチップが作成される．呼び方としてはやや紛らわ しいが，1 つにまとめたチップ全体を（マルチコア）CPU といい，その中の 1 つ 1 つの（以前の）CPU は，(CPU) コアと呼ぶことが多い．現代では，パ

---

26) 先に述べたパイプライン化も，広い意味での並列化とみなせる．

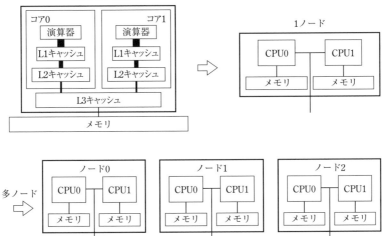

図 **3.18** 並列化の階層構造.

ソコンはおろか携帯電話でもマルチコア CPU が搭載されていることがほとんどである．並列化はまだまだ続く．マルチコア CPU のさらに上位の並列化としては，1 つの計算機単位（ノードと呼ぶ）の中に，複数のマルチコア CPU を搭載する（図 3.18（右上））．ノード内のメモリは，どのマルチコア CPU のどの CPU コアからも共通のメモリ番地を用いてアクセス可能なことが多い．これを共有メモリと呼ぶ．

　現代のスパコンはこれにとどまらず，ノードをさらに大量に（1000–10 万台程度）結合した超並列計算機をつくることがほとんどである（図 3.18（下））．この場合，異なるノード間では，メモリが別々に（メモリ番地が独立に）なっていて，互いに直接データにアクセスできないことが通常である．これを分散メモリという．超並列計算機では，ノードをつなぐネットワークを構築して，ネットワーク経由で互いにデータをやりとりすることでシステム全体が協調した計算を可能にしている．ここでも肝となるのがネットワークのレイテンシとスループットである．これらの性能が十分よくないと，必要なデータのやりとりにほとんど時間がとられてしまうので高速化が達成されない.

実際には理想的な性能を実現することは技術的・コスト的理由でほぼ不可能であるが，少しでもよい性能を実現するために，さまざまなネットワーク構造が考案されている．また，ノード数の増大に比例して故障率が上がることから，信頼性の向上（各ノードの故障率の低減，故障した際の自動回復機能など）も重要である．さらに多ノード化に伴い消費電力も莫大となるため，近年のスパコンでは省電力性能の向上が必須となっている．

　さて，これまで並列化による高速化を述べてきたが，ひたすら物量を投入して並列度を上げれば本当に高速化されるのだろうか？　現実はそれほど単純ではない．例えば，人間をたくさん集めて共同作業をするとき，人数を 1 人，100 人，10000 人と変えた場合で作業速度が単純に人数に比例することは少ないだろう．会社でも，小企業・中企業・大企業それぞれでまったく異なる経営ノウハウが必要なことはよく知られている．

　そこで，並列計算機における速度向上率を定量的に評価してみよう．注意すべきことは，並列化で高速化されるのは，並列に（独立に）計算しても結果に影響がない計算だけであって，逐次的に計算しないといけない部分は，並列化のメリットを受けない点である．例えば，(1) $a \leftarrow b + c$, (2) $b \leftarrow 2a$（矢印は代入を表す）という 2 つの計算は，逐次的に (1), (2) の順番の計算が必要で，並列化できない．そこで，解きたい問題のうち，並列化可能な部分の割合を α, 不可能な割合を $(1 - \alpha)$ とし，これを N 並列の計算機で並列計算を行った場合を考えよう．α の部分については N 倍の高速化が達成でき，$(1 - \alpha)$ の部分については高速化がないことになるので，トータルで

$$\frac{1}{(1 - \alpha) + \alpha/N} \tag{3.10}$$

倍の高速化が達成できることになる．これをアムダールの法則というが，解きたい問題を固定すると α は一定なので，N を大きくしてもあまり速度が向上しないことがわかる（例えば α が 0.9 のとき，$N = 10$ でも 5 倍，$N = \infty$ でもたった の 10 倍にしか速くならない）．現実にはこれに加えて，ノード間のデータのやり取りは並列化によりむしろどんどん遅くなる，などの効果もある．実は，アムダールによるこの法則の発表当時は，並列計算機の未来は暗いと考えられたのである．

しかし，ここで考え方を変えてみよう．巨大な並列計算機が利用可能なとき，必ずしも同じ問題を解きたいわけではない．例えば，普通のパソコンで10分で終わるような計算を，10万並列の計算機を使い $\frac{1}{10000}$ 分（= 0.006 秒）で終わらせるメリットはそれほど大きくないだろう．むしろ，普通のパソコンで100万分（= 700 日）もかかってしまう計算を10万並列の計算機で10分で終わらせることに，より意義があるだろう．

そこで，グスタフソンは次のような考察を行った．実際に N 並列の並列計算機を使う場合，非並列の計算機と比べて N 倍大規模な問題を解くことが多いだろう．この場合，並列不可能な部分の割合は N によらずにほぼ一定だろう．その割合を $(1 - \beta)$ だとすると，速度向上率は，

$$\beta N + (1 - \beta) \tag{3.11}$$

となる．このグスタフソンの法則では速度向上率は N に比例するので，巨大な並列計算機をつくる価値がある．

一見アムダールの法則と結果があべこべのように聞こえるが，アムダールの法則とグスタフソンの法則は互いに矛盾するのではない．アムダールの法則では問題規模を一定のまま並列度を大きくするケースを考え，グスタフソンの法則では問題規模と並列度を比例させながら大きくするケースを考えるという，設定の違いであることに注意してほしい．なお，前者の設定は「強いスケーリング」，後者は「弱いスケーリング」と呼ばれる．

実は近年のスパコンに使われる各 CPU の演算能力は通常のパソコンと大差ないことが多く，大規模並列でいかに性能を出すかが勝負となる．そのためにはハードウェア側ではシステム全体の協調計算を実現する仕組み（ネットワーク性能や信頼性など）が必須であるし，ソフトウェア側では並列化率を上げることが必要である[27]．プログラミングの工夫にとどまらず，新たな計算アルゴリズムの開発や，計算すべきテーマそのものの適切な選択も重要であり，これらの総合力により初めてスパコンならではの超高速計算が実現される．

---

27) 例えば 10 万並列の計算では，全演算の 99.999%程度が並列化されている必要がある！

コラム6● スパコンはサボり好き？

スパコンに対して読者はどんなイメージをもたれているだろうか？ ものすごい機械がうなりを上げてフル稼働している（これはこれで正しい）姿を想像されるかもしれないが，現代のスパコンは何かというとすぐに仕事をサボってしまうことはあまり知られていないかもしれない．実はスパコン利用においては，そんなスパコンをいかにあくせく働かせるかが重要なのである．

なぜスパコンがサボるのかといえば，計算能力と比べて（計算に必要な）データの供給能力が圧倒的に足りないためである．本文で述べたように，データ転送の性能向上のためにさまざまな工夫がこらされているが，それでもまだまだ不足しており，CPUはデータがくるまでお昼寝をしてしまうのだ．

この問題を定量的に考えるため，B/Fと呼ばれる指標を紹介しよう．これは，行いたい計算に対して，必要なデータ転送量をバイト単位で表したもの(B)を，必要な演算回数(F)で割った値として定義される．ハードウェアの（スループット）性能についても同様に，メモリのデータ転送能力（バンド幅という）をCPUの演算能力で割った値としてB/Fを定義できる．

例えばn次元ベクトルx, yについて$y \leftarrow y + a \times x$という演算を考えよう．演算は加算・乗算$n$回ずつで計$2n$回である．一方必要なデータ転送は，読み込みは$x, y$の要素$n$回ずつと，$a$の1回，書き込みは$y$の要素$n$回なので，計$(3n + 1)$回である．データの各要素が倍精度浮動小数点数（8バイト）のとき，B/F $= 8 \times (3n + 1)/(2n) \simeq 12$となる（$n$が十分大きいとした）．もしハードウェアの性能がB/F ≥ 12であればCPUはフル稼働できるが，実際のスパコンではB/F $\simeq 0.1$程度のものも多く，その場合の計算効率はたったの0.8%となる．もちろんこれは計算の種類に大きく依存する．$C \leftarrow C + AB$（A, B, Cは$n \times n$次元行列）という行列積を含む計算を考えると，B/F $= 8 \times (4n^2)/(2n^3) = 16/n$となるので，$n$が十分大きければハードウェアのB/Fは小さくてもよい．実際のアプリケーションでどの程度のB/Fが必要かは千差万別であるが，ざっくりB/F ~ 1のオーダー程度のものが多いといわれている．

そこで現在のスパコン利用では，B/Fのギャップを埋めるさまざまな工夫を行う．例えばメモリの性能はB/F $\simeq 0.1$だとしても，キャッシュは1桁大きいB/F $\simeq 2$–4程度なので，データをキャッシュに収めて何度も再利用するプログラミングが可能であれば，計算効率も1桁向上する．実際にはプログラミングレベルの工夫だけでなく，計算効率のよい定式化/アルゴリズムを考える必要もある（例えば行列積を用いればよいことは先の議論からわかるだろう）．また，上で述べたのはノード内のメモリ・キャッシュからのデータ転送の話だが，並列計算機では，ノードをまたいだデータ転送についても同様の問題があ

り，その影響を抑える工夫が必要である．

　一方，スパコンをつくる側も，実際のアプリケーション計算で性能が出やすいように設計を工夫するのが腕の見せどころである．製造コストとのバランスもあるので，単にハードウェアの性能を上げればよいわけでもない．そこで現在は，スパコンをつくる側，使う側が共同で作業し，トータルでもっとも意義のある結果を目指す，「コデザイン (co-design)」の重要性が増している．日本の最新鋭スパコン「富岳」はこの手法で開発されており，例えばメモリについてはかなり性能のよい B/F ≃ 0.33 を達成している．スパコンはサボり好きかもしれないが，スパコンの設計者やユーザーはサボらず毎日頑張っているのだ．

3.7　計算を支える数理の世界——高速アルゴリズムの驚異の力

　大規模な数値計算に必要なもの，それは1つには前節で見てきたスパコンなどの高性能計算機であるが，もう1つは数理アルゴリズムである．実際，計算が大規模になればなるほどハードウェアのパワーのみならず，高速ソフトウェア・アルゴリズムの開発の重要性が増していく．ここでは，クォークやグルーオンのような素粒子の世界をシミュレーションするのに必要な多次元空間での数値積分を例にとって，数理アルゴリズムの威力を紹介しよう．

3.7.1　モンテカルロ積分

　まず簡単のために，1次元積分

$$I = \int_a^b dx f(x) \tag{3.12}$$

を考えよう．

　この数値積分法としてよく知られているのが台形公式であり，これは積分区間を長さ $h = (b-a)/N$ で N 分割し，

$$I \simeq \frac{(b-a)}{N}\left[\frac{1}{2}f(a) + f(a+h) + f(a+2h) + \cdots + f(b-h) + \frac{1}{2}f(b)\right] \tag{3.13}$$

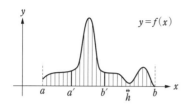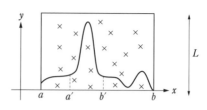

図 3.19　数値積分．（左）台形公式，（右）モンテカルロ法．

で計算する方法である（図3.19（左））．テイラー展開してやると，この計算の誤差は $\mathcal{O}(N^{-2})$ とわかる[28]．さらに精度を上げた公式もあり，例えばシンプソン則と呼ばれる公式を用いれば，誤差は $\mathcal{O}(N^{-4})$ に減らすことができる．

　さて，次に多次元積分を考えよう．上で述べた台形公式などを多次元に拡張することは原理的には簡単だが，すぐに実際上の問題にぶつかる．というのは，多次元空間（d 次元としよう）の中で N 点で関数を評価するということは，各次元ではわずか $N^{1/d}$ 点での分割しかできない．そのため，（各次元で例えば台形公式を使うと）誤差は $\mathcal{O}(N^{-2/d})$ となって，次元 d が大きいときには誤差が非常に大きくなってしまう．

　この問題を回避するのが，モンテカルロ法である．まず，そのアルゴリズムを1次元を例にとって紹介する．簡単のため，図3.19（右）のように，区間 $[a,b]$ において関数が $0 \le f(x) \le L$ を満たしているとする．このとき，図の長方形の領域 $a \le x \le b$, $0 \le y \le L$ 内に一様乱数をばらまくことを考える．長方形の面積 $(b-a)\cdot L$ に対し，乱数がどれだけの割合で関数の積分領域に入ったかを調べることで，関数の積分値が得られる．具体的には，まず x 軸方向について区間 $[a,b]$ での一様乱数 $\{x_1, x_2, \cdots, x_N\}$ をなんらかの方法で生成する．次に各 x_i で y 軸方向を考えると，これは実際に乱数を生成せずとも，確率 $f(x_i)/L$ で積分区域内に入ることがわかる．したがって積分値は

$$I \simeq (b-a)\cdot L \times \frac{1}{N}\sum_{i=1}^{N}\frac{f(x_i)}{L} = \frac{(b-a)}{N}\sum_{i=1}^{N}f(x_i) \tag{3.14}$$

---

28)　$\mathcal{O}$（オーダー）というのは，関数が変数に対してどういう漸近的振る舞いを示すかを表す記号である．例えばここでの $\mathcal{O}(N^{-2})$ というのは，N を大きくしていくと N^{-2} に比例して小さくなっていくという意味である．

と計算できる. これは, 台形公式（式 (3.13)）と比べ, サンプリングする点を等間隔にとる代わりにランダムにとった式になっていることがわかる. モンテカルロ法での誤差 σ はどうなるだろうか? これは, 統計学における中心極限定理を用いて評価することができ,

$$\sigma = (b-a)\frac{s_f}{\sqrt{N}} \sim \mathcal{O}(N^{-1/2}) \tag{3.15}$$

となる. ここで s_f^2 は $f(x_i)$ $(i=1,\cdots,N)$ の不偏分散である.

$$s_f^2 \equiv \frac{1}{N-1}\sum_{i=1}^{N}(f(x_i)-\langle f\rangle)^2, \quad \langle f\rangle \equiv \frac{1}{N}\sum_{i=1}^{N}f(x_i). \tag{3.16}$$

さて, モンテカルロ法のありがたみはどこにあるのだろうか? 1 次元積分において N を大きくしていったときの誤差の大きさを比べると, モンテカルロ法の誤差が $\mathcal{O}(N^{-1/2})$ なのに対し, 台形公式では $\mathcal{O}(N^{-2})$ だから, この場合は明らかに台形公式のほうが効率がよい. モンテカルロ法の威力が発揮されるのは多次元積分においてである. モンテカルロ法の誤差は, 中心極限定理に基づいているから, 次元を大きくした場合でも $\mathcal{O}(N^{-1/2})$ のままである. しかし, 台形公式の誤差は先に述べたように $\mathcal{O}(N^{-2/d})$ である. つまり, およそ 4 次元以上の積分では, モンテカルロ法が優位となる. d がさらに大きくなるとモンテカルロ法は指数関数的に優位となるため, モンテカルロ法が必須であることがわかるだろう（例えば後に出てくる素粒子の計算では $d = 30$ 億次元にも達するが, この場合 $N = 100$ のモンテカルロ積分を台形公式で行うならば, $10^{1\,499\,999\,998}$ 倍の計算コストがかかってしまう！）.

読者の中には,「台形公式のように等間隔できっちり点をサンプリングしたほうが, ランダムに（いい加減に）点をサンプルするよりも精度がよさそうなのに, なぜ逆になったんだろう?」と思われる方もいるかもしれない. それを直感的に理解するには 2 次元積分 $\iint dx_A dx_B f(x_A, x_B)$ を例にとった図 3.20 を見るとよい. 図に示されたサンプリング点について, それぞれの次元に射影したときの分布を見てみよう. モンテカルロ法の場合は, 各次元ごとに見た場合でも, すべての点が一様ランダムにサンプリングされていることがわかる（図 3.20（左）). 一方, 台形公式のケースでは, 一様でない歪んだサン

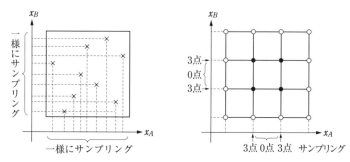

図 **3.20** 2次元積分におけるモンテカルロ法的サンプリング（左）と台形公式的サンプリング（右）の比較.（右図で〇点は端点のため実質 1/2 点分に相当）

プリングになっている（図 3.20（右）). これが多次元積分になればなるほど台形公式の精度が悪くなる理由である. もっと直感的にいうと,「ランダム＝いい加減」という感覚がそもそも間違っていたのであり,「多次元空間でどこから見てもランダム」ということそのものに稀少価値があったのである.

　モンテカルロ法は, ウラムによって 1946 年頃に開発されたが[29], これは先にも述べたコンピュータ ENIAC の開発に触発されたものであり, ハードウェアとソフトウェアが一体となって進歩する例にもなっている. なお, この手法の名前は, 計算が乱数に基づいて行われることから, カジノで有名な（そしてウラムの親戚がギャンブルに通っていた）モナコの地区モンテカルロにちなんで名付けられた.

3.7.2　重点サンプリングとマルコフ連鎖モンテカルロ法

　さて, 図 3.19 をもう一度見てみよう. 積分したい関数 $f(x)$ は, 区間 $[a, b]$ の積分区間のうち, 区間 $[a', b']$ のみで大きな値をもち, それ以外では値が小さいことから, 積分計算で重要なのは $[a', b']$ の部分である. しかし, 台形公式であれ, モンテカルロ法であれ, 先に述べた方法では本質的に区間 $[a, b]$ に対して一様なサンプリングを行うから, 効率が悪い. それを改善するには, $[a', b']$ についてサンプリング点を多くとり, それ以外の区間ではサンプリン

---

29)　理論・実験物理学における幾多の業績で知られるフェルミは, 1930 年代前半には同様の手法を開発して内々に使っていたようである.

グ点を減らせばよく，これを重点サンプリングと呼ぶ．重点サンプリングの手法にはさまざまあるが，ここでは応用上とくに重要な，マルコフ連鎖モンテカルロ法について，そのエッセンスを紹介しよう．

マルコフ連鎖モンテカルロ法においては，まず被積分関数 $f(x)$ について，x に依存して値が大きく変動する情報を担う部分 $w(x)$ と，それ以外，すなわち x にあまり大きく依存しない部分 $g(x)$ に分離する：

$$f(x) = g(x)w(x) \tag{3.17}$$

ただし $w(x)$ のとり方として，$w(x) \geq 0$ かつ $\int dx w(x) = 1$ となるように工夫する．このとき，$w(x)$ は確率的な「重み」と解釈することができる．

ここで数学におけるマルコフ連鎖というものを用いれば，確率的に重み $w(x)$ の分布をもつような x の乱数列 $\{x_1, x_2, \cdots, x_N\}$ を生成することができる．つまり，$w(x)$ が小さい場合には対応する x の生成確率が小さくなるように，$w(x)$ が大きい場合の x は生成確率が大きくなるようにして，$w(x)$ の効果を x のサンプリングの段階でとり込むことができる．いったん x の数列が生成されれば，$f(x)$ についての積分は

$$\int dx f(x) = \int dx g(x)w(x) \simeq \frac{1}{N}\sum_{i=1}^{N} g(x_i) \tag{3.18}$$

と書ける．マルコフ連鎖による x の重み付きサンプリングの効果により，右辺で $w(x)$ が消えていることに注意してほしい．誤差は $\mathcal{O}(N^{-1/2})$ であるが，式 (3.15), (3.16) と比べ，被積分関数の分散が $s_f^2 \to s_g^2$ へと小さくなるため誤差を小さくできる（直感的には，サンプリング点の数 N が実質的に大きくなると考えてもよい）．

マルコフ連鎖での重み付き乱数列の生成方法であるが，数 x_i が与えられたとき，次の数 x_{i+1} をある遷移確率分布 $P(x_i \to x_{i+1})$ に基づいて生成するのが特徴である．すなわち，$\cdots \longrightarrow x_{i-2} \xrightarrow{P} x_{i-1} \xrightarrow{P} x_i \xrightarrow{P} x_{i+1} \xrightarrow{P} x_{i+2} \longrightarrow \cdots$ のように連鎖的に数列を生成する．ここでのポイントは，重みが小さい変数から重みが大きい変数に向けてより遷移しやすいよう，遷移確率 P を上手に導入することである．変数 x をある種の状態とみなすと，遷

＿＿ コラム 7 ● ランダム＝いい加減？ ＿＿＿＿＿＿＿＿＿＿＿＿＿＿＿＿＿

　モンテカルロ積分におけるもっとも重要な裏方は「乱数」といっていいだろ
う．簡単な乱数の生成手法はサイコロを振ることであるが，実際の積分計算で
は何億，何兆個もの乱数が必要になることも多く，現実的ではない．そこで通
常行われるのが，計算機を使った乱数の生成である．すなわち，計算機で動く
アルゴリズム（適切な漸化式と初期値など）を用いて，「ランダム的な振る舞
いを示す」数列を生成してやればよい．サイコロと違っていつでも同じ乱数列
を再生成できるので，計算の追試がやりやすいといった利点もある．ただし，
実際には確定的な計算に基づいて数列が生成されているから，これは真の乱
数列ではなく，擬似乱数（列）と呼び，ランダム性についてのさまざまな検定
をパスしたものを用いる（それでもつねに真の乱数の代わりになる厳密な保
証はなく，擬似乱数の創始者ノイマンは，これを罪作りな所行であると述べた
そうである）．さて，擬似乱数は具体的にどのようなアルゴリズムでつくれば
よいだろうか？　ランダム＝いい加減 (?) という印象からは一見簡単そうに見
えるが，これは実は難しい．例として，古くからよく用いられてきた線形合同
法を紹介しよう．この手法は，ある数 a, c, M と，乱数の初期値 x_1 を用いて，
$x_{n+1} = a \times x_n + c \ (\mathrm{mod} \ M)$ という漸化式で乱数を生成する．ここで，(mod
M) とは，M で割った余りをとるという意味である．手計算でできる簡単な
例として，$a = 9, c = 1, M = 16, x_1 = 5$ ととってみると，周期が 16 の数列
$\{x_n\} = \{5, 14, 15, 8, 9, 2, \cdots, 4\}$ が生成される．これは一見ランダムに見える
が，本当だろうか？　2 次元空間で (x_n, x_{n+1}) をプロットすると，その粗が見
えてくる．すなわち，図 3.21 のように，乱数列が非常に粗い結晶構造をもっ
てしまうのである．実は線形合同法は，一般に k 次元空間でプロットすると，

$(k!M)^{1/k}$ 枚以下の等間隔・平行
な $(k-1)$ 次元超平面上にのって
しまうことが示されている．つ
まり，ランダム＝いい加減とい
うわけではけっしてなく，むし
ろランダムな数列の生成は非常
に難しいことがわかるだろう．

　よりランダムに近い数列を得
るためにさまざまなアルゴリズ
ムが考案されてきたが，現在，
世界でもっとも広く使われてい
る乱数アルゴリズムは，日本の
数学者，松本眞と西村拓士が開

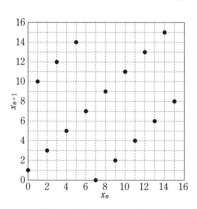

図 3.21　線形合同法による乱数列の結晶構造．

発したメルセンヌ・ツイスター法である．これは，メルセンヌ数と呼ばれる特殊な素数の性質を利用しており，標準的なパラメータの場合だと，周期は $2^{19937} - 1$，そして高次元（623 次元）に均等に分布することが数学的に保証されている．この手法はおよそ 150–50 年前に研究された純粋数学に基づくが，一見役に立たない純粋数学が，このように時を超えて想像もつかない応用に用いられていることは，数理の力を教えてくれるよい例ともいえるだろう[30]．

移を繰り返していけばいずれ望ましい確率分布 $w(x)$ をもった平衡状態に達するというのが直感的にわかるだろう．より具体的には，遷移確率 P が条件 $P(x \to y)/P(y \to x) = w(y)/w(x)$（詳細釣り合いという）を満たすようにすればよいことが知られており，これはメトロポリス法と呼ばれるアルゴリズムなどで実現できる．

　実際の科学計算では，重み関数 $w(x)$ が自然に現れてくることが非常に多く，この手法は広い適用性をもっている．例えば統計力学における計算では，多次元変数 $\boldsymbol{x}$ に対して，ボルツマン分布 $w(\boldsymbol{x}) = \exp\left[-E(\boldsymbol{x})/(k_B T)\right]$（$E$ はエネルギー，k_B はボルツマン定数，T は温度）が現れる．量子力学・場の量子論の計算でも，ファインマンの経路積分で出てくる重み，式 (3.5) について，作用を S から S_E へとある種の実数化（正確には時間を虚時間に変換するユークリッド化）した重み関数 $w(\boldsymbol{x}) = \exp\left[-S_E(\boldsymbol{x})/\hbar\right]$ が現れる．これらの重み関数は，指数関数を通した非常に強い $\boldsymbol{x}$ 依存性をもつから，単純なモンテカルロ法だとほとんどのサンプリングで $w(\boldsymbol{x}) \simeq 0$ となり，きわめて効率の悪い計算になってしまうことがわかるだろう．一方マルコフ連鎖モンテカルロ法では，重点サンプリングを行うことで指数関数的に効率のよい計算の実行が可能となる[31]．

30）　松本眞氏ホームページ
http://www.math.sci.hiroshima-u.ac.jp/~m-mat/
31）　ただし，解きたい問題によっては $w(x)$ が正負に振動したり複素数になることもある．このとき $w(x)$ は重みと解釈できず，モンテカルロ法は一般にきわめて非効率になってしまう．これは「（負）符号問題」と呼ばれ，現在でも未解決の大問題である．

3.8 素粒子からひもとく原子核の謎——数理と計算で解き明かす

　この世の物質の基である原子は，原子核と電子が電磁気力で量子力学的に結びついて成り立っており，原子核は核子などのハドロンから構成されている．そしてハドロンはクォークが複数個集まったものであり，その結合する仕組みは，クォーク（とそれを結びつけるグルーオン）についての素粒子理論・量子色力学 (QCD) によって説明されることが明らかになった．

　ここで大きな謎としてクローズアップされてくるのが，ハドロン間にどのような相互作用が働いて原子核が構成されているのか，ということである．このうち核子間の相互作用については，中間子のキャッチボールに基づく湯川理論をすでに紹介したが，真の基本法則である量子色力学を知った現在の視点では，これはあくまで近似的な理論にすぎない．さらに，核子間以外のさまざまなハドロン間の相互作用となると，湯川理論ではお手上げの課題である．核子間，さらには一般のハドロン間に働く相互作用を量子色力学から直接決定することで初めて，この世の物質の成り立ちを素粒子の世界から統一的に理解できるのである（図 3.22）．

　いま，数理に基づく理論とスパコンによる大規模計算を融合させて，この大きな謎を解き明かす研究が進んでいる．さらにその先には，宇宙の歴史の中で原子核がどこで生まれどこに消えていくのか，その来し方行く末の謎への挑戦が待っている．ここではできたてほやほやの研究成果も含めて，読者にその最先端の世界を紹介しよう．

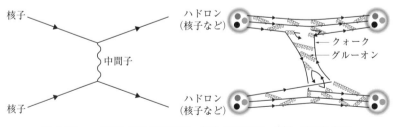

図 3.22 ハドロン間の相互作用．（左）湯川理論，（右）量子色力学．

3.8.1 格子量子色力学

量子色力学の計算は大難題である．すでに述べたように，高エネルギー領域の現象については相互作用が弱いので，摂動計算によって解析的に計算できる．しかし，低エネルギー領域では相互作用が強いため，摂動では扱えない効果（非摂動効果）が重要となり，そもそも量子色力学をどう定義すればよいかということ自体も実は難しい問題である．

この問題を解決したのが，1974年にウィルソンによって提唱された，格子量子色力学（格子 QCD）という理論である．この理論では，時間 t を虚時間 $\tau = it$ に変換し（ユークリッド化），虚時間と 3 次元空間をあわせた 4 次元の時空間を有限の格子に分割する（図 3.23）．格子上にクォーク・グルーオンの場を考え，これらを積分変数としてファインマンの経路積分（3.2.5 項）をすることで，量子化を行う．ただし，実際のこの世の 4 次元時空は格子状になっているわけではないから，格子サイズを無限大にする極限（熱力学的極限），そして格子間隔を 0 にする極限（連続極限）をとることで理論を定義する．この理論だと，摂動計算のような展開に頼ることなく，量子色力学の非摂動的定義を与えることができる．また，経路積分は数値的に計算可能だから，実際に低エネルギー領域で非摂動的に計算することができる．もっとも基本的な原理・法則（＝第一原理）から近似なしに（数値）計算すること

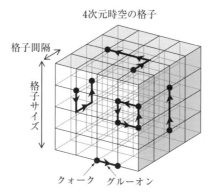

4次元時空の格子

格子間隔

格子サイズ

クォーク　グルーオン

図 **3.23**　格子量子色力学.

を第一原理計算と呼ぶが，格子量子色力学によって初めて量子色力学の第一原理計算が可能になったともいえる．

量子色力学の特徴のうち，最重要なものの1つはゲージ対称性であるから，格子量子色力学においてもゲージ対称性を厳密に保つ必要がある．そのためには，クォークは格子点の上に存在するとし，グルーオンは隣接格子点の間をつなぐ線（リンクという）の上に存在するとすればよい．これは，3.5.3項で説明したように，ゲージ変換が各時空点でクォークの目盛りを回転させるのに対し，異なる時空点での目盛りの変換を調整する通信ケーブルがグルーオンであることから直感的に理解できるだろう．

格子量子色力学により数値的に積分計算ができるといったが，現実には非常に大変な計算となる．例えば（後に出てくるように）4次元時空をサイズ 96^4 の格子で計算する場合を考えよう．グルーオン場 $U = \{U_\mu^a(\boldsymbol{r}, \tau)\}$ は「色」の自由度として $a = 1$–8 の8種類あり，各格子点から隣の点にリンクをつなぐ方向の自由度が $\mu = 1$–4 の4種類あるので，その自由度は $96^4 \times 8 \times 4 \simeq 3 \times 10^9$ （$= 30$ 億）個ある（クォークの自由度も同様に数えると10億個となるが，実は解析的に積分できるのでここでは考えない）．つまり，経路積分はグルーオン場 U を変数とする30億次元積分となる．

このような超多次元積分では，台形公式はもとより単純なモンテカルロ積分も実行不可能なことは明らかだろう．そこで経路積分における重み関数を利用して，マルコフ連鎖モンテカルロ積分（3.7.2項）を行う．今はユークリッド化により，式 (3.5) の重み関数は $w(U) = \exp[-S_E(U)/\hbar] \geq 0$（$S_E$ はユークリッド化された作用）となっているため，この積分が可能となる．これにより生成確率が $\exp[-S_E(U)/\hbar]$ に比例するようにグルーオン場 U を生成でき，その U をゲージ配位と呼ぶ．

図 3.24（左）が，得られたゲージ配位を基に量子色力学の「真空」を可視化した結果である．「真空」とは，系の最低エネルギー状態のことをいう．古典力学で考えると，粒子が存在しているとそのぶんエネルギーが上がるから，クォークやグルーオンがまったく存在しない状態が「真空」に対応する．しかし，場の量子論では粒子・反粒子がつねに対生成・対消滅しているから，「真空」は必ずしも何も存在しない空っぽの状態とは限らない．とくに，量子色

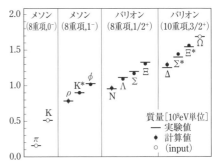

図 **3.24**　（左）量子色力学の「真空」の様子．Derek Leinweber（アデレード大学 CSSM）提供．（右）ハドロンの質量（S. Aoki *et al.* [PACS-CS Collaboration], *Phys. Rev.* D**79**, 034503 (2009) を基に作成）．

力学のように相互作用が強い場合，対生成・対消滅の効果が大きく，クォーク・反クォーク対が凝縮して存在する状態がエネルギー最低，つまり「真空」となっており，その様子が図に現れている．

　ゲージ配位からは他にもさまざまな物理量を計算することができる．すでに図3.14（左）で見たクォーク間の閉じ込めポテンシャルも，そのような数値計算で得られた結果である．また，クォークがどのように結合してハドロンができているのか，その具体的な様子も計算できる．図3.24（右）は，3.5.1項でふれた，さまざまなハドロンの「質量」についての計算結果であり，実験値と見事に一致していることがわかるだろう．これらの結果は，（格子理論により定義された）量子色力学が，非摂動効果が重要になる低エネルギー領域においても正しい理論であることを裏付けてもいる．

3.8.2　HAL QCD 法——量子色力学に基づく「ポテンシャル」

　ハドロンの間に働く力・相互作用ポテンシャルを（格子）量子色力学から計算するにはどうすればよいだろうか．実はこれは，ポテンシャルの定義にも関わる，長年の未解決問題であった．というのは，量子力学では波動関数そのものは観測できないことに対応して，ポテンシャルも直接観測できる物理量ではない．古典力学の情報などからポテンシャルがあらかじめわかっている場合はともかく，一般には観測量から直接ポテンシャルを決定できるわ

けではない. 例えば「(ポテンシャルを感じる) 粒子間の距離」といった類の概念も, 量子力学での位置の不確定性を考えると簡単でないとわかるだろう. 量子色力学のような場の量子論においては, さらに粒子・反粒子の対生成・対消滅がつねに起こっているためいっそう複雑となる.

この問題に対する, いわば発想の転換による解決は, 2007 年, 石井理修, 青木慎也, 初田哲男によって与えられた. その後, 著者らも加わって結成された HAL QCD [32] 共同研究グループによってさらなる発展が行われ, 現在は「HAL QCD 法」と呼ばれている. そのエッセンスを解説するために, まず 2 粒子をぶつけたらどのように相互作用して散乱するかを調べる, 散乱実験を考えよう (例えば, ラザフォードの実験は原子核同士の散乱実験に対応する). 一見, 散乱の途中過程の数学的記述は非常に複雑になりそうだが, 散乱前後での状態の変化にのみ着目すると, 角運動量 l とエネルギー W ごとにたった 1 つのパラメータ $\delta_l(W)$ で簡単に表せることが知られている. $\delta_l(W)$ は, 量子力学では散乱前後で波動関数の位相がどう変わるかを示しており, 散乱位相差と呼ばれる. $\delta_l(W)$ は場の量子論でも同様に定義でき, 粒子間に働く力の情報が集約された, 観測可能な物理量である.

HAL QCD 法のポイントは, ポテンシャルを直接定義するのではなく, 観測可能量である散乱位相差を通して間接的にポテンシャルを定義する点にある. その定式化においてもっとも重要な量は, 場の量子論において南部–ベーテ–サルピータ (NBS) 波動関数 $\psi_l^W(\boldsymbol{r}, \tau)$ と呼ばれるものである. これは, 2 粒子状態を, 2 つの探針 (演算子と呼ばれる) で調べたときの応答具合を示す関数である. ここで, 2 つの探針は (虚時間 τ において) 空間的に $\boldsymbol{r}$ だけ離してある. NBS 波動関数の重要な性質として, $r \equiv |\boldsymbol{r}|$ が十分大きいとき,

$$\psi_l^W(\boldsymbol{r}, \tau) \propto \frac{\sin(pr/\hbar - l\pi/2 + \delta_l(W))}{pr/\hbar} \cdot e^{-W\tau/\hbar} \tag{3.19}$$

となることを証明できる (p は重心系で各粒子のもつ運動量). ここでポイン

---

32) HAL QCD = Hadrons to Atomic nuclei from Lattice QCD (Hadrons =ハドロン, Atomic nuclei =原子核, Lattice QCD =格子量子色力学) の頭文字をとって名付けられた. SF 映画の金字塔『2001年宇宙の旅』をご覧の方は, 映画に出てくる人工知能コンピュータ「HAL」もご存じのことだろう.

ト は，散乱位相差 $\delta_l(W)$ の情報が $\psi_l^W(\boldsymbol{r}, \tau)$ の中に含まれていることである．しかも，$\psi_l^W(\boldsymbol{r}, \tau)$ を介することで，距離 r といった概念も仮想的に導入できている．

HAL QCD 法では，この NBS 波動関数 $\psi_l^W(\boldsymbol{r}, \tau)$ の性質を利用することで，ポテンシャルを定義・計算する．具体的には，格子量子色力学では $\psi_l^W(\boldsymbol{r}, \tau)$ そのものでなく，さまざまな W, l での $\psi_l^W(\boldsymbol{r}, \tau)$ の線形結合に対応する NBS 相関関数が計算されるので，それを相互作用の有無で規格化した関数 $\tilde{\psi}(\boldsymbol{r}, \tau)$ をインプットとしてシュレーディンガー方程式[33)]

$$-\frac{\hbar^2}{2m_r}\nabla^2\tilde{\psi}(\boldsymbol{r}, \tau) + \int d^3\boldsymbol{r}' U(\boldsymbol{r}, \boldsymbol{r}')\tilde{\psi}(\boldsymbol{r}', \tau)$$
$$= \left(-\hbar\frac{\partial}{\partial\tau} + \frac{\hbar^2}{8m_r c^2}\frac{\partial^2}{\partial\tau^2}\right)\tilde{\psi}(\boldsymbol{r}, \tau) \tag{3.20}$$

を解くことで，ポテンシャル $U(\boldsymbol{r}, \boldsymbol{r}')$ の結果を得る．この $U(\boldsymbol{r}, \boldsymbol{r}')$ を用いれば $\delta_l(W)$ を正しく計算できることが保証されており，これが観測量である散乱位相差を通して間接的にポテンシャルを定義するという意味である．

比較として通常の量子力学で問題を解く場合を考えると，往々にしてポテンシャルは既知であり，波動関数が未知である．例えば，原子核と電子の散乱や，原子の構造を調べるときには，原子核と電子の間に働く電磁気力（クーロンポテンシャル）はわかっており，それをインプットとしてシュレーディンガー方程式を解くことで，波動関数や散乱位相差，原子の構造についての結果を得る．一方 HAL QCD 法は，散乱位相差の情報を含む NBS 波動関数をインプットとしてシュレーディンガー方程式を解くことで，ポテンシャルを定義・計算するという，逆転の発想に基づく手法なのである．

また，格子量子色力学には散乱位相差を直接計算する手法もあるが，HAL QCD 法はそれよりも指数関数的によい精度を達成でき，とくに後述するようなバリオン間力の計算においては非常に強力な理論手法となっている．

---

33) 式 (3.20) は式 (3.1) のシュレーディンガー方程式と比べて，(1) ポテンシャルについて，局所関数 $V(\boldsymbol{r})$ から（エネルギー非依存の）非局所関数 $U(\boldsymbol{r}, \boldsymbol{r}')$ に一般化，(2) ユークリッド化により時間 t を虚時間 $\tau = it$ に変更，(3) 相対論的効果の反映として，右辺に時間の 2 階微分項 $\partial^2/\partial\tau^2$ が付け加わる，といった変更点があるが，本質的には同じものである．

3.8.3 格子量子色力学によるバリオン間力

それでは格子量子色力学を用いたポテンシャル計算について，HAL QCD 共同研究グループによる最新の研究成果を紹介しよう．原子核は核子，より一般にはハイペロンも含むバリオンから構成されており，その結合の源がバリオン間力ポテンシャルである．このうち核子間のポテンシャルは核力といい，核子–ハイペロン間，またはハイペロン–ハイペロン間のポテンシャルをハイペロン力という．最新研究では，物理的に重要なバリオン間力・総計 55 種類を計算することで，その全体像を明らかにした．とくにハイペロン力については実験が困難で（これはハイペロンの寿命が短く，すぐに崩壊してしまうためである），原子核物理における大きな謎となっていたため，その理論計算は待ち望まれていた．

量子色力学においては，クォークの質量とクォーク・グルーオン間の相互作用の強さが理論のパラメータであり，これらについて物理的な（＝現実世界と同じ）値を用いて計算することが必要である．しかし，物理的なクォーク質量を用いた計算は非常に難しく，とくにバリオン間力については従来計算不可能だった．われわれは世界で初めて，ほぼ物理的質量におけるバリオン間力計算に成功したが，それを可能にした最大の要因は，前項で述べた HAL QCD 法という理論の発展であり，さらには計算アルゴリズムとスパコンの発展であった．以下では実際の計算の様子も紹介しながら解説していこう．

この計算では，2 つのバリオンが余裕をもって収まるような十分大きな格子で計算する必要があるため，格子サイズの一辺が 8.1 fm [34]という世界最大クラスの 4 次元格子を用い，これを 0.085 fm という細かい格子間隔で分割した．これは各辺を 96 点で分割することに対応しており，格子点の総数は $96^4 =$ 約 1 億個にも及ぶ．クォーク，グルーオン場は「色」や「スピノル」という自由度もあるので，さらに 1 桁大きい，10–30 億個の自由度がある．

実際の計算の最初のステップは，マルコフ連鎖モンテカルロ法を用いたグ

---

34) fm はフェムトメートルもしくはフェルミと呼び，$1\,\text{fm} = 10^{-15}\,\text{m}$ である．バリオン 1 個の大きさはおよそ 1 fm，バリオン間力が働く距離は数 fm 程度であるため，一辺 8.1 fm という格子サイズはバリオン間力を計算する上で大きい．

ルーオン場の配位の生成で，これは経路積分の「重み」部分の計算に対応する．ここでは 10 億個の未知数に対する連立 1 次方程式を大量に解く必要があり，さまざまな計算高速化の工夫を行う．計算の次のステップは，NBS 相関関数の経路積分である．再び 10 億次元の連立 1 次方程式を解く必要があると共に，アインシュタイン縮約と呼ばれる計算を行う．縮約計算とは，クォークがどのように絡み合うかについての計算であるが，組み合わせ問題のため，クォークの数が増えると急激にその計算コストが増大する．これについては，さまざまな組み合わせを統一的に扱い計算の重複を系統的に削減する，「統一縮約法」という高速計算アルゴリズムを新たに開発することで，指数関数的な高速化を達成した．

これらの大規模計算を支えるもう 1 つの大きな柱が，高速スパコンというハードウェアである．この計算では，2011–12 年にかけて世界一，その後も長く世界トップ 10 に入る計算性能を誇った日本のスパコン，京コンピュータ (11 PFlops) や，HOKUSAI GreatWave スパコン (1 PFlops) など，当時世界トップクラスのスパコンの大規模利用を 5–6 年にわたって行った．

このように，(1) HAL QCD 法という理論定式化，(2) 統一縮約法という高速計算アルゴリズム，(3) 京コンピュータなどの世界最先端スパコンという，数理理論・ソフトウェア・ハードウェアの三位一体の研究開発により，世界で初めて現実世界でのバリオン間力ポテンシャルが計算可能となったのである（図 3.25）．

3.8.4 核力ポテンシャル

ここからは実際の計算結果を紹介していこう．自然界に通常存在する原子核は核子から成り立っているから，まずは 2 つの核子の間に働く力・核力について調べてみよう．核力と一口にいっても，それぞれの核子が陽子か中性子か，核子がもつ固有の角運動量（スピン）の向きが上向きか下向きか，さまざまな組み合わせがある．そして，核力はこの組み合わせによって大きく力が変わるという特徴をもっている．このうち本項では，もっとも基本的な原子核である重陽子を結合させている核力について考えよう．重陽子は，陽子と中性子 1 個ずつからなる原子核であり，スピンについては 2 個の核子の

新たな理論手法（HAL QCD法）

$$-\frac{\hbar^2}{2m_r}\nabla^2\tilde{\psi}(\boldsymbol{r},\tau) + \int d^3\boldsymbol{r}'U(\boldsymbol{r},\boldsymbol{r}')\tilde{\psi}(\boldsymbol{r}',\tau)$$

$$= \left(-\hbar\frac{\partial}{\partial\tau} + \frac{\hbar^2}{8m_rc^2}\frac{\partial^2}{\partial\tau^2}\right)\tilde{\psi}(\boldsymbol{r},\tau)$$

NBS波動関数

世界初・現実世界でのバリオン間力ポテンシャル

高速計算アルゴリズム　　　**最先端のスーパーコンピュータ**

図 **3.25**　現実世界でのバリオン間力計算を可能にした3つの鍵.

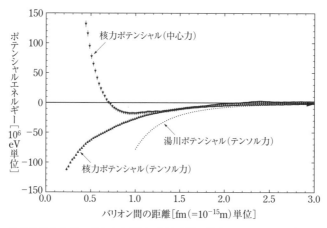

図 **3.26**　格子量子色力学で得られた陽子–中性子間の核力ポテンシャル（中心力・テンソル力）. 点線は湯川ポテンシャル（テンソル力）.

向きがそろっている状態（スピン3重項という）に対応している.

　図 3.26 が，格子量子色力学によって得られた核力ポテンシャルである．陽子–中性子間の核力については，主に中心力とテンソル力という2種類があることが知られているが，まずは中心力の結果を見ていこう．中心力とは，ポ

テンシャルが粒子間の距離 $r \equiv |\boldsymbol{r}|$ のみの関数になっている力のことであり，ポテンシャルの正・負がそれぞれ斥力・引力に対応している[35]．計算結果を見ると，r が大きい長距離の領域において引力となっている．後で述べるように，これは湯川理論における引力と対応する．一方，r が小さい短距離では強い斥力となっており，これは斥力芯と呼ばれる．つまり2つの核子は互いに遠くにいると引き付けあい，近づきすぎると反発するという，面白い性質をもっていることがわかる．

　次に，テンソル力の結果を見ていこう．重陽子を結びつける力としては，中心力に加えてテンソル力が非常に重要だと知られている[36]．テンソル力の数式はやや複雑だが，ポテンシャルが相対距離 r のみならず，相対位置ベクトル $\boldsymbol{r}$ の向きと核子のスピン角運動量の向きの相対角度にも依存するという性質をもつ[37]．計算結果を見ると，陽子–中性子間に強いテンソル力が存在することがはっきりわかる．従来，強いテンソル力の存在は核力の著しい特徴だと考えられてきたが，この理論計算によりついに量子色力学からの基礎付けが与えられたのだ．

　これらの結果を，湯川理論における核力と比べてみよう．湯川理論においても中心力・テンソル力両方が存在するが，ここではとくにその特徴が見やすいテンソル力について考えよう．図3.26 において，湯川ポテンシャル（点線）を格子量子色力学の結果と比べると，長距離領域 $r \gtrsim 2\,\mathrm{fm}$ において漸近的に一致していく傾向が見てとれる．これは，パイ中間子 (π) のキャッチボールという湯川理論の描像は，長距離領域で有効な近似だからである．距離が短くなるにつれ湯川理論の結果はずれていき，描像の拡張が必要となる．すなわち，力を伝える粒子の質量と力が働く距離の間には反比例の関係があるから（3.3.2 項），$1\,\mathrm{fm} \lesssim r \lesssim 2\,\mathrm{fm}$ 程度の中間領域では，π よりも質量が大きい中間子（$\overset{\scriptscriptstyle シグマ}{\sigma}$，$\overset{\scriptscriptstyle ロー}{\rho}$，$\overset{\scriptscriptstyle オメガ}{\omega}$など）もキャッチボールされるようになる．例えば

---

35) 中心力は，粒子間の相対位置ベクトルと同じ向きに働く力だから，もっともイメージしやすい力だろう．ニュートン重力やクーロン力も典型的な中心力である．

36) 実際，陽子–陽子，中性子–中性子という2核子ペアは結合しない（原子核をつくらない）が，それはこれらの核子間ではテンソル力が働かないからだと考えられている．

37) 身近に存在するテンソル力の例としては，磁気双極子（小さな磁石）同士の間に働く力があげられる．その力は，磁石間の距離に加えて，各磁石の向きにも依存する．

テンソル力は，ρ中間子の効果で湯川ポテンシャルより弱くなると考えられてきたが，格子量子色力学では自動的にそのような結果が得られている．

さらに近距離の$r \lesssim 1\,\mathrm{fm}$の領域では，中間子のキャッチボールという描像そのものが破綻し，核子の中のクォーク・グルーオンの効果がより直接的に現れてくるはずである．格子量子色力学はクォーク・グルーオンの第一原理計算であるから，長・中・短距離のすべての領域をカバーし，核子間の相互作用（散乱位相差）を正しく計算できる．先に述べた斥力芯についても，その存在自体は実験的に知られていたが，この計算により初めて量子色力学に基づく理論的導出が実現した．

このように，核力のもっとも重要な特徴である，長距離での引力や短距離での斥力芯，強いテンソル力などが，格子量子色力学の計算から得られることが世界で初めて明らかになった．現在は，2つの核子間の力のみならず，3つの核子間の力（三体力）の研究なども進められており，湯川の中間子論に始まった核力研究は，いま新たな時代の幕開けを迎えている．

3.8.5　原子核の安定性の謎を解く

核力の重要な特徴が実際に量子色力学から導出されることがわかったものの，実は斥力芯については大きな謎が残っている．数値計算で結果が得られたのはよいとして，その物理的描像はどういうものなのだろうか？

斥力芯は，原子核が（長距離の）引力の効果でつぶれてしまったりせず，どんな原子核でもほぼ同じ密度で安定に存在している（原子核の飽和性）こととも深く関係しており，その起源の解明は長年の課題であった．斥力芯の存在が実験的に知られて以降，さまざまな現象論的模型が考えられてきたが，核力だけを見ていてはデータ量に乏しく模型の当否はわからない．また，模型である限り，本当に量子色力学の観点から正しい描像になっているかどうかも判然としない．

しかし格子量子色力学を用いれば，核力だけでなくハイペロン力も含めたさまざまなバリオン間力を系統的に計算できるので，この問題の解明に挑むことができる．図3.27に得られた結果の一部を示す．このような計算では，バリオン間力もフレーバーSU(3)対称性に基づいて分類すると見通しがよく

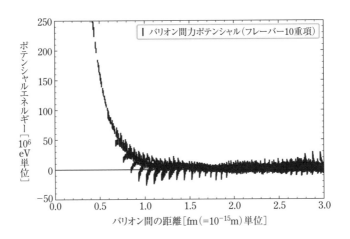

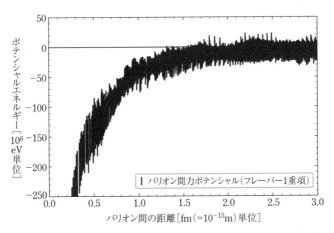

図 **3.27** さまざまなバリオン間力ポテンシャル．（上）フレーバー 10 重項，（下）フレーバー 1 重項（T. Inoue [HAL QCD Collaboration], *AIP Conf. Proc.*, **2130**, 020002 (2019) を基に作成）．

なる．先に 3.5.2 項で，バリオン 1 個 1 個は 8 重項や 10 重項で分類されると説明したが，バリオン間力についても同様な分類ができ，図 3.27 の上図がフレーバー 10 重項，下図がフレーバー 1 重項の場合における中心力ポテンシャルの結果である．バリオン粒子との具体的対応としては，10 重項は Σ^- 粒子

と中性子間のポテンシャルにほぼ相当し，1重項は $\Lambda\Lambda$, $N\Xi$, $\Sigma\Sigma$ 粒子ペアについて，ある特別な線形結合をとった場合のポテンシャルに対応する．

　これらの結果の短距離領域での振る舞いについて，図 3.26 に示された核力（中心力）の結果（これはフレーバー $\overline{10}$ 重項に対応する）と比べてみよう．10 重項の結果は，核力と比べてはるかに強い斥力芯があることがわかる．一方，1 重項については，驚くべきことに斥力芯どころか逆に引力芯となっている．

　このような特徴的な振る舞いを統一的な描像から理解できるだろうか？　さまざまな理論模型との比較検討の結果，フレーバー SU(3) 対称性の基での「クォークのパウリ排他律＋グルーオン交換力」による説明とよく対応することがわかった．クォークのパウリ排他律とは，同じ種類のクォークが同じ場所に存在することはできないという，量子力学における特徴的な斥力効果であり，グルーオン交換力とは，クォーク間でのグルーオンのキャッチボールにより生まれる力のことである．これらの描像はもともと岡真と矢崎紘一によって 1980 年代に提唱されたものであり，格子量子色力学の発展と相まって，ついに斥力（引力）芯の物理的起源が明らかになったといえるだろう[38]．

3.8.6　もっとも奇妙な新粒子「ダイオメガ」

　バリオン 2 個（＝クォーク 6 個）が結合した粒子を，ダイバリオン[39]と呼ぶ．核子 2 個については，先に述べた重陽子（陽子 1 個と中性子 1 個が結合）が 1931 年に発見されており，現在に至るまでダイバリオンはこれが唯一の観測例である．しかし，バリオンとして核子だけでなくハイペロンも考えると，さまざまな可能性がありうる．従来はハイペロンにどのような力が働くかわからないという問題があったが，格子量子色力学では核力のみならずハイペロン力も計算可能なため，ダイバリオンの謎を解明できる．ここではわれわれが 2018 年に発表した，2 つのオメガ (Ω) 粒子についての最新成果を

---

38)　現在，茨城県にある大強度陽子加速器施設 (J-PARC) やスイスの欧州原子核研究機構 (CERN) にある大型ハドロン衝突型加速器 (LHC) などにおいて，大規模な検証実験が進められており，これらの理論計算を裏付ける結果が報告されつつある．

39)　「ダイ (Di-)」とはギリシャ語の「2」に由来しており，「デュエット」も同じ語源である．

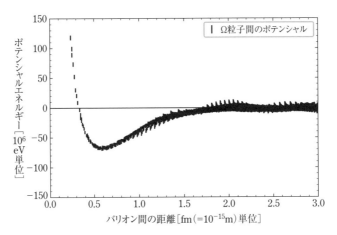

©Keiko Murano

図 **3.28** （上）オメガ (Ω) 粒子間のポテンシャル（S. Gongyo *et al.* [HAL QLD Collab-oration], *Phys. Rev. Lett.* **120**, 212001 (2018) を基に作成），（下）ダイオメガ (ΩΩ) のイメージ図.

紹介しよう．

　格子量子色力学の計算で得られたオメガ粒子間の中心力ポテンシャルが図3.28（上）である．短距離の領域で斥力はあるが，核力と比べると弱いことがわかる．この性質は，この系ではパウリ排他律による斥力が働かないことから理解できる．一方，中〜長距離の領域では強い引力が働いていることがわかる．この結果を基にオメガ粒子2個がどう振る舞うかを調べると，空間的に広がった状態でぎりぎり弱く結合していることがわかり，図3.28（下）がそのダイオメガ (ΩΩ) 状態のイメージ図である．このように，結合するかしないかぎりぎりの状態をユニタリー極限といい，ある普遍的な性質を示す

ことが知られているが，ダイオメガはまさにそのような系になっている．実は先に述べた重陽子もユニタリー極限近傍でぎりぎり結合している粒子であり，その意味ではダイオメガと重陽子は類似している．

オメガ粒子はストレンジクォーク3つから構成されているため，ダイオメガは6個のクォークがすべてストレンジクォークから構成されている．その意味で，これは「もっとも奇妙な（＝ストレンジ (strange)）」ダイバリオンといえるだろう．

1964年のオメガ (Ω) 粒子発見は，SU(3) 対称性に基づくハドロンの周期表の正しさを裏付けると共に，クォーク模型，さらには量子色力学の確立へと道を拓いた．2018年にわれわれが予言したダイオメガ ($\Omega\Omega$) が将来の実験で確認されれば，原子核の周期表を拡大するとともに，量子色力学に基づく原子核物理という新たな時代の象徴ともなるだろう．

3.9　20XX 年宇宙の旅——クォークから原子核，そして宇宙へ

この世の物質の究極構造を探る人類の旅は，20世紀には量子力学・相対性理論の発見を経て，クォーク・グルーオンの基礎理論である量子色力学など，ゲージ対称性に基づく素粒子理論として結実した．そしていまや数理と計算の融合によって，量子色力学からハドロン（バリオン・メソン），そしてハドロン間に働く力を直接導出し，物質の基礎となる原子核の性質を解き明かすことが可能になりつつある．

現在，物理学者の夢はさらに広がり，量子色力学から決定されたバリオン間力に基づいて，宇宙の歴史における物質の創世史全体を解明しようとしている（図3.29）．この世の元素・原子核は，どのように生まれ，そして将来はどうなるのだろうか？

宇宙の始まり・ビッグバンの直後には，水素，ヘリウム，リチウムなどの軽い元素が合成されたと考えられているが，これは核力の絶妙な力加減で重陽子がぎりぎり結合しているお陰である．より重い元素については，鉄までは星の中での核融合反応で合成され，星の一生の最期に起こる超新星爆発に

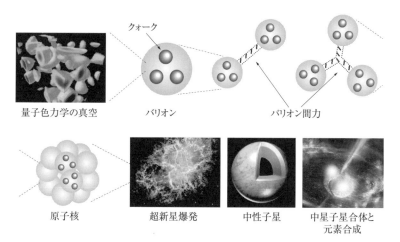

クォーク

量子色力学の真空　　　バリオン　　　　　バリオン間力

原子核　　　　超新星爆発　　　中性子星　　　中星子星合体と
　　　　　　　　　　　　　　　　　　　　　　　元素合成

図 **3.29**　クォークから原子核，そして宇宙へ．

より宇宙にまき散らされたと考えられている．また，爆発後に残った物質は，
その質量に応じてブラックホールもしくは中性子星となる．

　中性子星とは，主に中性子から構成される巨大な原子核ともいうべき星で
ある．半径は 10 km 程度だが質量は太陽の 1–2 個分もあり，巨大な重力によ
り中心付近では約 1 兆 kg/cm^3 という途方もない高密度になっている．そし
て，どのように超新星爆発が起こるのか，その後物質がブラックホールへと潰
れるのか中性子星として生き延びるのか，その命運を決定づけるのがクォー
クやバリオンの間に働く斥力だと考えられている．

　さらにいま，中性子星の構造は新たな注目を集めている．鉄より重い元素，
金，プラチナ，ウランなどは，星の中では合成できないためその由来が長年の
謎となっていたが，実は 2 つの中性子星が合体する際の爆発現象において合
成され宇宙にまき散らされた可能性が高いことが，最近の理論研究でわかっ
てきた．2017 年には中性子星の合体現象が重力波・電磁波望遠鏡で初めて捉
えられ，重元素が実際に合成されている様子が観測からも明らかになりつつ
ある．この現象の最終的解明には素粒子理論に出てくる 4 つの力すべてを取
り扱わねばならないが，そこでとくに必要とされているのが量子色力学に基
づくバリオン間力の情報である．しかも，本章では 2 つのバリオンの間に働

く力・二体力について述べてきたが，3つのバリオン間に働く未知なる力・三体力も重要と考えられている．

　バリオン間力の量子色力学による導出は，格子量子色力学における数理と計算の融合により近年飛躍的発展を遂げているが，いまだ解明されていない謎も多い．本章で示した計算を支えたスパコン「京」は 2019 年 8 月に引退したが，2021 年 3 月より，その後継機であり世界最速のスパコン「富岳」が本格稼働を開始した．富岳は京と比べ約 40 倍の計算能力をもち，今後富岳を用いた格子量子色力学の計算により，多くの謎の解明が期待される．さらに将来は，従来型スパコンに加えて量子コンピュータと組み合わせた計算の時代もくるかもしれない．これら理論・計算の発展と歩調を合わせ，実験・観測においても新たな大型計画が進行中である．

　物質の謎を解き明かそうとする人類の旅は，尽きることはない．20XX 年，クォークから原子核，そして宇宙までの俯瞰図が得られたとき，現在の謎はどのような解決をみているだろうか．そして，どのような新たな謎が人類を待ち受けているだろうか．

参考文献

[1] スティーヴン・ワインバーグ『科学の発見』文藝春秋，2016.
スティーヴン・ワインバーグ『電子と原子核の発見——20 世紀物理学を築いた人々』日経サイエンス，1986.

　自然界に存在する 4 つの力のうち，本章では主に「強い相互作用」を取り扱ったが，「電磁相互作用」と「弱い相互作用」を統一した「電弱相互作用」理論を提唱したのがワインバーグである（グラショウ，サラムと共に 1979 年ノーベル物理学賞受賞）．ワインバーグは一般向けにも優れた書籍を著しており，『科学の発見』では，「科学で世界を説明する」という考え方そのものがどのように発見されてきたのか，古代ギリシャからニュートンまでの歴史が語られ，「科学とは何か」が浮き彫りにされる．『電子と原子核の発見』では，20世紀初頭前後，どのような科学的考察や発見によって原子・電子・原子核の物理が明らかにされてきたのかが述べられている．いずれの書籍も，単なる知識ではなく，強い知的興奮をもたらしてくれるだろう．

[2] 南部陽一郎『クォーク——素粒子物理はどこまで進んできたか』（第 2 版），講談社ブルーバックス，1998.

　原子核を構成する素粒子・クォークの存在は，どのように確立されてきたのか．物質の究極的構造を支配する基本法則は何か．現代素粒子理論を築き上げたといってよい南部その人が，理論の発展と将来展望を記述した名著である．予備知識なしで読める一般向けの

本だが，専門家もその記述の深みに圧倒される．ノーベル物理学賞受賞となった南部理論「対称性の自発的破れ」についても，ぜひ本書で本人直々の解説を読んでほしい．

[3] 小柳義夫，中村宏，佐藤三久，松岡聡『スーパーコンピュータ』（岩波講座「計算科学」別巻），岩波書店，2012.

　本書ではコンピュータの基本原理からスパコンで高速計算を実現する仕組み，そして今後の課題まで幅広くカバーされている．本書出版以来スパコンの性能はさらなる向上を遂げている点に注意が必要であるが，本書は表層的な変化に影響されない基礎的部分の記述に重きが置かれており，スパコンの全体像を理解する上で今も好適な書である．

[4] William H. Press ほか『ニューメリカルレシピ・イン・シー——C 言語による数値計算のレシピ』技術評論社，1993.

[5] 小柳義夫監修・翻訳『計算物理学 I・II（実践 Python ライブラリー）』朝倉書店，2018.

　[4] は，科学数値計算分野における古典的書籍であり，幅広いテーマにわたってアルゴリズムがコード付きで紹介されている．背後の理論も解説されているので，数値計算では何が問題となるのかを理解する入門に適している．ただし，本書のコードは独特の癖があり，また今では使われない古いアルゴリズムも含まれるので，実際の数値計算を行う上では，最新かつ性能の優れたライブラリ（例えば GNU Scientific Library, Netlib, Python の NumPy/SciPy など）を用いることをお薦める．[5] も数値計算アルゴリズムの教科書であるが，より具体的な物理の問題に即した解説になっている．出版が新しく，またプログラミング言語が Python で取っつきやすいのも利点である．

[6] 青木慎也『格子 QCD によるハドロン物理——クォークからの理解』共立出版，2017.

　著者は格子ゲージ理論の第一人者であり，本章 3.8 節で紹介した HAL QCD 法の提唱者の一人でもある．本書では，（格子）量子色力学の基礎から始まり，HAL QCD 法の理論定式化・数値計算の結果について，くわしく解説されている．物理関連学科の学生程度の予備知識が仮定されているが，本章では数式を使わず直感的アナロジーで説明した部分が多々あるので，興味を持たれた方はぜひ本書できちっと理解していただきたい．

[7] 和南城伸也『なぞとき 宇宙と元素の歴史』講談社，2019.

　本章最終節で触れた物質創世史の謎解きは，いまどこまで進んでいるのか．本書では，近年相次ぐ宇宙天文観測における大ニュース，そして著者自身が切り拓いてきた最先端の理論研究に基づき，元素が宇宙のどこでどのように生まれ現在の世界を形づくるに至ったのか，その歴史が生き生きと描かれている．

第4章

AIは賢くなるか
機械学習と情報科学
▼
瀧 雅人

4.1 知識を抽出するツール——機械学習

この10年ほどで，社会や産業においてデータのもつ重要性が広く認識されるようになってきました．実際，巷ではデータサイエンスやAI（人工知能）という言葉をよく耳にします．この現状は，20世紀後半のインターネットの誕生以降，ウエブ上で流通・記録・利用されるデジタルデータが日々増え続けてきたことによって生み出されました．とはいえデータだけがあったとしても，それだけでは何も生みません．巨大なデータから深い情報や知識を抽出する手法があって初めて，データが価値を生み出します．

さて，何かしらの情報をたくさん含んでいそうなデータがあったとして，そこから「知識を抽出する」にはどうしたらよいでしょう？　知識の抽出を可能にしてくれるツール群が，機械学習やAIと呼ばれているものなのです．

4.2 予言マシンをつくろう——機械学習

機械学習の考え方自体はシンプルなものです．まず機械学習における主役は，機械（マシン，machine）と呼ばれるものです．マシンはモデル (model)

とも呼ばれます．知識を抽出してくれたり，私たちの代わりに課題を解いてくれるのがこのマシンの部分です．

　課題を解決してくれるマシンというとロボットのようなものを想像してしまいますが，何もロボットのように，具体的な形をしているマシンを考える必要はありません．ロボットを動かす「知能」の部分さえあれば，あとは別の分野（ロボット工学）の問題です．ですので機械学習におけるマシンの実態は，単にロボットをコントロールするためのプログラムや数式といったもの（ソフトウエア）に相当します．

　では，どうやってマシンが知識を獲得したり課題を解決したりするのでしょうか？　マシンは私たちが用意したデータを学習 (learning) することによって，その目的を達成します．つまり私たちの代わりにマシンが学習するのです．そしてマシンの学習結果を通じて，私たちはデータの背後にある知識にアクセスできるようになります．これが機械学習という考え方です．

　ただこれだけでは漠然としていて，いったいどう役に立つのかわかりません．さらに機械学習について理解するために，徐々に具体的な形を与えていきましょう．

4.2.1　モデル1——回帰モデル

　理系の学科に進学すると，実験データの分析で必ず一度は回帰分析・回帰モデルというものを学ぶことになります．ここではこの回帰を，機械学習という視点から理解しなおしてみましょう．

　図 4.1 のようなデータがあったとします．このグラフにある 24 個の点がそれぞれ 1 つのデータ点です．データ全体は，点の集まり（集合, set）からなりますので，データセットと呼ばれます．このデータセットを構成する 1 つのデータ点は，xy 平面上の 1 つの点として図示されていますので，数字としては x 座標の値，y 座標の値という 2 つの数値のペアで指定されます．そこでデータ点に番号を割り振ったとして，n 番目のデータ点を座標値 (x_n, y_n) で表します．

　このデータセットは，ハッブルという天文学者が昔，観測したデータです．ハッブルのデータセットでは，各 n はそれぞれいろいろな銀河を表し，x_n と

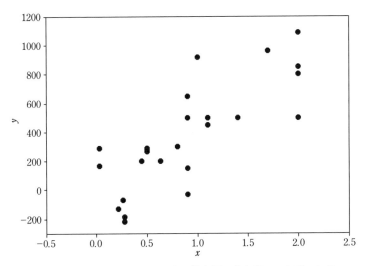

図 4.1 　ハッブルのデータセットの散布図. 各点が 1 つのデータ点.

y_n の数値は各銀河に関して測定された, とある 2 つの数値です. つまり全部で 24 個の銀河に対して観測した値が集められています. ではこの 2 つの数字の実態は何かといいますと, x_n は銀河と地球の距離を Mpc という単位で測った数字です. 一方で y_n は, この銀河が地球から遠ざかるスピードを km/s 単位で測ったものです.

　この天文データを分析することの科学的な意味はあとで少しふれることにして, ここではデータの内容だけを見て機械学習を行いましょう. いま, データセットを使って, x と y の間に成り立つ普遍的な関係式を導き出したいものだとしましょう. とくに新しく x の観測値が得られたときに, わざわざ y を測らなくても y の値が予測できるようになりたいものとします. これは予測問題といわれる機械学習のタスクです. では, どうすればこのような予測ができるでしょうか?

　予測ができるということは, どんな x を入力してもつねに正しい y を教えてくれる「予言マシン」をつくることができればいいということです (図 4.2). つねに正しい y を教えてくれる予言マシンは, 機械学習の機械 (マシン) に相当します. これからデータを使って, 予言マシンをつくろうというのです. も

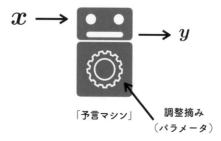

図 **4.2** 「予言マシン」. どんな x に対しても適切な y を教えてくれる. その予言の動作は, 調整つまみで変更できる.

う少し数学的にいうと, x から正しい y の値を計算してくれる関数 $y = f(x)$ が手に入ればいいということになります. ひとたび関数 $f(x)$ が手に入ったなら, どんな x の値であってもあとは関数の計算をするだけで y が予測できてしまうからです.

とはいえ, そんな都合のよい関数がすぐ見つかるでしょうか? 人間の直感を頼りにしているだけでは, なかなか適切な関数にはたどり着きません. そこで機械学習では, よさそうな関数の候補たちをひとまとめにしたモデルというものを導入します. 抽象論よりも, いまのハッブルデータセットの例で説明するほうが話が早いので, 具体例で説明しましょう.

データの散布図 4.1 を改めて見ると, データ点は大雑把には右肩上がりの傾向で分布していることに気づきます. 実際にはいろいろと個々のデータ点にばらつきはありますが, それは測定の誤差やノイズの影響だと仮定して, この右肩上がりの傾向が本質的な性質だと考えてみましょう. すると大胆に, x と y の間には右肩上がりの直線的な関係式が成り立つと仮定できます. つまり数学的には, 一般の x と y に対して傾き a, 切片 b の 1 次式

$$y = ax + b \tag{4.1}$$

が当てはまっているとして, データが説明できないかと考えてみるのです. この 1 次式のように, データを説明するために導入される数学的な仮説がモデルです. とくに, 仮説 (4.1) のことを線形回帰モデルといいます. モデルは一般的に, コンピュータ (機械) 上で走るプログラムとして実装されます. そのため機械 (マシン) とも呼ばれます. 機械学習の機械とはこのことでした.

この仮説が妥当なら、私たちはデータの性質を一般的に説明できる強力な数式を手に入れられたことになります。ただし、いまの段階では、まだ適切な傾き a と切片 b の具体的な数値はわかっていません。例えば傾きが急すぎたり小さすぎては、ハッブルのデータ点の散布とは大きくずれてしまうでしょう。モデルを1つ具体的に定めるためには、適切な a と b の値を決定する必要があります。適切な値は、モデル、すなわち直線と、データの右肩上がりの散布傾向がよくマッチするように決められます。この a と b のように、データセットから適切な値が決められる量を学習パラメータと呼び、データから値を決めるこのプロセスのことを学習と呼びます。機械（モデル）がデータセットから学習するので、機械学習という名前がついているのです。モデルの学習パラメータは学習を通じて、データセットから知識を数値として吸収するのです。この学習パラメータは、予言マシンの動作をコントロールするための調整つまみのようなものです。学習のプロセスはつまみを適切に回して、予言マシンの予言能力が最大になるように調整する作業だということができます。

4.2.2　回帰モデルの学習

さて、具体的に学習とはどのように行えばいいのでしょう？　適切な a と b の値を、私たち自身があれやこれやと試行錯誤で探すわけではありません。学習のプロセスを抽象的に定式化して、コンピュータにやらせるのです。

そのためには、学習が達成すべき目標というのをいま一度ていねいに考えなおしてみる必要があります。学習が探さなくてはならない学習パラメータの値とは、そのパラメータ値をセットしたモデル (4.1) が、どんな x に対してもつねによい y の値を予測として与えるようなものです。そのためには、モデル (4.1) にデータセットの中の x_n を入れたときに得られる y_n の予測値

$$\hat{y}_n = ax_n + b \tag{4.2}$$

が、データセットが教えてくれる「本当の」 y の値 y_n とよく合致していなくてはなりません。そこで、モデルの予測がどれくらい本当の値とズレているかを測る指標として、2乗誤差というものを考えてみましょう：

$$(\hat{y}_n - y_n)^2. \tag{4.3}$$

両者の差をとっていますからこれは確かにズレを測っています．ただズレの方向はいま重要ではないので，2 乗をとってズレの値をつねにゼロ以上にしてあります．$\hat{y}_n$ は式 (4.2) の通り a と b の関数ですから，これらのパラメータの値をうまく選べたならばこの誤差は小さくできるはずです．誤差が小さいということは，データセットに対する予測性能が高いということです．そのようなパラメータの値こそ，学習によって探し出したいものでした．

この議論では，1 つのデータ点 (x_n, y_n) についてだけ注目していましたが，このデータ点だけで誤差が小さくなればよいわけではありません．学習の本当の目標は，少なくともデータセット全体に対してよく当てはまるモデルを求めることです．ですので小さくすべき誤差は，1 個のデータ点に対する誤差ではなく，全部のデータ点に対する平均的な誤差でしょう．そこで，次のような誤差の平均値を小さくすることを学習の目的であると考えてみましょう．

$$E(a, b) = \frac{(\hat{y}_1 - y_1)^2 + (\hat{y}_2 - y_2)^2 + \cdots + (\hat{y}_N - y_N)^2}{N}$$
$$= \frac{1}{N} \sum_{n=1}^{N} (\hat{y}_n - y_n)^2. \tag{4.4}$$

この誤差の値は a と b の関数ですから，誤差関数と呼ばれます．

学習によって私たちが見つけたいパラメータの値を a^*, b^* と書くことにすると，結局誤差の大きさ $E(a, b)$ を最小化するようなパラメータ (a^*, b^*) を探すことが学習に他なりません．少し格好つけてこれを数学的な記号で書くと

$$a^*, b^* = \operatorname{argmin}_{a,b} E(a, b) \tag{4.5}$$

となります．記号で書くと難しそうですが，たいしたことはいっていません[1]．これまで解説してきた，「$E(a, b)$ を最小化する (a, b) の値を探すと，それが (a^*, b^*) だ」ということをまとめて表現しただけです．

いずれにせよ学習とは，「うまく設計した誤差関数 (4.4) に対して最小化

---

1) arg は argument のこと，つまり関数の引数（変数）です．min は minimizatoin の頭の 3 文字ですので，最小化をする，ということです．するとまとめて argmin は「最小化するような引数の値」という意味になります．

問題 (4.5) を解く」，という一般的な言明にまとめられました．ここまでくればコンピュータに任せられます．その結果だけを先にお見せしますと，それが図 4.3 です．引かれている直線が学習で得られた (a^*, b^*) を使った直線 $y = a^*x + b^*$ です．確かにデータの傾向をざっくりと捉えています．ではどのようにして最小化問題 (4.5) を実際に解いたのか，という話は後に回すこととして，次の項では 1 次関数モデルとは別のモデル，ニューラルネットワークの話をしましょう．

　ちなみに今回例として取り上げたハッブルのデータセットは，銀河の距離 x と地球から離れていく速度 y の間に比例関係（1 次式の関係）があることを教えてくれています．実はこの比例関係は，宇宙が膨張しているということの証拠の 1 つになります．1920 年代にルメートルとハッブルはそれぞれ，アインシュタインの一般相対性理論を使って宇宙の膨張がこの比例関係を導くことを示しました．そしてハッブルは実際に観測データから，初めて比例関係の証拠，つまり膨張宇宙の証拠を与えたのです[2]．このように単なる予

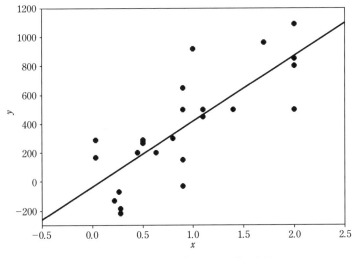

図 4.3　データセットを学習した後の直線．

---

2)　残念なことに，当時は比較的近傍の銀河しか観測できなかった上に，銀河の速度を計算する基準としたセファイド変光星の理解もまだ不十分であったため，彼のデータや解析結果は不正確なものでした．

測を超えて，学習結果からデータの背後にあるメカニズムを見つけだそうとする作業は推論と呼ばれます．科学の作業は単に予測で満足するのではなく，推論を通じて自然界を理解しようという場合が多いでしょう．

4.2.3　モデル 2——ニューラルネットワーク

これまでは，ハッブルのデータセットのように，ざっくり直線でデータの傾向を捉えられるような簡単な問題の話だけをしてきました．そのような場合は回帰モデルで十分対応できます．しかし世の中の大半のデータはそんな単純なものではないでしょう．しかし複雑だとしても，もしモデルの数式を私たちがなんとか手で設計できるならそれですみます．例えばデータ点の分布具合が振動していることが見てとれれば，「波のような形なので，高校で習った三角関数を使って $y = \sin(ax + b)$ とでもすればよいかなぁ」とモデルを設計できるわけです．

しかし実際のデータは，人間が見たところでどんな形なのかよくわからないものばかりです．この解説では簡単のために x は 1 種類しか取り上げていませんが，実際には x が複数あるデータのほうが一般的です．するとたくさんの x から y を予測する関数 $y = f(x_1, x_2, \cdots, x_D)$ を考えなくてはなりません．するとデータ点も $(x_{1n}, x_{2n}, \cdots, x_{Dn}, y_n)$ とたくさんの座標をもつので，高次元空間の点になってしまいます．私たちには高次元空間の点が散らばっている様子を想像する能力はありませんので，このようなデータを与えられてもよいモデル $y = f(x_1, x_2, \cdots, x_D)$ の形は見当がつかないのです．

データが複雑になるともう機械学習はお手上げか，というともちろんそんなことはありません．複雑なデータセットに対応するさまざまな手法がこれまでに開発されてきました．その 1 つがニューラルネットワークです．ニューラルネットワークは複雑なデータセットの形状に対応できる豊かな表現能力のあるモデルです．ここでは回帰モデルのときと同様に入力の x が 1 種類しかない場合を考えましょう．

ニューラルネットワークの特色は，データセットのもつ構造が複雑であってもそれに対応できるだけの複雑な対応関係 $x \rightarrow y$ をモデル化することができることです．このような複雑さを実現するために，ニューラルネットワー

クは複雑な数学やらをたくさん使うわけではありません．その代わりに単純
な数式を繰り返し利用することで，最終的にきわめて複雑な挙動を実現しま
す．言葉でいうよりも具体例のほうがわかりやすいので，古くから利用され
てきたニューラルネットワークを例にとりましょう．先ほど「単純な数式」と
呼んだ部分は，活性化関数というものに相当します．この活性化関数が，最
終的な複雑さのタネになります．とはいえ，活性化関数自体はたいして複雑
な関数ではありません．代表的な活性化関数は，シグモイド関数

$$\sigma(x) = \frac{1}{1 + e^{-x}} \tag{4.6}$$

です．$y = \sigma(x)$ のグラフは図 4.4 のようになります．シグマςの形に似てい
ることからシグモイドと呼ばれます（ギリシア語ではシグマが単語の最後に
来るときには通常の σ ではなくファイナルシグマςになります）．見慣れな
い関数ですが，高校数学で習う指数関数 e^x だけでできているのでそこまで高
度な関数ではありません．グラフの形も単純です．

　ではこのようなシンプルな関数から高い複雑性を導き出すにはどうしたら
よいでしょうか？　例えばシグモイド関数を 1 つだけ使って

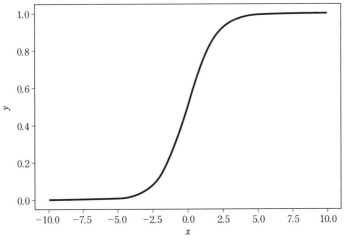

図 **4.4**　シグモイド関数 $y = \sigma(x)$ のグラフ．

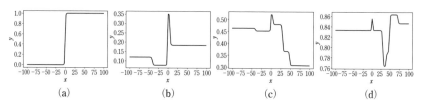

図 4.5 シグモイド関数を繰り返し使って得られるニューラルネットワークのグラフ.

$$y = \sigma(ax + b) = \sigma(2x + 1) \tag{4.7}$$

というモデルを考えてみてはどうでしょう? いまパラメータは適当に $a = 2$, $b = 1$ と具体的に選んであります. するとこのモデルのつくるグラフは図 4.5 の (a) のような単純なものです. そこで, このようなシグモイド関数でつくられる量を 3 つ組み合わせて, それをさらにシグモイド関数の中に入れてみましょう.

$$y = \sigma\!\left(2\,\sigma(2x + 1) + \sigma(-x + 5) - 0.5\,\sigma(x + 40) - 3 \right) \tag{4.8}$$

ここで係数などのパラメータは適当な数値を選んであります. するとこのグラフは図 4.5(b) のように複雑なものになり始めました. ではこのようなものをさらにシグモイド関数の中に入れたらどうでしょう? そこで

$$y = \sigma\Bigg(\sigma\!\left(2\,\sigma(2x + 1) + \sigma(-x + 5) - 0.5\,\sigma(x + 40) - 3 \right)$$

$$- \sigma\!\left(4\,\sigma(x - 50) - 2\,\sigma(-x + 30) + 1.5\,\sigma(x - 70) + 1 \right) \Bigg) \tag{4.9}$$

のような 3 つのシグモイド関数が入れ子でできた関数を計算してみると, そのグラフは図 4.5(c) になります. かなり複雑な形が表現できています. さらにいまこれらのグラフを書くために選んだ, さまざまな a や b のパラメータ値を変えると, グラフの形はどんどん変化します. 例えばモデル (4.9) のパラメータをいくらか変えると図 4.5(d) のグラフになり, だいぶ形状が変わります. つまり, 1 つの数式でいろいろな形状を表現できる能力をもっているモデルだということです.

このようにシグモイド関数などの入れ子でできるモデルがニューラルネットワークです．一般的な数式として書いておくと，まず入力 x からシグモイド関数を使って，新しい変数 $z_1^{(1)}, z_2^{(1)}, \cdots$ をたくさんつくります：

$$z_1^{(1)} = \sigma(a_{11}^{(1)} x + b_1^{(1)}), \quad z_2^{(1)} = \sigma(a_{21}^{(1)} x + b_2^{(1)}), \cdots \qquad (4.10)$$

変数ごとに，違う学習パラメータ $a_{11}^{(1)}, b_1^{(1)}, a_{21}^{(1)}, b_2^{(1)}, \cdots$ が導入されています．次に，この変数をシグモイド関数の中に入れることで再び新しい変数 $z_1^{(2)}, z_2^{(2)}, \cdots$ をたくさんつくります：

$$z_1^{(2)} = \sigma(a_{11}^{(2)} z_1^{(1)} + a_{12}^{(2)} z_2^{(1)} + \cdots + b_1^{(2)}), \qquad (4.11)$$

$$z_2^{(2)} = \sigma(a_{21}^{(2)} z_1^{(1)} + a_{22}^{(2)} z_2^{(1)} + \cdots + b_2^{(2)}) \qquad (4.12)$$

$$\cdots$$

再び新しい学習パラメータ $a_{11}^{(2)}, b_1^{(2)}, a_{21}^{(2)}, b_2^{(2)}, \cdots$ が導入されています．これを繰り返していきます．一般的には ℓ 回目は

$$z_1^{(\ell)} = \sigma(a_{11}^{(\ell)} z_1^{(\ell-1)} + a_{12}^{(\ell)} z_2^{(\ell-1)} + \cdots + b_1^{(\ell)}), \qquad (4.13)$$

$$z_2^{(\ell)} = \sigma(a_{21}^{(\ell)} z_1^{(\ell-1)} + a_{22}^{(\ell)} z_2^{(\ell-1)} + \cdots + b_2^{(\ell)}) \qquad (4.14)$$

$$\cdots$$

という計算です．これを L 回繰り返して，最終的に y をつくります：

$$y = z_1^{(L)} = \sigma(a_{11}^{(L)} z_1^{(L-1)} + a_{12}^{(L)} z_2^{(L-1)} + \cdots + b_1^{(L)}). \qquad (4.15)$$

x から $z_1^{(1)}, z_2^{(1)}, \cdots$ が決まって，$z_1^{(1)}, z_2^{(1)}, \cdots$ から $a_{11}^{(2)}, b_1^{(2)}, a_{12}^{(2)}, b_2^{(2)}, \cdots$ が決まって，このようなプロセスを繰り返して最終的に y が決まりますので，y はもちろん x に依存します．つまり y は x の関数です．このようにして繰り返し計算で得られる関数 $y = f(x)$ がニューラルネットワークというモデルです．各 $\ell = 1, 2, \cdots, L$ をニューラルネットワークの層と呼び，L のことは層の数と呼びます．この層の数が多いニューラルネットワークを使うのが深層学習です．

ではなぜこのモデルがニューラル「ネットワーク」と呼ばれるのでしょうか？

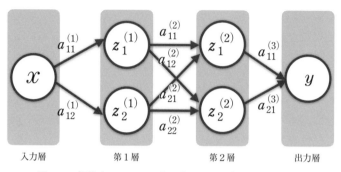

図 **4.6** 簡単なニューラルネットワークのネットワーク図.

また，層という言葉が出てきた理由はなぜでしょう？ そこで $L = 3$ の場合の簡単なモデルを考えてみましょう．x, y 以外の変数は $z_1^{(1)}, z_2^{(1)}, z_1^{(2)}, z_2^{(2)}$ だけだとします．するとこのようなニューラルネットワークの計算は図 4.6 のようにグラフで表すことができます．丸の中に入っているのが変数で，矢印は左側の変数が右側の変数を与えるときに，掛けられる係数 a を表します．するとこの計算は，図の入力層から第1層，第1層から第2層，第2層から第3層（出力層）と，層から層へと計算される構造で構成されています．1層単位ではシグモイド関数が一度作用されるだけですが，それを何度も繰り返すことで最終的に複雑な関数となっているのです．このように層の積み重なりが深くなればなるほど，ニューラルネットワークは複雑な形状を表現できるために難しいデータでも学習できるようになるのです．このモデルを使って学習するプロセスは，回帰モデルの場合とまったく同じです．データセットから誤差関数を計算し，それが最小になるように多量のパラメータ $a_{11}^{(1)}, a_{12}^{(1)}, \cdots, b_1^{(1)}, \cdots, a_{11}^{(L)}, a_{12}^{(L)}, \cdots, b_1^{(L)}$ を決定するのです．

　ではどのようにしたらこのような多量のパラメータを学習できるのでしょうか？ 次節ではその手法である勾配降下法について説明します．

4.3　学習——勾配降下法とバックプロパゲーション

この節は，機械学習の実態を理解するための肝になる部分ですので，どう

しても数式が多くなります．ただ，あまり恐れずに気楽に読んでみてくださ
い．実際にこれから使うのは，日常的な生活で身についている幾何の感覚と，
高校で習う数学程度です．初めはピンとこなくても，時間をかけて理解でき
てしまえばたいして難しいことをいっているわけではないことがわかるかと
思います．

4.3.1　勾配降下法

この項で解説する勾配降下法は式 (4.5) のような最小化問題を計算機で解
くための便利な手法です．つまり機械学習の学習部分を実現するための手法
です．まずは，4.2 節の回帰モデルを具体例にとりましょう．回帰モデルの
学習は，次の最小化問題を解くことと同じでした：

$E(a,b)$ が一番小さくなるパラメータ (a,b) の値を見つけなさい．

もし変数が a しかないとすると，誤差関数は図 4.7 のような形をしていま
す．このお椀型のグラフの底 a^* が私たちが探したい最小値です．しかし始
めはこの位置はわからないものとします．そこでランダムに選んだ a の数値
から始めます．この a の値に対応するグラフの点で，微分

$$\frac{dE(a)}{da} \tag{4.16}$$

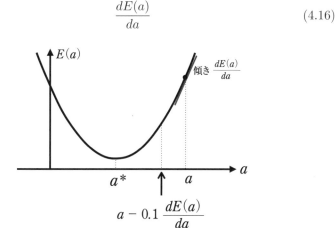

図 4.7　パラメータが 1 つしかないときの誤差関数のグラフと勾配降下法．

を計算すると，これはその点での接線の傾きを表しています．微分が正の値なら図のようにその点の周りではグラフは増加，負なら減少するような形状になっていることになります．

そこで，このグラフの形状を表す微分係数を使って，少し a の値をずらしてみましょう：

$$a' = a - 0.1 \frac{dE(a)}{da} \tag{4.17}$$

この新しい値 a' は，図のように実は元の a よりも a^* に近づいた値になっています．すると，再び同じ操作を a' 点で繰り返し

$$a'' = a' - 0.1 \frac{dE(a')}{da} \tag{4.18}$$

を計算すると，a'' はさらに a^* へと近づいていきます．この操作を十分繰り返すと，どんな a からスタートしても，ほぼ a^* と同じ数値が得られるというわけです．このような繰り返し計算はコンピュータが得意とするものですので，コンピュータを使って簡単に a^* が計算できます．これは勾配降下法と呼ばれる手法です．傾き $dE(a')/da$ と逆方向に進むことでお椀状のグラフの坂を下っていくので，この名前で呼ばれています．

いまは誤差関数が 2 つのパラメータ a, b の関数である場合を考えています．このような多変数の関数の場合，微分係数は偏微分係数

$$\frac{\partial E(a, b)}{\partial a} \tag{4.19}$$

となります．大学数学を履修していないみなさんも難しく思う必要はありません．変数が 2 つある場合でも，b は変数ではなく単なる具体的な数字だと思って，高校で習ったように a だけで微分した係数がこの偏微分 $\partial E(a, b)/\partial a$ です．同じことを図 4.8 で理解すると，b が一定値をとる平面でお椀グラフをスパッと切って，その断面に現れる放物線の上で微分係数を計算したものが，この $\partial E(a, b)/\partial a$ です．

練習問題として $f(a, b) = a^2 + 3ab + b^3 + 7$ の偏微分をしてみましょう．a について偏微分するときは，b の部分も，式中に現れる 3 や 7 と変わらない数字とみなします．数字の微分はゼロなので

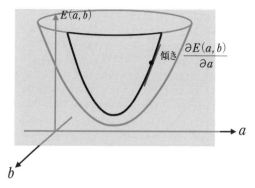

図 4.8 パラメータが 2 つのときの誤差関数のグラフ. b が一定値をとる平面でお椀を切った断面は，先ほどの a しかない誤差関数のグラフ（図 4.7）と同様.

$$\frac{\partial f(a,b)}{\partial a} = \frac{\partial a^2}{\partial a} + \frac{\partial (3ab)}{\partial a} = \frac{da^2}{da} + 3b\frac{da}{da} = 2a + 3b \qquad (4.20)$$

となります．慣れれば高校数学でも理解できる話ですので，習っていなくても偏微分を恐れる必要はありません．

さて，本題に戻りましょう．いま変数は a 以外に b もありました．そちら側の偏微分も考えて，それらをまとめてベクトルの形にまとめましょう

$$\nabla E(a,b) = \begin{pmatrix} \frac{\partial E(a,b)}{\partial a} \\ \frac{\partial E(a,b)}{\partial b} \end{pmatrix}. \qquad (4.21)$$

$\partial E(a,b)/\partial a$ と $\partial E(a,b)/\partial b$ はそれぞれお椀上の a 方向，b 方向に対する傾きですので，このベクトルは，お椀の傾斜を上る方向の矢印を表しています（図 4.9）．したがってこの矢印の真逆へ進めば，坂を下ってより深い場所へ移動することができます．

そこで現在位置 (a^1, b^1) から (a^2, b^2) へ坂を下るように移動したいときは，移動後の位置 (a^2, b^2) を

$$a^2 = a^1 - \frac{\partial E(a^1, b^1)}{\partial a}, \quad b^2 = b^1 - \frac{\partial E(a^1, b^1)}{\partial b} \qquad (4.22)$$

とします．ただこのままでは，進む方向は勾配方向でよいとしても，進みの刻み幅が大きすぎたりするかもしれません．そこで学習率 η というものを導

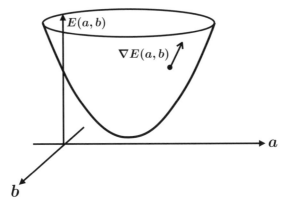

図 **4.9** 各点における勾配ベクトルは，斜面を上る方向の矢印を表している．

入して，この数字で刻み幅の大きさをコントロールします．つまりこの η を用いて

$$a^2 = a^1 - \eta \frac{\partial E(a^1, b^1)}{\partial a}, \quad b^2 = b^1 - \eta \frac{\partial E(a^1, b^1)}{\partial b} \qquad (4.23)$$

というように更新させることにしましょう．具体的には η は，例えば 0.1 といった小さめの数字に選ばれます．すると各時刻で

$$a^{t+1} = a^t - \eta \frac{\partial E(a^t, b^t)}{\partial a}, \quad b^{t+1} = b^t - \eta \frac{\partial E(a^t, b^t)}{\partial b} \qquad (4.24)$$

というルールのもとでパラメータの更新を $t = 1, 2, \cdots$ と時刻ごとに繰り返していくと，パラメータはどんどん誤差関数の斜面を下っていくと期待されます．そしてうまくいくと，やがて (a^t, b^t) は一定値へと近づいていきます．つまり，だんだんとパラメータの値が時間変化しなくなります．それが探していた誤差関数のお椀状グラフの底です．

　このように各時刻 t でそのつど勾配を計算して，その勾配の値とルール (4.24) にしたがって次の時刻 $t+1$ のパラメータを決めて動いていき，最終的に誤差関数の最小値を見つけようという手法が勾配降下法です．これをベクトル記号でまとめて書くと

$$\boldsymbol{v}^{t+1} = \boldsymbol{v}^t - \eta \nabla E(\boldsymbol{v}^t), \quad \boldsymbol{v}^t = \begin{pmatrix} a^t \\ b^t \end{pmatrix} \qquad (4.25)$$

となります．ここまで数学的に整理されると，一般化も簡単です．つまり，もしたくさんのパラメータ $(a, b, c, \cdots)$ のあるモデルを考えたとしても，ベクトルを

$$
\boldsymbol{v}^{t} = \begin{pmatrix} a^t \\ b^t \\ c^t \\ \vdots \end{pmatrix} \tag{4.26}
$$

と多変数にするだけで，あとは同じ勾配降下法 (4.25) が使えます．

問題：もし学習率 η が大きすぎたら何が起こるでしょう？

4.3.2 バックプロパゲーション

さて，いよいよ本題のニューラルネットワークの学習です．ニューラルネットワークであっても，学習は複数のパラメータに対する最小化問題です：

> $E(w_1, w_2, \cdots)$ が一番小さくなるパラメータ $(w_1, w_2, \cdots)$ の値を見つけなさい．

ここでは，ニューラルネットワークの a と b をすべてまとめて w で表すことにしています．

一般的なニューラルネットワークを考えると複雑すぎますので，ここでは図 4.10 の上のグラフのような数珠つなぎのネットワークを例にとります．こ

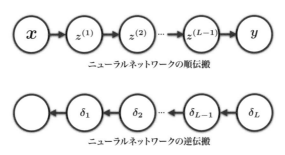

ニューラルネットワークの順伝搬

ニューラルネットワークの逆伝搬

図 4.10 各層が 1 つの変数だけからなるニューラルネットワークのおもちゃ模型．

の具体例に話を限っても，学習の本質はすべて理解することができます．このようなニューラルネットワークは，前節の話を思い出すと

$$y(x, w_1, w_2, \cdots, w_L) = g\left(w_L g\left(w_{L-1} \cdots g(w_2 g(w_1 x))\right)\right) \tag{4.27}$$

と書くことができます．ただし，ここではシグモイド関数以外の活性化関数を使うことも念頭において，活性化関数を g と書いています．

入力 x と出力 y を，z という別の記号でまとめて表しましょう：

$$z^{(0)} = x, \quad z^{(L)} = y. \tag{4.28}$$

0 という添え字が入力，L という添え字が出力に対応しています．おやおやまどろこしいことを始めたぞ，と思われるかもしれませんが，こうすることでニューラルネットワークの構造をすっきり理解できます．ですのでもう少し我慢してください．

さらに u という記号を導入して

$$u^{(\ell)} = w_\ell z^{(\ell-1)}, \quad z^{(\ell)} = g(u^{(\ell)}) \quad (\ell = 1, 2, \cdots, L) \tag{4.29}$$

という漸化式を考えましょう．するとこの漸化式は，ニューラルネットワークのネットワーク構造 (4.27) そのものです（図 4.10（上））．というのもこの漸化式を $\ell = 1, 2, \cdots, L$ の順に解いていくと

$$u^{(1)} = w_1 z^{(0)}, \tag{4.30}$$

$$z^{(1)} = g(u^{(1)}) = g(w_1 z^{(0)}), \tag{4.31}$$

$$u^{(2)} = w_2 z^{(1)} = w_2 g(w_1 z^{(0)}), \tag{4.32}$$

$$z^{(2)} = g(u_2) = g(w_2 g(w_1 z^{(0)})), \tag{4.33}$$

となり，$z_0 = x$ でしたから，結局この漸化式の一般解は

$$z_\ell = g\left(w_\ell g\left(w_{\ell-1} \cdots g(w_2 g(w_1 x))\right)\right) \tag{4.34}$$

となります．$\ell = L$ のときはこれはまさに (4.27) です．まとめて書いてしまうと入れ子構造になってしまうので，計算を各層ごとに小分けしてすっきり表現したのが先ほどの漸化式ということになります．

数学記号というのは，むやみやたらに抽象化するための衒学的な道具ではなくて，一見ごちゃごちゃして捉えどころのない問題の本質を，人間にもわかるようにコンパクトに把握するための言語です．数学が昔から苦手だという方も少なくないと思いますが，慣れてくると数学記号があるおかげで見通しがよくなるんだなぁ，という気持ちがわかるようになると思います．ですのでもう少し辛抱してお付き合いください．

さて，これでニューラルネットワークの構造を効率よく把握できる記号が手に入りましたので，これを使って学習を理解しましょう．まずはニューラルネットワークのうち，第 ℓ 層以降に注目します．すると，第 ℓ 層以降に先ほどの漸化式を使うと，式 (4.27) と同じ内容を

$$ y(x, w_1, w_2, \cdots, w_L) = g\left(w_L g\left(w_{L-1} \cdots g(w_{\ell+1} g(u^{(\ell)}))\right)\right) \qquad (4.35) $$

と書くこともできます．この $u^{(\ell)}$ は $uz^{(\ell)} = w_\ell z^{(\ell-1)}$ といった具合に，さらに下層のパラメータで書き表せました．すると，ニューラルネットワークに関する計算で，w_ℓ の値を変化させたり微分したりする際に，まず引き起こされる変化は $u^{(\ell)}$ に関する変化です．$z^{(\ell)}$ や $u^{(\ell+1)}$ や y や E といったネットワークの上流側にある量の値の変化は，下流側の $u^{(\ell)}$ の変化が，図 4.10 のようなニューラルネットワークの順伝播を通じて上流側に伝播して引き起こされるものです．

すると誤差関数を w_ℓ で微分する際も，一気に w_ℓ で微分するのではなく，「困難は分割せよ」の戦略をとることができます．つまりまずは w_ℓ と直接連動して動く変数 $u^{(\ell)}$ で微分して，そのあと $u^{(\ell)}$ に関する微分係数と w_ℓ に関する微分係数の間を結びつけるのです．このような計算をするためのアイデアが，高校数学で習う合成関数の微分，微分の連鎖率です．習ったときにはまったく興味を惹かれなかったどころか習ったこと自体忘れているかもしれませんが，深層学習は，合成関数の微分をフル活用してるのです．この機会に，ぜひ高校の教科書を引っ張り出して復習してみてください．現代であっても，AI を学習させる前にまずは人間が学習しないことには始まりません．いずれにせよ $u^{(\ell)}$ は w_ℓ の関数ですので，合成関数の微分の結果を使うと，$u^{(\ell)}$ の微分係数で書き換える方法は次のように変形するだけです：

$$\frac{\partial E}{\partial w_\ell} = \frac{\partial u^{(\ell)}}{\partial w_\ell}\frac{\partial E}{\partial u^{(\ell)}} = z_{\ell-1}\frac{\partial E}{\partial u^{(\ell)}}. \tag{4.36}$$

最後の変形は $u^{(\ell)} = w_\ell z^{(\ell-1)}$ の両辺を w_ℓ で微分した結果を使っただけです．なんだか記号操作に記号操作を重ねて何をやりたいのかわからなくなったかもしれませんが，大団円までもう少しです．すべての伏線はきちんと最後に回収されます．

まず注目するのは，合成関数の微分を使って問題を式 (4.36) の形に解きほぐしたため，パラメータ w_ℓ に関する微分の問題が，$u^{(\ell)}$ に関する微分計算の問題に置き換わりました．そういわれても「だからいったいなんなのか」とも思いますが，天才的なアイデアというのはしばしば何気ないところに隠れているものです．この $u^{(\ell)}$ に関する微分係数を δ_ℓ と書いて，歴史的な由来のあるデルタ (delta) という格好いい名前で呼びましょう（コラム 8 参照）：

$$\delta_\ell = \frac{\partial E}{\partial u^{(\ell)}}. \tag{4.37}$$

デルタを使うと式 (4.36) は

$$\frac{\partial E}{\partial w_\ell} = z^{(\ell-1)}\delta_\ell \tag{4.38}$$

と表せますので，あとはデルタさえ計算できれば勾配がわかります．

ここで最後にもう一度合成関数の微分を使います．ニューラルネットワークは下流から上流に向けて計算されますので，$u^{(\ell)}$ の変化が $u^{(\ell+1)}$ の変化を引き起こし，それが $u^{(\ell+2)}$ を変化させてやがて y や E を変動させます．つまり u の関数としてみると E は $u^{(L)}$ の関数で，さらに $u^{(L)}$ は $u^{(L-1)}$ の関数で，このような関係を繰り返していき最終的に $u^{(\ell+2)}$ は $u^{(\ell+1)}$ の，$u^{(\ell+1)}$ は $u^{(\ell)}$ の関数です．そこでまずこの連鎖の最後に注目すると，E は $u^{(\ell+1)}$ の関数で，この $u^{(\ell+1)}$ が $u^{(\ell)}$ の関数であるとみなせます．すると先ほどのように合成関数の微分から

$$\frac{\partial E}{\partial u^{(\ell)}} = \frac{\partial u^{(\ell+1)}}{\partial u^{(\ell)}}\frac{\partial E}{\partial u^{(\ell+1)}} = w_{\ell+1}f'(u^{(\ell)})\frac{\partial E}{\partial u_{\ell+1}} \tag{4.39}$$

と書き換えるのが基本的な変形です. 最後の変形は, 漸化式から $u^{(\ell+1)} = w_{\ell+1}g(u^{(\ell)})$ ですので, $\partial u^{(\ell+1)}/\partial u^{(\ell)} = w_{\ell+1}g'(u^{(\ell)})$ となるためです. これ以外の係数はデルタそのものですから結局

$$\delta_\ell = w_{\ell+1}g'(u^{(\ell)})\delta_{\ell+1} \tag{4.40}$$

という式が得られます. これこそが, これまで頑張って計算してたどり着きたかった最終結果にして, ニューラルネットワークの歴史を変えた式です!!

そういわれても「えっ?」と思うかもしれません. そこでこの式にニューラルネットワークの学習の真髄が詰まっていることを見るために, その意味を解釈しましょう. 式 (4.40) を使うと, 上流側のデルタ $\delta_{\ell+1}$ を右辺に代入して下流側のデルタ δ_ℓ を計算することができます. つまりニューラルネットワークの伝播とは逆の方向に,

$$\delta_L \rightarrow \delta_{L-1} \rightarrow \cdots \rightarrow \delta_{\ell+1} \rightarrow \delta_\ell \rightarrow \cdots \rightarrow \delta_1 \tag{4.41}$$

とデルタが順に決まっていくのです. 肝心の最初のデルタ δ_L は誤差関数

$$E = \left(y_{\text{prediction}} - y_{\text{answer}}\right)^2 = \left(g\left(u^{(L)}\right) - y_{\text{answer}}\right)^2 \tag{4.42}$$

を具体的に u_L で計算するだけです. つまりこの微分を 1 回出力層で計算してしまえば, あとは漸化式 (4.40) を通じてすべてのデルタが順次決まってしまいます. あとはデルタと z を掛け合わせればすべての勾配が (4.38) のように決定されるのです.

この効率的な計算手法はバックプロパゲーション (誤差逆伝播法, back-propagation) と呼ばれます. ニューラルネットワークを順方向に 1 回プロパゲーション (伝播) させて全層の z を決めたあと, 出力層でデルタを計算し, その結果を逆方向にバックプロパゲーションさせます. これは図 4.10 の下のグラフのような計算プロセスです. するとすべての層でデルタが決まり, それにより誤差関数の勾配がすべて決まります. それを使って 1 回勾配降下法を計算することができます. するとパラメータの値が更新されますので, 再びプロパゲーションとバックプロパゲーションを行って勾配降下法の計算をします. この操作を膨大な回数繰り返していくことで, パラメータはやがてデータの知識を学習した値へと近づいていくのです.

コラム 8 ● バックプロパゲーションと，ニューラルネットワークの 復権と，そして失墜

　ローゼンブラットが学習できるニューラルネットワーク（パーセプトロン）を提唱した当時は，勾配降下法を使うというアイデアが存在せず，多層ニューラルネットワークの学習を行う方法は知られていませんでした．この欠陥を突いたミンスキーの宣伝によってニューラルネットワークに対する期待と信用は大きく傷つけられ，失意の中，若き英才ローゼンブラットはこの世を去ります．そして第 1 次ニューラルネットワークブームは終焉します．

　その後は長い冬の時代を迎えます．しかしアカデミアでは何人もの先駆的な研究者が，冬の時代の間もローゼンブラットの残したアイデアを温めて発展させていきます．その 1 人が甘利俊一です．甘利はニューラルネットワークが下火になる前の 1967 年，勾配降下法による学習法を定式化し，世界で初めて多層のニューラルネットワークを学習させます．その経緯については参考図書 [3] にくわしく書いてあります．しかしこのアイデアがすぐに大きな影響を与えることはありませんでした．あまりにも時代を先取りしていたのでしょう．

　1980 年代になると，ニューラルネットワークに対する研究者の注目が再び増していきます．そんなさなかの 1986 年，ルメルハート，ヒントン，ウイリアムズは勾配降下法によるニューラルネットワークの学習法を再発見し，デルタのバックプロパゲーション則の形にまとめあげます．バックプロパゲーションというクールな名前をつけたのも彼らです．計算機の発展や研究の成熟などの時運にも乗り，この発見は大きな注目を集めて第 2 次ニューラルネットワークブームが起こります．この発見にもちょっとした紆余曲折があります．1981 年にルメルハートが思いついたアイデアを元に，彼らはバックプロパゲーションを定式化します．バックプロパゲーションによる学習がうまくいくことを確認したものの，その結果に手応えを感じることはなく，なんと研究結果をお蔵入りにさせてしまうのです．それはどうやら当時彼らがボルツマンマシンと呼ばれる，確率的・ランダムな要素も取り入れたニューラルネットワークの研究に熱中していたためのようです．それからしばらく経った 1984 年に，ヒントンはふとバックプロパゲーションのアイデアに立ち返ります．そしてようやくその学習能力の高さをきちんと認識することになります．研究を再開した彼らが，ようやく論文を発表したのが 1986 年です．

　幾人もの研究と，幾度もの紆余曲折を経てようやく花開いたバックプロパゲーションによって，ニューラルネットワークの研究は世界中で加速します．しかし数年にわたり続いたブームもやがて再び去っていき，2 度目の冬を迎えます．その理由の 1 つについては，4.4 節で説明しましょう．

　ところでヒントンはバックプロパゲーションについて，最近のインタビュー

で次のように語っています "They were mainly independent inventions, and it's something I feel I've got too much credit for"（それらはだいたい独立した発見だったのですが，それに関して私はあまりに多くの名声を得てしまっていると感じています）[4]. 科学もまた，人の営みです.

繰り返しになりますが，入力情報は下流から上流に向けて伝播して出力を与えます．その一方，出力が与える予測の誤差の情報は上流から下流に向けて逆伝播し，各層がどれくらいその誤差に関してペナルティーを追うべきかという情報（デルタや勾配）を与えます．その誤差を小さくするようにペナルティーごとに各層のパラメータが勾配降下されます．このような計算は，他のグラフに関しても本質的には同じ仕組みで，計算機の上ではリバースモード自動微分というものとして実装されています．バックプロパゲーションは勾配降下法をニューラルネットワークの上で効率的に行うためのアルゴリズムですので，通常の勾配降下法の計算をしているにすぎません．つまり勾配降下法の言い換えです．しかしこの言い換えによって，すべての層で正しくパラメータを学習させる手法が確立したのと同時に，ニューラルネットワークの学習に関して直感的な理解が得られます．それがニューラルネットワークの研究を飛躍的に進展させてきました（コラム 8 参照）．次の節ではバックプロパゲーションという視点を通じて，深層学習に潜む深刻な問題の原因をあぶり出すと同時にそれを解決します．

4.4 深層学習へのブレークスルー

1980 年代に一大ブームとなったニューラルネットワークへの期待はやがてしぼみ，1990 年代にはニューラルネットワーク研究の冬の時代が訪れました．その理由はニューラルネットワークがすぐに実用的な技術となって産業的な価値を生み出す，などと過度な期待ばかりが集まってしまったことも決定的な原因の 1 つです[3]．しかしそればかりではなくニューラルネットワーク自

---

3) 現在では，私たちが普段使っているさまざまなウエブサービスやデバイス，産業の裏で深層学習が本当に大活躍しています．そのことを考えると，当時はまだまだ時期尚早

体が，まだ本質的な問題点を抱えていたことも研究が続かなかった理由の1つです．現在の「三度目の正直のニューラルネットワークブーム」と深層学習の登場を迎えるためには，この問題が解決されるまで待たなければなりませんでした．

4.4.1　勾配消失問題と ReLU

これまでニューラルネットワークの発見（1943年）からバックプロパゲーションの確立（1984年）までを説明してきました．そこまでにおよそ40年がかかっていますが，深層学習が発見されるまでにはまだまだ時間がかかります．

バックプロパゲーションによって多層のニューラルネットワークが学習させられるようになりましたので，もはや「深層ニューラルネットワークへ到達するにはもう一息」と思うかもしれません．確かに1989年には当時 AT&T ベル研究所に所属していたルカンが，特殊な4層ニューラルネットワークをバックプロパゲーションで学習させ，手書き数字の自動認識に成功しています．90年代には彼のニューラルネットワークは，小切手の自動読み取りシステムとして製品化されます．アメリカの小切手の数十パーセントをこのニューラルネットワークが処理していたともいわれています．OCR (Optical Character Recognition, 光学的文字認識) システムの開発へとつながっていくのも，このような技術的進展の流れです．

このようにバックプロパゲーションが威力を発揮し，第2次ニューラルネットワークブームの間にいくつもの先駆的研究が生み出されました．ところがやがて，バックプロパゲーションが必ずしもうまくいくわけではないという認識が広がり始めます．数層以上のニューラルネットワークでは，どうやらバックプロパゲーションでの学習が失敗するというのです．

これはどういうことかというと，多層のニューラルネットワークの学習では多くの勾配 $\partial E/\partial w_\ell$ の値がきわめて小さな数字になってしまい，勾配降下法では一向に「お椀の底」に到達しなくなってしまうのです[4]．これが勾配

だったということでしょう．

4) 鋭い読者は，それならば学習率を大きくすればよいだろう，と思うかもしれませんがそれにもさまざまな問題があります．例えば勾配がアンダーフローする可能性や，学習

消失問題 (vanishing gradient problem) です.

　勾配消失問題はなぜ起こるのでしょう？　それはバックプロパゲーションの仕組み (4.40) を使うと実はすぐに理解できます. 出力側から第 ℓ 層までバックプロパゲーションを行うと, δ_ℓ は

$$\delta_\ell = w_{\ell+1} g'(u^{(\ell)}) w_{\ell+2} g'(u^{(\ell+1)}) \cdots w_L g'(u^{(L-1)}) \delta_L \tag{4.43}$$

で与えられます. この式を見ると, δ_L と比べて δ_ℓ には $L - \ell$ 個の g' がかかっていることがわかります. この事実が鍵になります.

　もし活性化関数 g がシグモイド関数 (4.6) だったとすると, 微分係数は

$$g'(u) = \frac{e^{-u}}{(1 + e^{-u})^2} \tag{4.44}$$

です. するとこの値はつねに 0.25 以下になります（さてなぜでしょう?）. ですので, バックプロパゲーションで得られるデルタの値には必ず $(0.25)^{L-\ell}$ よりも小さな係数がかかっていることになるのです. もしニューラルネットワークが 11 層 ($L = 11$) で $\ell = 1$ の場合を考えたとすると, この係数は $(0.25)^{10} = 0.00000095 \cdots$ です. 出力側の δ_{11} と入力側の δ_1 の間にこのような大きな値の違いがあっては, 勾配降下法の計算は層ごとにちぐはぐになってしまいます. これが多層ニューラルネットワークの学習を妨げる勾配消失問題の原因の 1 つです. ではいったいどうすればよいのでしょう?

　この問題を解消するアイデアはさりげないものでした. 実は活性化関数を少し工夫するだけなのです. これまではシグモイド関数だけを取り上げてきましたが, 何もシグモイド関数にこだわる必要はありません. そこで ReLU (Rectified Linear Unit) と呼ばれる次の活性化関数を考えてみます:

$$g(x) = \begin{cases} x & (x \geq 0) \\ 0 & (x < 0) \end{cases}. \tag{4.45}$$

すると $y = g(x)$ は x が正なら傾き 1 の直線, 負ならつねに $g(x) = 0$ になるようなグラフです. したがって微分係数は x の正負に応じて

率を大きくすることでニューラルネットワークの学習が不安定化する問題もあります. 不安定化の問題を回避する手法として, 最近はバッチ・ノーマリゼーションというものが利用されます.

$$g'(x) = \begin{cases} 1 & (x > 0) \\ 0 & (x < 0) \end{cases} \tag{4.46}$$

という値をとります．つまり g' は 0 でなければ 1 ですので，先ほどのような理由による勾配消失問題は回避できるのです．またこのような単純な活性化関数でも，深層ニューラルネットワークでは十分複雑なモデルを実現できることもわかっています．

　現在では活性化関数の工夫だけではなくパラメータの初期化や ResNet (Residual Network)，ノーマリゼーション層の導入など，さまざまなアイデアで勾配消失問題は回避されています．そのおかげでいまでは 1000 層以上のニューラルネットワークでも安定的に学習させられるようになりました．

4.4.2　ゲームと深層学習

　テクノロジーの進歩を推進する原動力は，高尚な理念ばかりではありません．むしろ人間の本能的で時に猥雑なエネルギーこそ，テクノロジーの普及を推し進めているのではないでしょうか？

　ゲームは世代や国を選ばず，人間が熱中する遊びです．このゲームもまた，深層学習の発展に一役も二役も買っています．みなさんがふだん使うコンピュータやスマホの心臓部として馴染み深いものに CPU（第 3 章参照）があると思います．その一方で GPU というものを聞いたことはあるでしょうか？複雑な連続的な処理を得意とする CPU に対し，決まり切った多量の単純な計算を同時に並行して行ったり，行列の計算に強いプロセッサが GPU です．いわば難関大学の入試数学が得意な一人の高校生が CPU で，足し算掛け算だけはよくできる小学生集団が GPU です．

　GPU の起源はコンピュータグラフィックスにありますが，とくにテレビゲーム機やパソコンゲームとともに普及してきました．ゲームなどに必要な，精細なデジタル映像を高速に描写するためには膨大な計算を要します．そこで力を発揮するのが GPU であり，1990 年代以降はゲーム産業に支えられてGPU の開発・普及が進んできました．ゲーム産業という大きなニーズが膨大な開発コストを支えているため，現在では比較的安価で GPU の高い処理

能力を利用することができます.

深層学習を一躍有名にした「Google の猫」の実験[5]は 2012 年に 1000 台のサーバー,計 1600 基の CPU を使って行われました.このような大規模な計算リソースが必要だとしたら,深層学習はいまでもここまで普及しなかったかもしれません.ところが翌年,アンドリュー・エンのグループは,GPU を使って同じ実験が行えることを実証してみせます[6].彼らが主に使ったのは,たった 12 基の GPU です.この研究が決定的なターニングポイントになりました.深層学習が,Google のような巨大テック企業でなくても研究開発できる技術なのだと実証されたのです.

さて GPU での計算の利点は,並列化です.並列化にはいくつかの意味がありますが,ここではデータに関する並列化の観点だけ説明しましょう.GPU にはたくさんの小さな計算機(コア)が詰まっています.すると 1 つの GPU だけでも,単純な計算であれば大量のコアを使って同時にたくさん処理することができるのです.これが並列化ですが,ニューラルネットワークの学習の場合で理解するには,誤差関数が $E = 1/N \sum_n E_n$ だったことを思い出します.つまり 1 つの誤差関数も,その実態は別々のデータで各自計算した誤差 E_n の平均値です.すると,バックプロパゲーションを行う際に一気に E で計算しようと思わずに,それぞれのデータに分けて,各誤差関数 E_n の計算に並列化したほうが計算が速くなるのです.つまり,勾配は

$$\frac{\partial E}{\partial w_\ell} = \frac{\partial}{\partial w_\ell}\left(\frac{1}{N}\sum_n E_n\right) = \frac{1}{N}\sum_n \frac{\partial E_n}{\partial w_\ell} \tag{4.47}$$

---

5) 2012 年 Google の研究チームは,YouTube 動画から集められた大量の写真データを,スパースオートエンコーダという深層学習モデルに学習させた成果を発表しました.彼らは学習の際,写真に何が写っているのかということは一切教えず,写真に写っている対象の構造の特徴量だけを学習させています.ですので「これは猫の写真」,「これは人の写真」といったことは一切教えていません.しかしながら学習後のモデルに猫の画像を入力すると,猫の画像だけに特異的に反応する変数(ニューロン)が自動的に獲得されていることが発見されました.これは視覚的な「概念」が学習から創発したと解釈することもできる結果であり,深層学習の初期の頃に Google の猫としてとても話題になりました.

6) もともと彼らは何年も前から,ボルツマンマシンの文脈で GPU の利用研究を推し進めていました.また,GPU を科学技術計算に用いる研究はそれより以前から世界中で熱心に行われていました.

　本書の執筆中におめでたいニュースが舞い込んできました．計算機科学分野で革新的な功績を残した人物に与えられるチューリング賞が，2019 年，ジェフリー・ヒントン，ヤン・ルカン，ヨシュア・ベンジオの 3 名に贈られることが決まったのです．深層学習の確立と発展に対してきわめて大きな寄与をした，という異論の出ようのない業績に対してです．隔絶した貢献に敬意を評し，彼ら 3 人はしばしばまとめて「カナディアン・マフィア」と呼ばれています．

　「深層学習のゴッドファーザー」ことヒントンは，70 年代からニューラルネットワークの研究に従事しつつ数多くの素晴らしい研究者を育てたことでも知られています．彼と，彼の仲間たちの研究成果が今日のニューラルネットワークの骨格をつくり上げました．ヒントンは十代の頃から脳と知能の理解に強い興味をもちます．インタビューによると，ケンブリッジ大学ではまず物理学と生理学を専攻するも期待はずれ，そこで哲学に移るもこれもダメ，最後に心理学に移りますがこれはもっとダメ，という具合にすべての分野に愛想を尽かします．しまいには，大学卒業後は脳の理解はあきらめて大工になってしまいます．大工仕事が好きだったヒントンですが，今度は腕利きの職人の技能を前に自信を喪失します．そして大工をやめてアカデミックに戻ります．この転機が現代の私たちにとっては福音となりました．復帰後は大学院で人工知能を専攻します．当時はニューラルネットワーク冬の時代真っ只中で，世間では人間の体験や伝聞によって得られた知識に基づくルールベースドな人工知能の研究が主流でした．そのような中でもヒントンは，脳を理解するにはまずつくってみないことにはわからない，としてニューラルネットワークの研究に没頭します．ニューラルネットワークこそが重要だという信念を貫いた彼は，次々と画期的な成果を上げていきます．そのおかげで今日の深層学習があるのです．ちなみに，ヒントンはブール代数で知られるブールの玄孫だそうです．

　カナディアン・マフィアの 2 人め，ルカンはフランスで生まれます．子供時代に見た『2001 年宇宙の旅』に強い影響を受けた彼は，HAL 9000 のような人工知能の研究を志します．パリ第 6 大学の大学院時代にバックプロパゲーションを独立に発見したルカンは，80 年代にヒントンと出会うことになります．そして卒業後はヒントンの研究室でポスドク研究員として 1 年間を過ごし，AT&T ベル研究所へ就職します．ベル研究所では今日の畳み込みニューラルネットワークの基礎を確立し，手書き数字の精度の高い自動識別を成功させます．これが今日の深層学習の基礎になることになります．現在はニューヨーク大学の教授を務めています．

　現在モントリオール大学の教授を務めるベンジオは，マギル大学で計算機科学の博士号を得たあと，1 年のポスドク研究員を経てベル研究所へ移籍します．

そこも1年で退所してモントリオール大学に移るのですが，ベル研究所時代に多くの機械学習の有名研究者と知り合い，実り豊かな共同研究を行うことになります．とくに90年代からの研究で，ニューラルネットワークによる音声認識や自然言語処理の基礎を確立します．それから現在まで，深層学習の発展にきわめて大きな影響を与える研究をたくさん発表し続けています．

2004年，カナダ先端研究機構 (CIFAR; Canadian Institute For Advanced Research) はヒントンをリーダーにしたグループに，ニューラルネットワーク研究のための資金の助成を始めます．まだニューラルネットワークが復権する前の時期でした．この資金を使った研究によって，深層学習の基礎となる研究成果が次々と発表されていきます．そして2012年頃，深層学習の応用面での成果が一気に花開いていきます．

2013年には，ヒントンが学生ら3人で設立したスタートアップ企業 DNNresearch が丸ごと Google に買収されて，それ以来 Google での研究員も務めています．一方ルカンは同じ年に Facebook の AI 研究所所長に招かれています．彼らとは対照的に，非営利なアカデミックでの研究の重要性を大事にするベンジオは，いまも巨大テック企業に席を置くことを避けています．同じカナディアン・マフィアでも人それぞれです．

ところでヒントンのバックプロパゲーションの根幹が甘利俊一によってなされたように，ルカンの畳み込みニューラルネットワークの基本的アイデアもすでに福島邦彦によって確立されていました．自国の研究者が先駆的な研究をなしていたことを誇らしく思うと同時に，日本という環境で基礎研究分野の芽を大きく育てることの難しさも感じさせる逸話です．

ですので，各 n について $\partial E_n / \partial w_\ell$ の計算に並列化して，最後にそれぞれの計算結果を平均化して $\partial E / \partial w_\ell$ を求めるのです．

大きなネットワークで大量のデータを処理しなくてはならない深層学習では，この GPU による並列化で計算速度が格段に速くなります．実際，通常のパソコンでは何十時間も要する計算が，GPU を搭載したデスクトップパソコンなら数時間で終わったりします．さらに多量の GPU を搭載したサーバー群を構成してうまく並列化させると，どんどん学習速度をあげることができます．このように深層学習の研究自体をテクノロジー面から加速しているのは，まさにこの GPU の技術的な進歩であるといえます．

4.5 まだまだ深層学習は研究途上

　深層学習の登場によって，画像認識や読解問題の能力はいまやコンピュータが人間の能力を上回る時代になりました．そればかりか囲碁のような複雑なゲームでも，人間がはるか及ばない強さを発揮しています．長年の難攻不落の問題が次々と深層学習によって攻略されているのです．

　ではなぜ深層ニューラルネットワークによるデータの学習で，そこまで高い能力が実現できるのでしょうか？　実は深層ニューラルネットワークが他の機械学習・AI手法と比べて何が特別であるのかについては，いまだにくわしいことはわかっていません．そればかりか，深層学習にはさまざまな未解決の課題があります．その1つである敵対的事例の話をして本章を終えたいと思います．

4.5.1 敵対的事例

　これまではニューラルネットワークを使った機械学習がきわめて高い性能を実現するという話を紹介してきました．もちろんそれは事実ですが，その一方で敵対的事例と呼ばれる困った問題も存在します．敵対的事例とは，ニューラルネットワークをだますような細工によってニューラルネットワークの誤作動を引き起こす攻撃手法です．

　図4.11の左の画像を，学習がすんだ高性能な深層学習モデルに入力して，画像に何が写っているかを予測させてみましょう．ここではオックスフォー

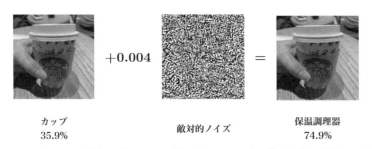

カップ	敵対的ノイズ	保温調理器
35.9%		74.9%

+0.004 ... **=**

図 **4.11**　通常の画像（左）に敵対的ノイズを薄くかぶせると，敵対的事例（右）ができる.

ド大学のチームが 2014 年に作成した VGG という有名な深層学習を使って
みましょう．するとこのモデルは一番確信度の高い (35.9%) 予測カテゴリー
としてカップを出力します．真っ当な振る舞いです．

　そこで図 4.11 の真ん中にあるような特殊なノイズを薄くこの画像にかぶせ
てみましょう．その結果できあがった画像が右端の画像です．ノイズは薄い
ので，私たちの目にはとくに変わったところは見られません．ところがこの
画像を同じ深層学習モデルに入力すると，今度は出力される 1 番目の予測カ
テゴリは保温調理器となってしまいます．しかも確信度は 74.9%であり，2
位以下の予測カテゴリの確信度を大きく引き離してしまいます．しかしどう
見てもこれは紙カップで，保温調理器ではありません．どうしてしまったの
でしょう?

　実は深層学習は，特別に調整されたノイズ（敵対的ノイズ）を入力される
と，大きく予測が乱れることが多くのケースで知られています．このように
ノイズを加えられた画像を敵対的事例と呼びます．敵対的ノイズによって深
層学習をだますことは敵対的攻撃といいます．

　このようなノイズはコンピュータで簡単につくれてしまうのですが，一方
でなぜこうも簡単に深層学習がだまされてしまうのかについては諸説乱れて
おり，正確なことはわかっていません．そのために完全な攻撃からの防御法
もまだ確立しておらず，深層学習を使ったシステムの深刻なセキュリティー
ホールとなりうることが指摘されています．

　敵対的事例が働く正確なメカニズムはわかっていませんが，ざっくりとし
た理解の仕方はすでにいろいろ提唱されています．そのうち，初期の頃に提
唱された理解の仕方をここでは紹介しましょう．簡単のため，深層学習では
なく回帰モデルを考えます．ただ 4.2 節とは違って，ここでは変数 x が D 種
類あるものとして，そこから 1 つの y を推定しましょう．つまり

$$y = \boldsymbol{a}^\top \boldsymbol{x} = a_1 x_1 + a_2 x_2 + \cdots + a_D x_D + b \tag{4.48}$$

というモデルです（ここで $\top$ は転置を表す記号です）．$\boldsymbol{a}$ が学習されるパラ
メータですね．

　ノイズを加えるように，この回帰モデルへ入力する $\boldsymbol{x}$ を少しずらしてみま

す. つまり $\boldsymbol{x}$ を $\boldsymbol{x} + \delta\boldsymbol{x}$ と少し変化させるということです. するとモデルの出力 y も変化して

$$y + \delta y = \boldsymbol{a}^{\top}(\boldsymbol{x} + \delta\boldsymbol{x}) \tag{4.49}$$

となります. ここで, 画像に加える微小な変動 δx_d が, 対応するパラメータ a_d の符号で決まっているものとします. つまり全体の大きさを ϵ として, 微小変化 $\delta\boldsymbol{x}$ が $\delta\boldsymbol{x}^{\top} = \epsilon(\mathrm{sgn}(a_1), \mathrm{sgn}(a_2), \cdots, \mathrm{sgn}(a_D))$ であるとします. 記号 $\mathrm{sgn}(\ )$ は引数の符号を取り出す関数を意味しており,

$$\mathrm{sgn}(a) = \begin{cases} 1 & (a \geq 0) \\ -1 & (a < 0) \end{cases} \tag{4.50}$$

と定義しておきましょう. ϵ は適当な小さな数です. するとこの場合, y の予測値が受けるズレは

$$\delta y = \boldsymbol{a}^{\top}\delta\boldsymbol{x} = \epsilon(\mathrm{sgn}(a_1)w_1 + \mathrm{sgn}(a_2)w_2 + \cdots) = \epsilon\sum_{d=1}^{D}|a_d| \tag{4.51}$$

となります. 各重み a_d に自身の符号 $\mathrm{sgn}(a_d)$ が掛け合わされるため, 結果すべてが正になっています. もしすべてのパラメータがだいたい似たような値 $|a_d| \sim a$ だったとすると, この変動の大きさはだいたい

$$\delta y \sim \epsilon a D \tag{4.52}$$

となります. この予測の変動は大きいでしょうか? 小さいでしょうか? 例えば 256×256 ピクセルの白黒画像では全ピクセル数, つまり入力 $\boldsymbol{x}$ の次元は $D = 65536$ です. このように $\boldsymbol{x}$ が高次元 $D \gg 1$ になっている場合は, もしノイズ ϵ が小さかったとしても出力の変化 δy はきわめて大きくなり得ます. 実際に, このような高次元性に由来する性質が, 敵対的事例の直接的な原因となっている可能性がすでに提唱されているのです. このメカニズムは機械学習で「次元の呪い」と呼ばれる問題と関係しています.

しかし敵対的事例の大半はこのような簡単な考え方では説明できないこともわかっています. 高次元の幾何学や, データ分布の性質が鍵である, とい

う主張の研究もさまざま発表され始めており，かなり数学的に繊細で難しい問題である可能性があります．いずれにせよ現在でもきわめて重要かつ謎めいた問題であるため，世界中で精力的な研究が続けられています．

4.6　テクノロジーを支える数学

AIや深層学習という，いまきわめて注目されている技術も，その根幹は数学的な道具によって設計されています．とはいえきわめて高度な数学が使われているわけではなく，この解説で見たように大学の前半で学ぶような基礎的な数学が中心となっています．それらを道具としてうまく使いこなすことで，さまざまなアイデアに具体的な形が与えられ，コンピュータの上で実現できるようになっているのです．ぜひとも若い読者のみなさんには，数学をつまらない必修科目と考えずに，豊かなテクノロジーを下支えしているパワフルで大事なツールなんだ，という気持ちで勉強に取り組んでいただけたらいいなと思っております．

参考文献

[1]　岡谷貴之『深層学習』講談社サイエンティフィック，2015.
　非常にコンパクトに広い話題がまとまっている．この数年の急速な発展でこの本の中では触れられていない重要な話題も増えてしまったが，今でも深層学習の基礎が正確かつ手短に学べる名著．
[2]　瀧雅人『これならわかる深層学習入門』講談社サイエンティフィク，2017.
　拙著．深層学習のさまざまな手法・アルゴリズムの導出や数理的理解の方法を，くわしくじっくり学びたい読者向け．
[3]　甘利俊一『脳・心・人工知能——数理で脳を解き明かす』講談社，2016.
　ニューラルネットワークの研究を牽引し続けてきた研究者による貴重な一冊．卓越した研究者による優しい語り口の入門書ですが，とくに若い読者は単なる知識以上のものが学べると思います．
[4]　Martin Ford, *Architects of Intelligence: The Truth about AI from the People Building it*, Packt Publishing, 2018.
　人工知能と周辺分野の著名研究者のインタビュー集．「守旧派」と「革新派」の間の緊張感に注目して読むと面白い．

おわりに

▼

坪井 俊

1623 年にガリレオは『贋金鑑識官』という本を出版しました．その本に「宇宙という書物は数学の言語で書かれており，数学を学ぶことになしには宇宙を理解することはできない」ということが書かれています．この 17 世紀には微分積分の方法，微分方程式の理論などの数学が現れます．19 世紀の数学の発展の後，現在では高校生からこれらの数学にふれることになっています．新しい数理科学がこのように自然科学，社会科学の中から現れてきたことは，現在の高校生，大学生の数学の授業では必ずしも強調されていません．しかし現代の科学技術研究の最先端においては，宇宙・物質・生命の解明や，社会における基本問題の解決のための研究は，数理科学研究と密接な関係をもって行われています．本書はこのようなことをより具体的にお伝えするための活動の中から生まれました．著者は RIKEN iTHEMS に関係する理化学研究所の若手研究者です．

本書の企画の経緯は次のようなものです．

理化学研究所 (RIKEN) は，1917 年に駒込に設立された研究所で，初代所長は菊池大麓です．RIKEN のウェブページを見ると，理化学研究所が日本の科学技術に果たしてきた役割の大きさがわかります．菊池大麓は東京大学における最初の数学の教授でしたが，理化学研究所には最近まで数学・数理科学を標榜する研究組織は置かれていませんでした．理化学研究所の中に理論系の研究を分野の垣根を取り払って行おうという iTHES というグループが 2013 年に設立されました．iTHES（アイテス）は Interdisciplinary Theoretical Science Research Group を略したものです．iTHES には，基礎物理，固体物理，理論生物，計算科学のチームが置かれていましたが，2016 年に数理科学

チームが加わりました．この iTHES は 2017 年度まで活動していましたが，iTHES で始動した分野を超えた研究をさらに推し進めるために，数理科学をひとつの軸としてとらえる数理創造プログラム (iTHEMS) が構想され，2016 年 11 月に活動を始めました．iTHEMS（アイテムズ）は，Interdisciplinary Theoretical and Mathematical Sciences Program を略したものです．こうして数理科学で分野横断的研究を推し進めるかたちができあがり，宇宙・物質・生命の解明や社会における基本問題の解決を目指す理化学研究所における研究が加速されています．

　RIKEN iTHEMS の研究活動は，将来の研究者を育成していくことも目的としています．その目的の実現のために，数理科学で結ばれた分野横断的研究の最先端の動きを東京大学教養学部の学生たちに伝え，学生たちが大学入学後に数理科学をはじめとする基礎科学の授業において，多くの学生にとっては初めて出会うさまざまな考え方が，最先端の研究にどのようにつながっていくのかを実感してもらえるような講義を行うことを考えました．

　この考え方はそのときの東京大学総長の五神真先生にも強く支持していただきました．一方，東京大学教養学部では 2015 年から学術の最先端へ学生たちをいざなおうという趣旨で「学術フロンティア講義」という一連の講義を行っていました．これが RIKEN iTHEMS が企画している講義には最適のものということで，2018 年から「数理科学の研究フロンティア：宇宙，物質，生命，情報」という講義を行うことになりました．この講義の内容は，「宇宙の起源，物質の起源，生命の進化，情報と人工知能などの現代科学のフロンティアを，最前線の若手研究者が数理科学という切り口で俯瞰する」というもので，「数学科の授業担当教員がモデレータとなり，理化学研究所の若手研究者をゲストに招き」，ひとつの話題を 2–3 回の講義で取り扱うことにしました．

　さて RIKEN iTHEMS に関係される若手研究者の方々に実際の講義内容を考えてもらっているうちに，このような最先端の研究を担う若手研究者が講義の中で伝えたいことを本として出版するのがよいというアイデアが iTHEMS の初田哲男プログラムディレクターから出されました．そこで以前からお世話になっていた東京大学出版会の丹内利香さんに相談したところ，この形で

出版できることになりました．丹内さんには，実際の講義も聞いていただき，また各講義担当者の用意した原稿を入念にチェックしていただきました．執筆者一同にかわりお礼申し上げます．

2018 年夏学期の講義ではモデレータを務めましたが，30 名を超える学生が出席し非常に盛況でした．そのうち数名は理化学研究所で行ったサマースクールにも参加しました．この本の目次をざっと見ていただいても，講義を担当してくれた若手研究者の研究への想いをお届けできるものになったことがわかると感じております．この「数理科学の研究フロンティア：宇宙，物質，生命，情報」という講義は，河東泰之先生をモデレータとして現在も続いており，RIKEN iTHEMS に関係する若手研究者が最先端の研究の様子を伝えています．この本の続編が出ることを期待しております．

学術フロンティア講義「数理科学の研究フロンティア：宇宙，物質，生命，情報」
講義リスト

● 2018 年度
井上芳幸：「ブラックホールを通して紐解く宇宙の歴史」
横倉祐貴：「時空とは何か？——ブラックホールと情報の関係から時空構造を探る」
立川正志：「数理の目で見る細胞生物学入門」
ジェフリ・フォーセット：「ゲノム情報学」
土井琢身：「スパコンの世界を覗く・スパコンから世界を覗く」
瀧　雅人：「深層学習はどのように賢くなるのか？」

● 2019 年度
初田哲男：「数理が拓く世界」
日高義将：「物質の起源を探る」
小澤知己：「トポロジカル物性物理の広がり」
黒澤　元：「数理でせまる生物の時間の謎」
古澤　峻：「ニュートリノと重力波で探るコンパクト天体」
湯川英美：「極微の世界を拓く量子センシング」
田中章詞：「生成モデルの数理」

● 2020 年度
井上芳幸：「ブラックホールを通して紐解く宇宙の歴史」
日高義将：「物質の起源を探る」
黒澤　元：「数理でせまる生物の時間の謎」
窪田陽介：「線形代数から見るトポロジカル物理」
入江広隆：「量子コンピュータ入門」
田中章詞：「機械学習の数理」

● 2021 年度
土井琢身：「計算機入門——スパコンの世界に触れてみよう」
長瀧重博：「一般相対性理論で宇宙はどこまで分かるのか」
宮崎弘安：「抽象化から見る整数論の進展」
矢崎裕規：「シークエンスの誘惑——遺伝子配列から見る生物の進化」

濱崎立資：「ミクロとマクロを繋ぐ」
菊地健吾：「素粒子論と場の理論」
松浦俊司：「量子計算の幕開け」

索引

編者・執筆者紹介

編者

初田哲男（はつだ・てつお）

理化学研究所数理創造プログラムディレクター，東京大学名誉教授
専門：理論物理学
主要著書・論文：*Quark-Gluon Plasma: From Big Bang to Little Bang*（Cambridge University Press, 2005, 共著), "New Neutron Star Equation of State with Quark-hadron Crossover," *The Astrophysical Journal*, 885:42 (2019) 共著.

坪井　俊（つぼい・たかし）

東京大学名誉教授，理化学研究所数理創造プログラム副ディレクター，武蔵野大学数理工学センター長
専門：幾何学・数学の応用
主要著書・論文：『幾何学　I　II　III』（東京大学出版会, 2005, 2016, 2008), "On the Group of Real Analytic Diffeomorphisms," *Ann. Scient., ENS*, 42(4): 601–651 (2009).

執筆者

横倉祐貴（よこくら・ゆうき）（第1章）

理化学研究所数理創造プログラム上級研究員
専門：理論物理学（とくに，素粒子論・量子重力）
主要論文："A Self-consistent Model of the Black Hole Evaporation," *Int. J. Mod. Phys.*, A 28, 1350050 (2013) 共著, "Interior of Black Holes and Information Recovery," *Phys. Rev.*, D.93., 044011 (2016) 共著.

ジェフリ・フォーセット（Jeffrey Fawcett）（第 2 章）

現職：理化学研究所数理創造プログラム上級研究員
専門：遺伝・進化・ゲノム科学
主要論文："Plants with Double Genomes might have had a better Chance to Survive the Cretaceous-Tertiary Extinction Event," *PNAS*, 106(14): 5737–5742 (2009) 共著，"Genome-wide SNP Analysis of Japanese Thoroughbred Racehorses," *PLoS ONE*, 14(7): e0218407 (2019) 共著.

土井琢身（どい・たくみ）（第 3 章）

理化学研究所仁科加速器科学研究センター専任研究員，同数理創造プログラム専任研究員
専門：理論・計算物理学（原子核・ハドロン理論）
主要論文："Exploring Three-Nucleon Forces in Lattice QCD," *Prog. Theor. Phys.*, 127, 723 (2012) 共著，"Lattice QCD and Baryon-Baryon Interactions: HAL QCD Method," *Front. Phys.*, 8, 307 (2020) 共著.

瀧　雅人（たき・まさと）（第 4 章）

理化学研究所数理創造プログラム客員研究員，立教大学理学部物理学科准教授
専門：数理物理学，機械学習
主要著書・論文："Deformed Prepotential, Quantum Integrable System and Liouville Field Theory," *Nucl. Phys.*, B841, 388 (2010) 共著，『機械学習スタートアップシリーズ　これならわかる深層学習入門』（講談社，2017 年）.

数理は世界を創造できるか

宇宙・生命・情報の謎にせまる

2021 年 5 月 28 日　初　版

[検印廃止]

著者　横倉祐貴・ジェフリ フォーセット・
土井琢身・瀧　雅人

編者　初田哲男・坪井　俊

発行所　一般財団法人　東京大学出版会

代表者　吉見俊哉

153-0041 東京都目黒区駒場 4-5-29

電話 03-6407-1069　　Fax 03-6407-1991

振替 00160-6-59964

印刷所　三美印刷株式会社

製本所　牧製本印刷株式会社

©2021 Tetsuo Hatsuda *et al.*
ISBN978-4-13-063374-1

Printed in Japan

「役に立たない」科学が役に立つ　フレクスナー, ダイクラーフ　46/2200 円

現代宇宙論
時空と物質の共進化　　　　　　　　　　　　松原隆彦　A5/3800 円

宇宙論の物理　上・下　　　松原隆彦　A5/上 4200 円・下 3800 円

細胞の理論生物学
ダイナミクスの視点から　　　　　金子・澤井・高木・古澤　A5/3800 円

スパコンを知る
その基礎から最新の動向まで　　　　　岩下・片桐・高橋　A5/2900 円

スパコンプログラミング入門
並列処理と MPI の学習　　　　　　　　　　片桐孝洋　A5/3200 円

人工知能プロジェクト「ロボットは東大に入れるか」
第三次 AI ブームの到達点と限界　　　　　新井・東中編　A5/2800 円

幾何学 I　多様体入門　　　　　　　　　　　坪井 俊　A5/2600 円

幾何学 II　ホモロジー入門　　　　　　　　　坪井 俊　A5/3500 円

幾何学 III　微分形式　　　　　　　　　　　坪井 俊　A5/2600 円

ここに表示された価格は本体価格です. 御購入の
際には消費税が加算されますので御了承下さい.